"十三五"应用型人才培养规划教材

C语言程序设计案例教程

吴绍根　黄达峰　编　著

清华大学出版社
北京

内 容 简 介

本书巧妙地将C语言的相关知识嵌入到6个有趣又实用的案例程序中，让学生在学习C语言知识的同时，学习如何使用C语言编写程序。全书共包括3大部分，有10章内容。第一部分只有第1章，介绍了建立C语言程序开发环境的方法；第二部分包含有5章，通过案例程序“经典 hello world”“简易计算器”“猜数游戏”和“温度转换”的实现，介绍了变量、数据类型、流程控制等C语言基础内容；第三部分包含有4章，通过案例“口算测验”“更优雅的口算测验”“数字拼图”和“学生信息管理系统”，介绍了数组、函数、结构、指针、文件等内容，并同时强化了第二部分基础内容的学习。

本书可以作为高等学校计算机类、理工科类专业学生的教材，也可以作为计算机爱好者的自学教材。另外，本书配套的《C语言程序设计案例教程——习题解答》提供了本书全部130多道编程练习题的参考答案，供读者选用。

图书在版编目(CIP)数据

C语言程序设计案例教程/吴绍根，黄达峰编著. —北京：清华大学出版社，2018（2024.8重印）
（“十三五”应用型人才培养规划教材）
ISBN 978-7-302-50602-7

Ⅰ. ①C… Ⅱ. ①吴… ②黄… Ⅲ. ①C语言－程序设计－高等学校－教材 Ⅳ. ①TP312.8

中国版本图书馆CIP数据核字(2018)第153402号

责任编辑：张龙卿
封面设计：徐日强
责任校对：刘 静
责任印制：刘 菲

出版发行：清华大学出版社
网　址：https://www.tup.com.cn，https://www.wqxuetang.com
地　址：北京清华大学学研大厦A座　**邮　编**：100084
社 总 机：010-83470000　**邮　购**：010-62786544
投稿与读者服务：010-62776969，c-service@tup.tsinghua.edu.cn
质量反馈：010-62772015，zhiliang@tup.tsinghua.edu.cn
印 装 者：北京鑫海金澳胶印有限公司
经　销：全国新华书店
开　本：185mm×260mm　**印　张**：24.25　**字　数**：585千字
版　次：2018年8月第1版　**印　次**：2024年8月第6次印刷
定　价：69.00元

产品编号：075330-03

前 言

本书以全新的视角和方式讲解如何编写C语言程序，而不只是简单地讲解C语言知识。

C语言被公认为是一种简洁而高效的编程语言，历经几十年经久不衰。但对于很多C语言学习者来说，学习并掌握C语言又是一个艰苦的过程。我们通过分析发现，只要掌握少量的C语言知识，便可以完成数量巨大的编程任务，从而让学习者尽早进入编程状态，并应用计算机思维进行问题分析和编程实现。基于这样的思路，本书挑选能实现顺序、分支以及循环这三大程序结构的最少知识，以及与这些知识相关的前置知识来组成第一阶段的学习内容，使学习者能够快速入门，并在后续章节逐步深化以提升学习效果。

本书共10章，分为三大部分，通过6个简单有趣的案例循序渐进地把读者带进C语言编程的世界。

第一部分为“准备工作”阶段，包含第1章的内容，简明扼要地介绍了C语言的概念和常用的开发工具。本书选用Dev-C++和Code：：Blocks这两个比较流行的开源软件作为主开发工具，所有的代码均已测试通过。

第二部分为“快速入门”阶段，包含第2～6章共5章的内容。第2章通过“最小的C语言程序”和“经典hello world程序”帮助读者快速建立起使用C语言进行程序设计的基本概念。第3～5章分别通过3个简单有趣的案例“简易计算器”“猜数游戏”和“温度转换”循序渐进地把读者最需要的知识逐步展开。第6章设计了20道编程练习题目，读者只需在第3～5章掌握C语言的基本知识，就可以完成第6章颇有难度的编程练习题。通过这些编程题的锻炼，读者的编程能力可以得到有效的提升。

第三部分为“进阶学习”阶段，包含第7～10章一共4章的内容。其中，第7章通过案例“口算测验”介绍了数组、函数和指针等进阶内容。第8章使用案例“口算测验”介绍了结构体和函数重构的内容。第9章则通过案例“数字拼图”介绍了二维数组、变长数组和动态内存分配等进阶内容。第10章通过案例“学生信息管理系统”介绍了文本文件的读写、二进制文件的读写和字符串操作等进阶内容。

本书设计了132道练习题，其中129道是编程题，3道是简答题，以确保读者学习了每一个小节相应的知识点后都有配套的编程练习题供其上机练习。

讲授本书内容需要的课时数约为 52 课时，每章内容的参考课时数分配如下表所示。

章序号	1	2	3	4	5	6	7	8	9	10	合计
课时数	2	2	10	6	4	0	10	6	6	6	52

本书第 1 章和第 10 章由吴绍根编写，第 2～9 章由黄达峰编写。

教材配套的 PPT 等资料可以到清华大学出版社网站（www. tup. com. cn）中查询到本书的链接页面后下载。

编　者

2018 年 5 月

目录

第一部分　准备工作

第二部分　快速入门

第三部分 进阶学习

第一部分

准 备 工 作

本部分主要介绍C语言的历史和概念，并介绍了如何安装一种典型的C语言程序开发环境，为下一阶段的学习做好准备。

第1章 了解C语言——安装开发环境

1.1 关于C语言

C语言是一门通用的程序设计语言，使用C语言可以开发你所能想到的任何程序。在学习C语言之前，我们对C语言的历史做一个简单的介绍。

C语言是20世纪70年代初期由美国贝尔实验室(Bell Lab)的Dennis M. Ritchie设计的一门程序设计语言，正式发布于1978年。

C语言是在B语言的基础上发展起来的。由于B语言过于简单，功能有限，1972—1973年，贝尔实验室的Dennis M. Ritchie在B语言的基础上设计了C语言。Dennis M. Ritchie所设计的C语言既保留了B语言的优点又克服了B语言的缺点，并且在功能上作了扩展和加强。1973年，Ken Thompson和Dennis M. Ritchie利用C语言改写了UNIX操作系统90%的代码(其余部分采用汇编语言编写)，取得了成功。

之后，人们对C语言又进行了多次改进，特别是采用C语言改写的UNIX的第6版发布后，C语言的成功引起了人们的普遍注意。随着UNIX操作系统的日益广泛使用，C语言也迅速得到了推广。

1978年，Brian W. Kernighan与Dennis M. Ritchie合著了影响深远的*The C Programming Language*，这本书介绍的C语言称为后来广泛使用的C语言版本的基础，并被称为K&RC。1983年，美国国家标准委员会ANSI根据C语言问世以来的各种版本对C语言的扩充制定了新的标准，称为ANSI C。1987年，ANSI又对C语言进行规范，公布了新的标准——ANSI C 87。1990年，国际标准化组织ISO接受了ANSI C 87为ISO的C标准。目前的ANSI C 87版也是C语言的国际标准。

目前流行的各种版本的C语言的基本部分都是以ANSI C为基础的，也就是说，各种版本的C语言都是ANSI C兼容的。为了使你编写的C语言程序能够在各种编译环境及操作系统上运行，也应尽量使你的程序保持ANSI C兼容。本书所叙述的C语言都是以ANSI C为基础的，因此，本书的例子都可以在各种编译环境及操作系统下运行。

使用C语言编写的程序称为C语言源程序代码，源程序更适合来阅读，但是，不能直接在计算机上运行。为了能使C源程序在计算机上运行，必须首先将源程序录入计算机中，并通过一个称为“C语言编译器”的工具对其进行“翻译”，将C源程序翻译为计算机可执行代码，这个过程称为“编译”，编译产生的结果程序称为“可执行代码”，这个可执行代码即可直接在计算机上运行。将C源程序编译为计算机可执行代码的过程如

图 1-1 所示。

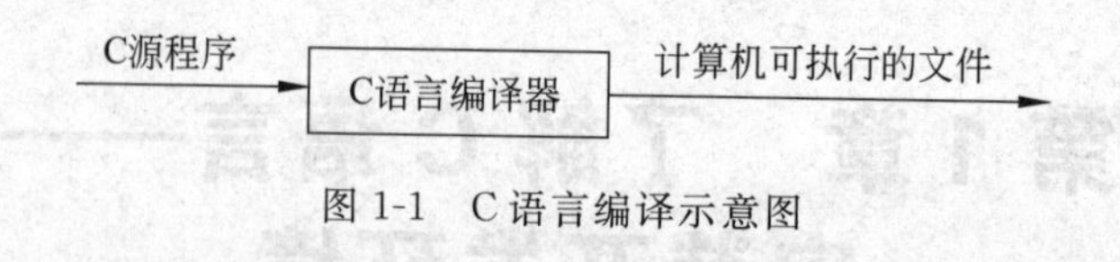

图 1-1　C 语言编译示意图

1.2　关于 C 语言开发工具

C 语言开发工具有很多,常用的有 Microsoft Visual C++、Dev-C++、Code::Blocks 等。这些工具一般都把 C 语言程序的编辑、编译、执行以及调试等功能都集成到一个软件中,称为集成开发环境,简称为 IDE(Integrated Development Environment)。本书使用 Dev-C++ 这个 IDE 作为开发工具。

1.2.1　下载 Dev-C++

打开平时上网的浏览器,在地址栏输入 Dev-C++ 开发工具的官方下载网址:https://sourceforge.net/projects/orwelldevcpp/。

下载页面如图 1-2 所示。

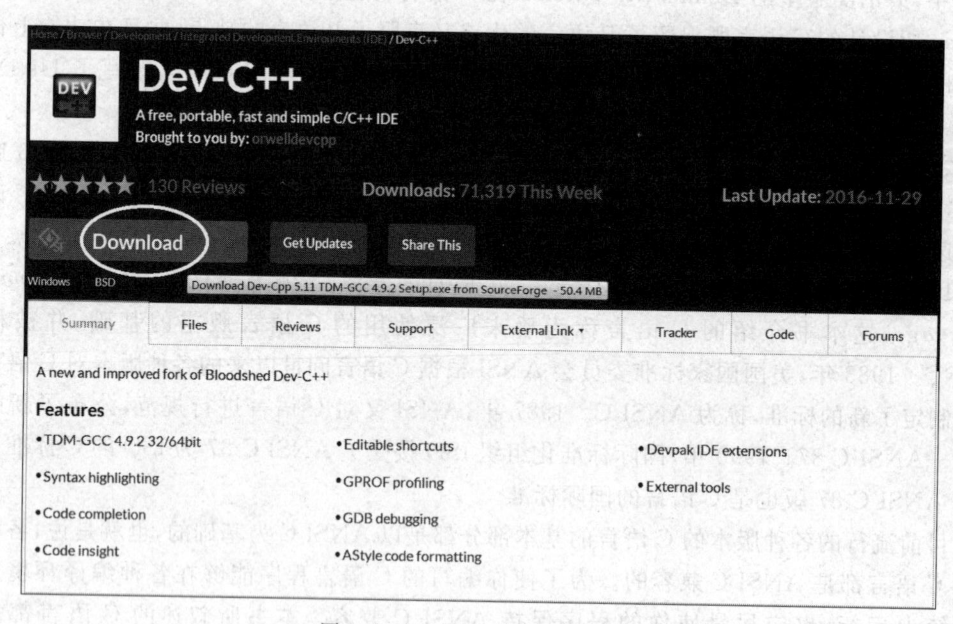

图 1-2　Dev-C++ 官方下载页面

单击 Download 按钮即可开始下载 Dev-C++ 的安装文件"Dev-Cpp 5.11 TDM-GCC 4.92 Setup.exe"(本例子中下载并保存到 R:\download 文件夹)。下载结束后如图 1-3 所示,从文件名可以看出,集成开发环境 Dev-Cpp 目前的版本号是 5.11,其中包含的编译器是大名鼎鼎的 GCC 编译器(版本号 4.92)。

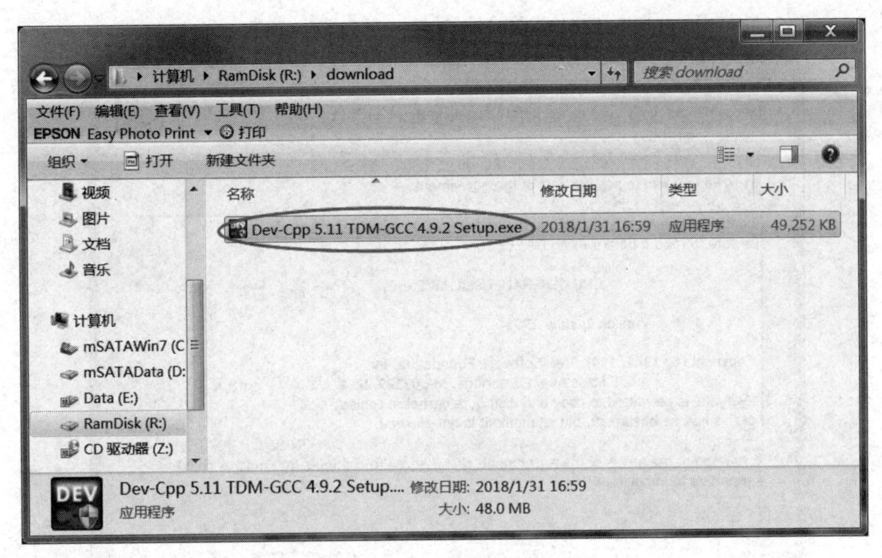

图 1-3　Dev-C++ 安装文件“Dev-Cpp 5.11 TDM-GCC 4.92 Setup.exe”

1.2.2　安装 Dev-C++

接下来就是双击运行刚才所下载的 Dev-C++ 安装文件“Dev-Cpp 5.11 TDM-GCC 4.92 Setup.exe”。运行后显示的第一个界面是让用户选择安装过程所使用的语言，如图 1-4 所示。

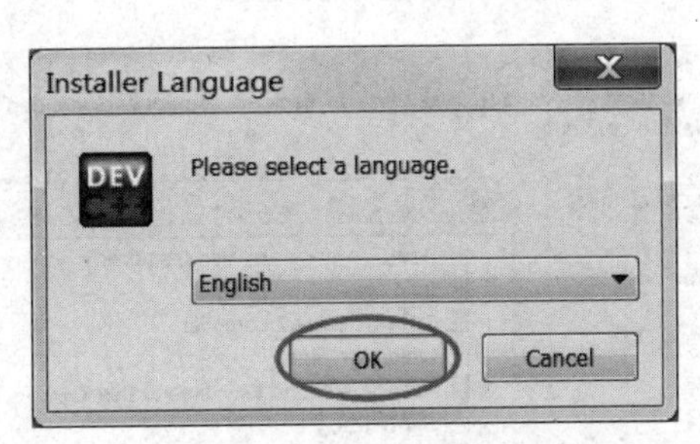

图 1-4　选择语言

安装过程所使用的语言，有英语等多种语言可选，但可惜暂时没有中文。不过，安装完成后就可以选择中文界面了。这一步就使用默认的英语选项，直接单击 OK 按钮到下一步，显示版权信息，如图 1-5 所示。

这一版权信息显示，Dev-C++ 这个软件是按照 GNU GPL 条款发布，简单来说，就是属于自由软件和代码开源。如果需要使用该源代码用来学习研究或改进功能，大家可以访问 Dev-C++ 源代码的官网下载链接获取：https://sourceforge.net/projects/orwelldevcpp/files/Source/。

这里我们继续单击 I Agree 按钮进入下一步，选择需要安装的组件，如图 1-6 所示。

这里选择安装组件的界面已经默认帮我们选择了 Full，即安装全部的组件。为了方便学习 C 语言程序设计，一般我们就采用这个默认全部安装的选项，因此这里只需要单击 Next 按钮进入下一步，选择安装位置，如图 1-7 所示。

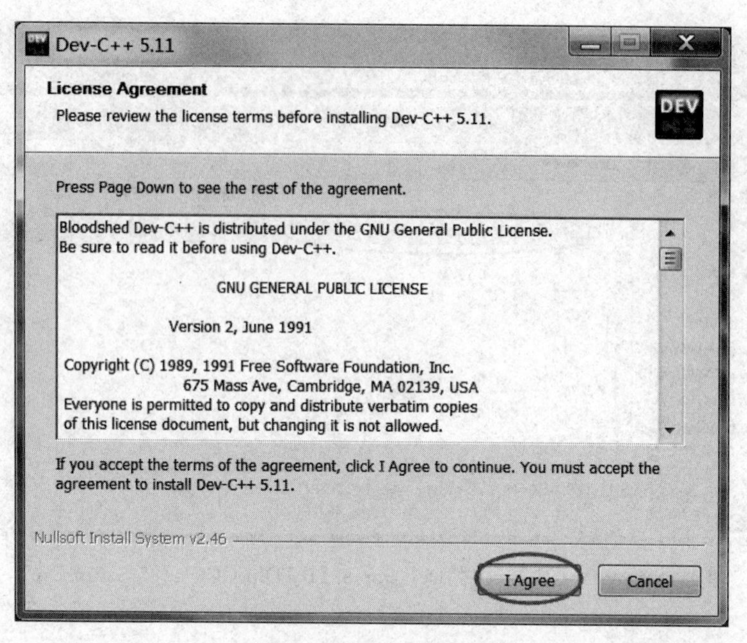

图 1-5　确认版权信息

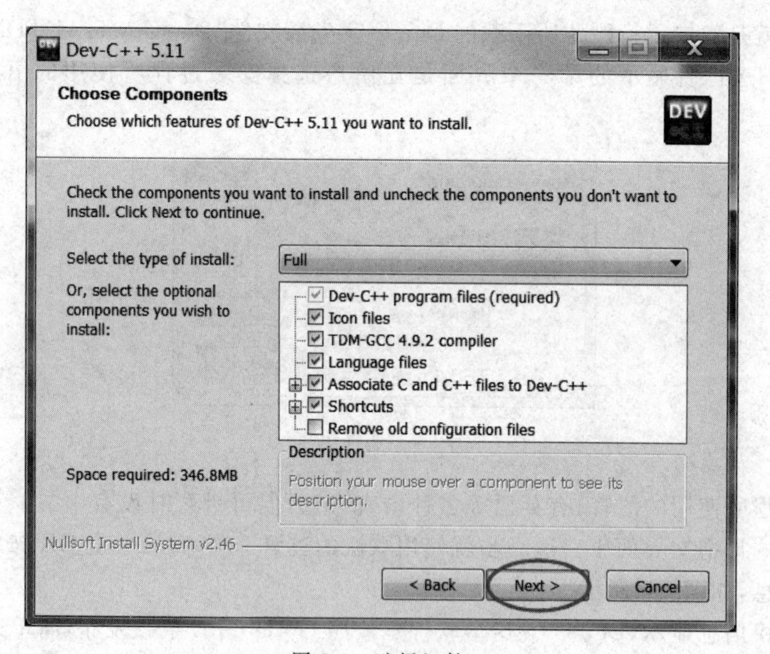

图 1-6　选择组件

一般来说，如果没有什么特殊需求，这里安装路径采用默认的安装位置就可以了。需要留意的是，安装位置是否有足够的硬盘空间。这里的显示信息表明，安装 Dev-C++ 需要 346.8MB 的硬盘空间，目前所选择的安装位置有 27.8GB 的剩余空间，所以是满足条件的，继续单击 Install 按钮开始安装 Dev-C++ 开发环境。安装完成后，将进入下一步，也就是安装过程的最后一步了，如图 1-8 所示。

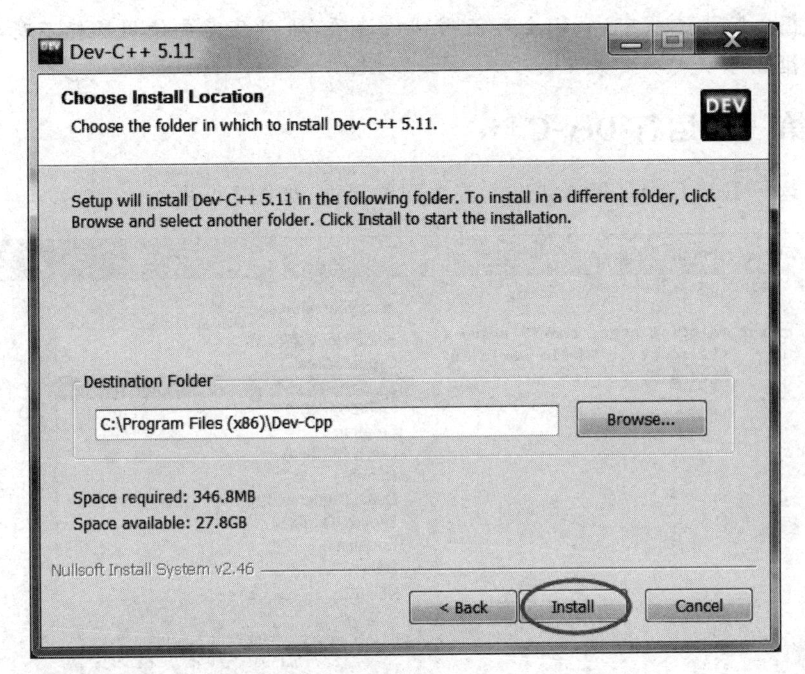

图 1-7　选择安装位置

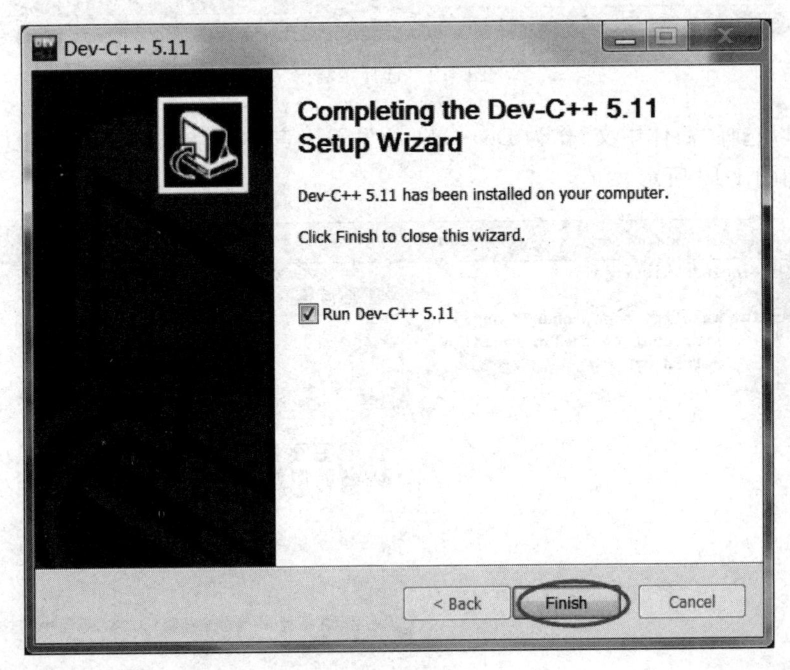

图 1-8　安装完毕

这里提示信息表明，Dev-C++ 5.11 已经安装完成。由于 Dev-C++ 在第一次运行时候需要进行一些简单的配置，主要是选择运行界面的语言和风格，所以为了方便，这里默认选中了运行 Dev-C++ 的选项，接下来继续单击 Finish 按钮，就可以运行刚刚安装好的 Dev-C++ 5.11，以便进行首次的配置。

提示：整个安装过程中，我们全部使用默认选项，所以只需要使用鼠标不断单击 Next、Finish 等按钮就可以成功安装了。

1.2.3　第一次运行 Dev-C++

第一次运行 Dev-C++，会自动进入首次配置界面，如图 1-9 所示。

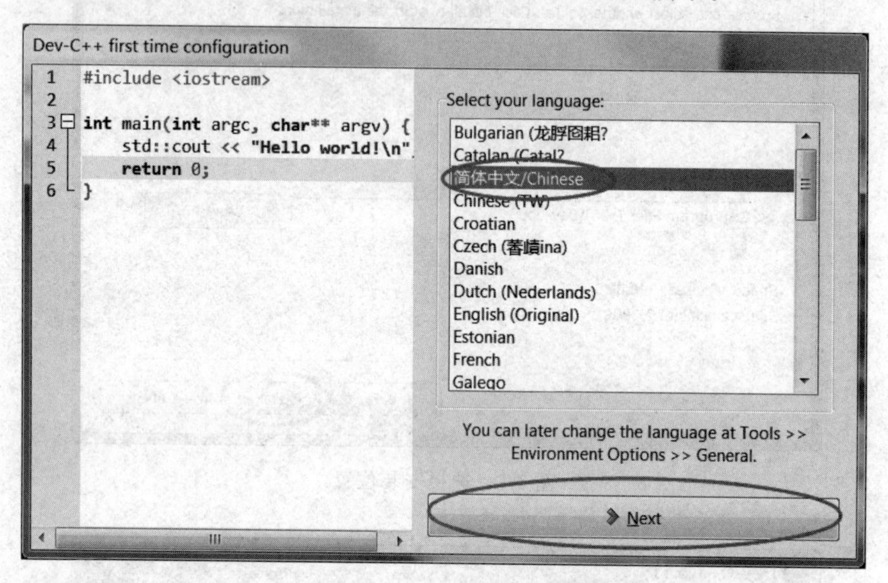

图 1-9　选择语言

这里可以选择"简体中文"作为 Dev-C++ 的显示语言，然后单击 Next 按钮进入下一步，选择主题，如图 1-10 所示。

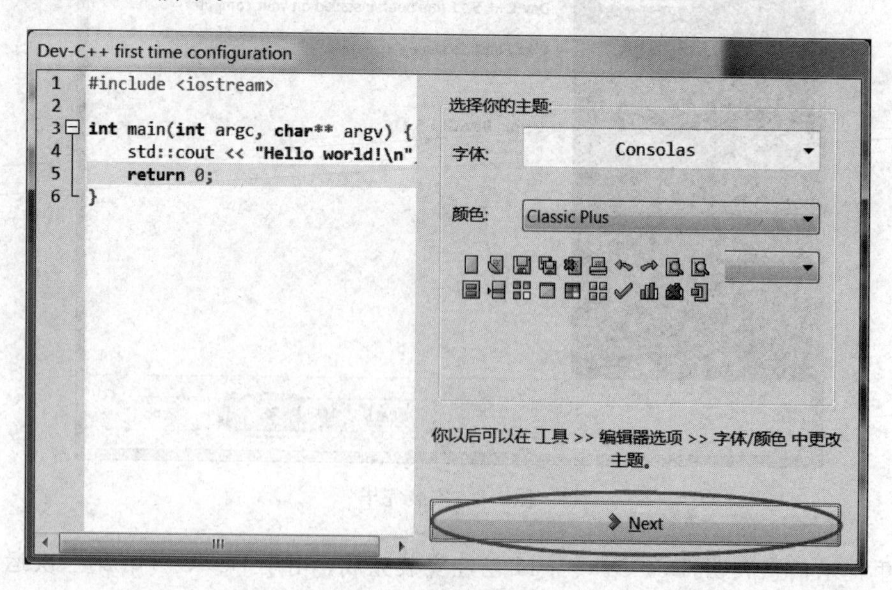

图 1-10　选择主题

这里的主题，是指设置 Dev-C++ 运行界面所使用的字体类型以及字体颜色等风格的总称。一般情况下我们使用默认效果就可以了，所以这里直接单击 Next 按钮进入下一步，也就是最后一步了，如图 1-11 所示。

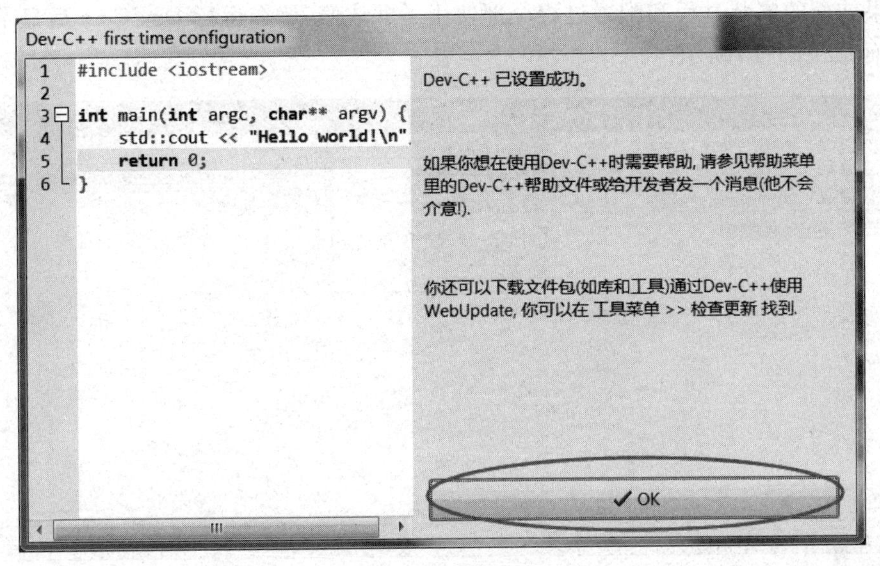

图 1-11　设置成功

到了这里已经显示设置成功，因此我们只需要单击 OK 按钮就大功告成。接着会自动显示 Dev-C++ 运行后的中文主界面，如图 1-12 所示。

图 1-12　Dev-C++ 中文主界面

提示：这里首次运行的配置操作，虽然只有两个步骤，但对于大部分初学者来说，可能最关键的地方就是在第一步选择语言的界面一定要记得把原来默认的 English 选项改为“简体中文”。

也就是说，从安装到配置，只有选择语言这一步不使用默认值 English 而改选“简体中文”，其他步骤都使用默认值就可以了。

1.2.4 设置 Dev-C++ 多国语言界面

如果前面的安装过程和配置过程全部使用了默认值，那么运行 Dev-C++ 后显示的是英文主界面，如图 1-13 所示。

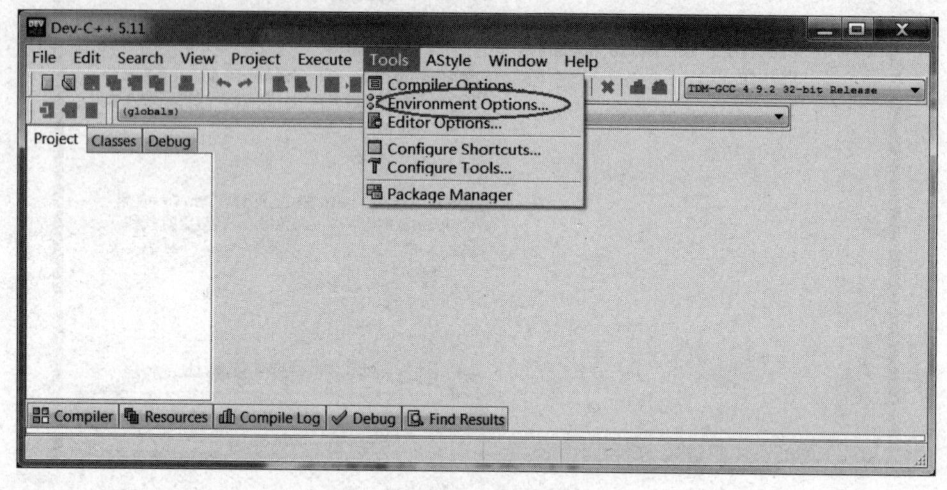

图 1-13　Dev-C++ 英文主界面

如果需要设置 Dev-C++ 为简体中文的主界面，可以选择菜单命令 Tools→Environment Options...进行设置，如图 1-14 所示。

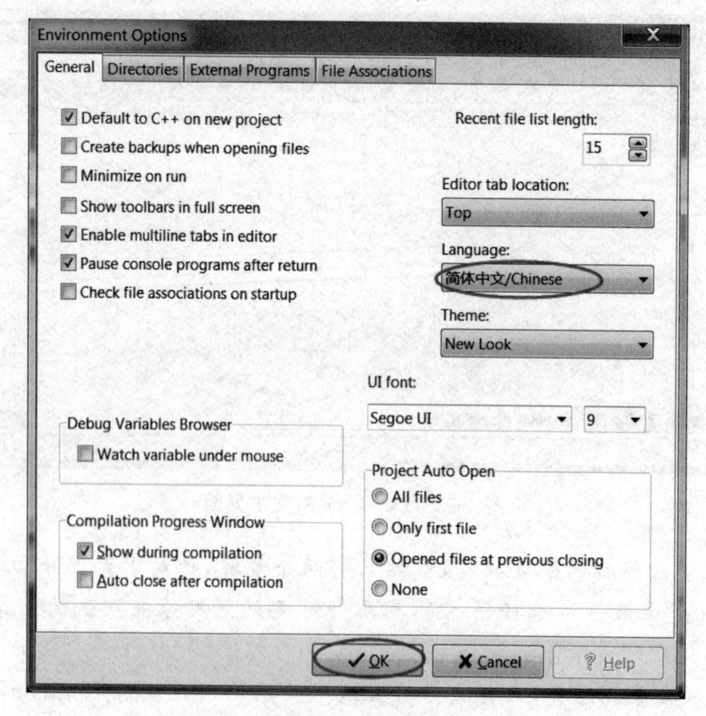

图 1-14　Dev-C++ 环境选项配置

在这里就可以选择"简体中文/Chinese"作为 Dev-C++ 的默认显示语言了。最后单击

OK 按钮保存刚才的更改即可。

课后练习

【练习 1-1】

请按照本章的介绍下载并安装 Dev-C++ 软件。

【练习 1-2】

如前所述,Code::Blocks 也是常用的 C 语言开发工具之一。请使用你熟悉的搜索引擎,例如 www.google.com、www.baidu.com、www.bing.com 等,搜索关键字 code blocks,找到 Code::Blocks 的官方网站,然后下载并安装该软件。

1.3 本章小结

1. 关于 C 语言

(1) C 语言是一门通用的程序设计语言,诞生于 20 世纪 70 年代初。

(2) C 语言的作者是美国贝尔实验室的 Dennis M. Ritchie 和 Ken Thompson。

(3) C 语言白皮书 *The C Programming Language* 的作者是 Brian W. Kernighan 和 Dennis M. Ritchie。

(4) 使用 C 语言编译器可以把 C 语言源程序编译为可执行代码。

2. 关于 C 语言开发工具

Microsoft Windows 系统下常用的 C 语言开发工具有:Microsoft Visual C++、Dev-C++、Code::Blocks 等。

第二部分

快速入门

本部分首先在第 2 章使用两个小例子“最小的 C 语言程序”和“hello world 程序”介绍了 C 语言程序的基本框架，然后在第 3～5 章用三个简单而有趣的例子介绍了 C 语言的变量、数据类型、运算符、流程控制、标准库函数等基本内容，最后在第 6 章精心设计了 20 道编程练习题供读者上机练习，以便强化程序设计思维，体现学以致用的学习特点。

第2章　经典 hello world——程序基本框架

一般来说，“hello world 程序”是学习 C 语言或其他编程语言的入门程序。比“hello world 程序”更简单的 C 语言程序，在本书中称为“最小的 C 语言程序”。通过本章的学习，读者可以对 C 语言程序的基本框架有一个整体的了解。

2.1　最小的 C 语言程序

每一个 C 语言程序，无论规模大小，都是由函数和变量组成的。函数中包含若干用于指定所要做的计算操作的语句，变量则用于在计算过程中保存相关数值。这里所说的函数和变量，比较类似于数学中的函数与变量，但又不完全相同。刚刚接触这些概念，可能会让人难以理解，不要紧，万事开头难，后面我们会对这些概念一一介绍。

一个符合 C 语言标准的最小程序可以仅由 4 行简单代码组成，如源代码 2-1 所示。当然了，这个程序只是搭建了一个 C 语言程序的框架而已，事实上并没有从键盘接收任何数据，也没有向屏幕输出任何信息。

```
01  int main()
02  {
03      return 0;
04  }
```

源代码 2-1　nothing.c

这个程序非常简单，只有一个函数，函数名字是 main。这个程序目前没有定义变量。

一般来说，我们可以根据需要给函数起一些有代表意义的名字，但 C 语言规定，整个 C 语言程序的入口必须是名字为 main 的函数，而这里只有一个函数，因此这里必须命名为 main。

宏观上一个 C 程序的结构是由若干个并列关系的函数构成，整个程序从 main() 函数开始执行，然后通过调用和控制其他函数进行工作。每个函数又由若干语句组成。

main() 函数和其他函数工作结束后，有时候是需要传回一个值给该函数的调用者来使用。C 语言是一种强类型的程序设计语言，因此这里定义 main() 函数的同时需要说明函数结束时要返回的值是什么类型。C 语言规定 main() 函数的返回值类型必须是整数(Integer)类型，用关键字 int 表示。

main() 函数后面跟着一对圆括号“()”。圆括号内可以接收一些变量作为参数传递给函数进行工作。本程序目前不需要传递参数，因此圆括号内可以留空白。

概括起来，本程序第1行的功能是：定义一个名字为main的函数作为整个C语言程序的执行入口函数，不需要接收变量作为参数，函数结束后将会返回一个整数类型的数值给main()函数的调用者。

第2～4行代码则是main()函数的函数体，表明了调用main()函数后实际要执行的具体代码。

函数体中的C语言语句由一对花括号“{ }”括起来。本例中，main()函数的函数体只包含了一个语句，即第3行的语句。

第3行代码是一个由C语言关键字return和整数0组成的语句，return和0之间用空格隔开，语句的末尾用分号结束。return语句的功能是结束当前的函数并返回一个整数值给该函数的调用者。这里，为什么必须返回整数0？因为在第1行，我们定义main()函数必须返回一个整数。

至此，我们可以了解到，这个最小的C语言程序，其功能是实现了一个C语言所规定的必不可少的入口函数main()，函数体只有一个return语句，用于结束当前函数并返回整数值0给main()函数的调用者，除此之外就没有其他语句了。

由于main()函数是整个程序的执行入口，结束了main()函数就相当于终止了该程序的运行。

本例子使用了C语言的两个关键字：int和return。关键字(Key word)又称“保留字”，是已经定义了含义和功能的词语，不能作为其他用途使用，例如不能用作函数名字或变量名字等。ANSI C标准定义了32个关键字，如表2-1所示。

表2-1 ANSI C关键字

auto	break	case	char	const	continue	default	do
double	else	enum	extern	float	for	goto	if
int	long	register	return	short	signed	sizeof	static
struct	switch	typedef	union	unsigned	void	volatile	while

我们先了解一下这些关键字，在后续的章节中，我们会对这些关键字的含义和用法作介绍。

提示：main不是C语言的关键字，而是具有特殊用途的函数名字。

2.1.1 编辑源代码

现在可以启动Dev-C++开发工具进行源代码的编辑录入了。选择菜单命令“文件”→“新建”→“源代码”，就可以创建一个新文件来编辑录入C程序源代码。

注意，为了便于讲解程序功能，源代码2-1所示的代码是在每一行特意人为加上了行号的，后面其他例子的源代码也是一样。因此，我们录入源代码到Dev-C++开发工具就不需要输入行号，输入如下源代码即可：

```
int main()
{
    return 0;
}
```

Dev-C++ 开发工具默认是自动显示行号的,如图 2-1 所示。行号仅仅是用来辅助显示,以方便我们阅读,并不是源代码的一部分。

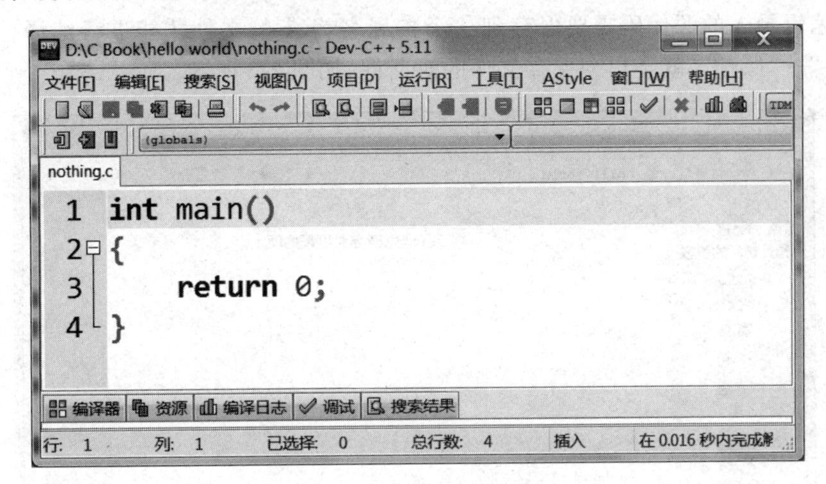

图 2-1　Dev-C++ 默认显示行号

C 语言是区分大小写的,因此录入源代码的时候请注意,int、main 和 return 这 3 个英文单词要求全部小写。

C 语言用到的其他符号,要求在英文输入法状态下输入。这里圆括号“()”、花括号“{ }”和分号“;”需要在英文输入法下输入,不能在中文输入法或其他非英文输入法下输入。

第 3 行 return 语句前面的空白,可以输入 4 个空格键或者输入一个 Tab 键来实现。有些程序员喜欢使用 2 个空格或 8 个空格来缩进代码。这里我们统一采用 4 个空格的方案。

其实,C 语言对于缩进多少是没有要求的,在没有引起歧义的情况下,甚至不留任何空格也完全没有问题。例如,这个例子完全可以写作一行代码:

```
int main(){return 0;}
```

这里,int 和 main 之间必须至少有一个空格或 Tab 键来分隔,return 和 0 之间也一样,否则它们就会产生歧义。

这样的写法虽然缩短了源代码的长度,节约了版面,但是可读性大大降低,弊大于利。代码量一多,阅读起来将会非常困难和低效。这是一个非常糟糕的习惯,千万不要使用这样的风格来编辑你的代码!

我们把空格、Tab 键以及 Enter 键这 3 种符号统称为“空白”(White-space)。应该在适当的地方留有足够多的空白,以提高源代码的可读性。

初学者应该先严格按照本书的示范例子来排版源代码,然后勤思考多总结,哪些地方该缩进,哪些地方该留空白,逐渐养成良好的缩进和留白习惯。

提示:一个 Tab 键可以向右缩进多少个空格,这是可以由软件来设置的。Dev-C++ 默认是 4 个空格。如果在一个源代码里面混合使用空格和 Tab 键来缩进代码,那么以后在其他开发工具打开且其 Tab 键的设置跟原来不同,将会引起缩进混乱,反而严重影响代码的可读性。

应该在同一个源代码文件中只使用一种缩进方案。要么用空格,要么用 Tab 键,不可混用。

2.1.2 保存源代码

刚才编辑录入的源代码需要保存到一个扩展名为.c的文件才能进行编译。选择菜单命令“文件”→“保存”，就会出现保存文件的对话框，如图2-2所示。

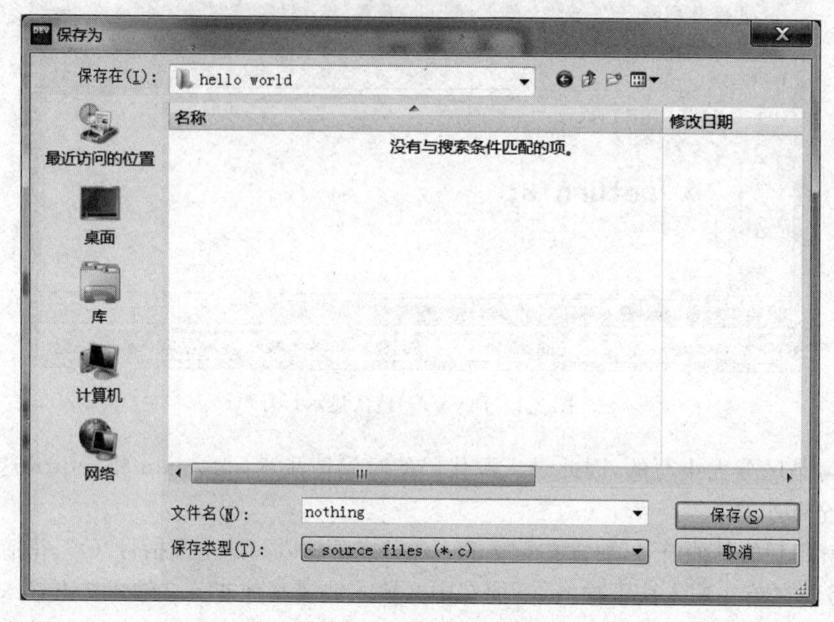

图2-2 “保存为”对话框

首先在“保存在”栏目中选择一个用于存放该源代码文件的文件夹(本例子使用D：\C Book\hello world文件夹存放)，接着选择保存类型为“C source files(＊.c)”，最后输入文件名nothing(本例子使用nothing作为主文件名，由于选择了保存类型为“C source files(＊.c)”，因此会在主文件名后面自动加上扩展名“.c”组成完整的文件名“nothing.c”)。

本例中，最终保存文件的绝对路径是“D：\C Book\hello world\nothing.c”。

提示：建议按照如下顺序来操作“保存为”对话框：保存在、保存类型、文件名。

不少初学者往往在填写了文件名后就直接单击“保存”按钮，导致文件的“保存类型”为默认的“C++ source files(＊.cpp)”，而没有修改为“C source files(＊.c)”。

C和C++是两种不同的语言，这两种语言有很多共同的地方，但两者的差别在很多时候也比较显著。为了避免以后在编译和运行C语言的过程中出现一些莫名其妙的错误，从一开始就应该严格按照这个顺序来操作，以避免不必要的麻烦。

2.1.3 编译源代码

选择菜单命令“运行”→“编译”，或者直接按功能键F9，可以把当前源代码编译为可执行文件。

在“编译日志”窗格中可以看到编译过程的提示信息。我们要关注错误(Error)的数量和警告(Warning)的数量。一般情况下，如果前面的录入编辑是正确的，那么这里两个数量都正常显示为0，如图2-3所示。

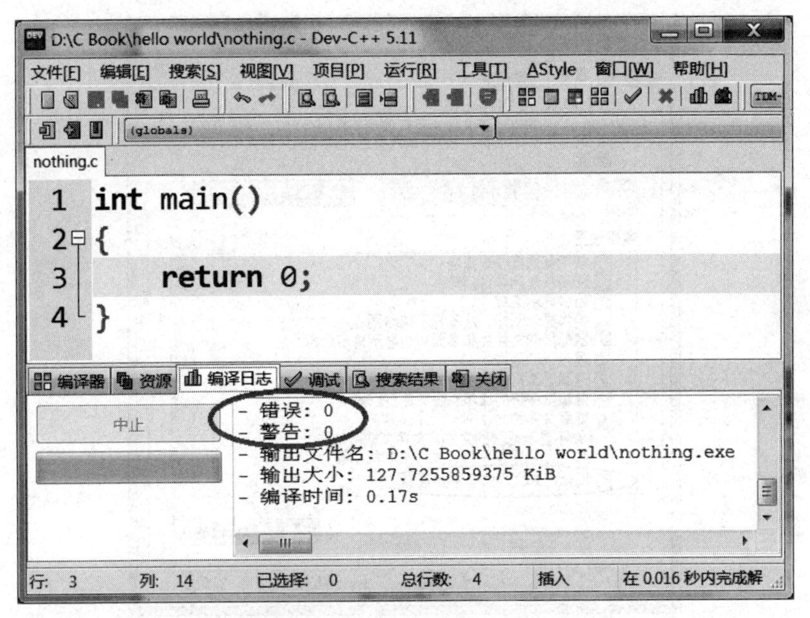

图 2-3　Dev-C++ 的"编译日志"窗格

如果错误数量为 0,那么 Dev-C++ 就会在该源代码同一个文件夹下生成一个扩展名为".exe"的可执行文件,本例中具体是"D:\C Book\hello world\nothing.exe",如图 2-4 所示。

名称	类型	大小
nothing.c	C Source File	1 KB
nothing.exe	应用程序	128 KB

图 2-4　源代码文件 nothing.c 以及对应的可执行文件 nothing.exe

如果错误数量不为 0,那么就不会生成可执行文件。这时需要根据具体的出错提示信息,认真检查源代码是否有录入错误,排除错误后再重新编译。

提示:Microsoft Windows 系统的资源管理器默认不显示已知文件类型的扩展名,即图 2-4 中的".c"和".exe"是看不到的。这不影响使用,我们可以根据"类型"这一列信息了解文件的类型和扩展名。

如果需要显示"主文件名.扩展名"形式的完整文件名,可以在 Windows 的"控制面板"→"文件夹选项"中选择"查看"选项卡,取消选中"隐藏已知文件类型的扩展名"复选框,然后单击"确认"按钮即可,如图 2-5 所示。

2.1.4　运行程序

前面已经把源代码成功编译为可执行文件,接下来就可以运行该程序。选择菜单命令"开始"→"运行",或者直接按 F10 功能键,运行该可执行文件 nothing.exe,运行结果如图 2-6 所示。

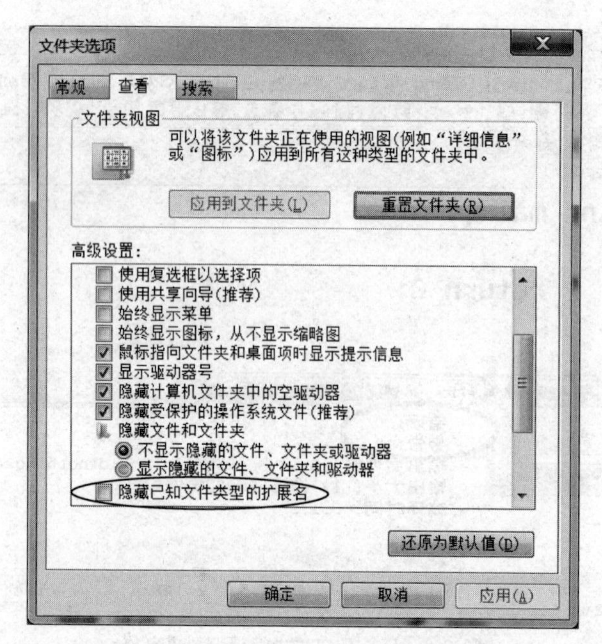

图 2-5 "文件夹选项"对话框"查看"选项卡

```
--------------------------------
Process exited after 0.01088 seconds with return value 0
请按任意键继续...
```

图 2-6 nothing.exe 的运行结果

这个程序在显示器上的屏幕输出结果有 4 行信息:

第 1 行是本程序的真正输出信息。不过,这里目前输出是空白,因为从源代码看,该程序并没有使用输出语句来输出信息,因此空白的输出结果是正常结果。

第 2~4 行的信息是 Dev-C++ 这个开发工具默认添加输出的辅助信息。

第 2 行输出一条有多个"-"符号组成的分隔线,以区别于前面的输出信息。

第 3 行输出一句英文,中文大意为"该进程运行时间为 0.01088 秒,并且返回值是整数 0"。由于我们是使用 Dev-C++ 软件来运行这个 C 语言编写的程序,即 Dev-C++ 软件是该 C 语言程序 main()函数的调用者,所以 main()函数的结束语句"return 0"就把整数 0 返回给调用者,即传递给 Dev-C++ 软件。Dev-C++ 软件接收该返回值并显示在这里。

第 4 行显示的信息"请按任意键继续..."是 Dev-C++ 为了方便我们观察屏幕信息而提供的辅助功能。该功能的作用是让程序暂停,直到用户按下键盘中的任意一个键才继续。目的就是让我们编写的 C 语言程序运行得到输出结果后,其输出窗口不会立刻消失,暂停等待,让我们慢慢去查看输出结果。

提示:我们可以尝试改变源代码中 return 语句后面的整数,把 0 修改为其他整数,例如 1、2、3…或者 −1、−2、−3…,然后重新保存、编译和运行,并观察输出屏幕显示的返回值是否跟着改变。

按照习惯,一般返回值为 0 表示程序正常结束,返回其他整数表示各种错误状态。

2.2　经典 hello world 程序

一般来说，程序的运行过程就是一个 I-P-O（Input-Process-Output，输入—处理—输出）。用户通过键盘等输入设备输入将要处理的数据，然后计算机加工处理这些数据，最后输出结果到显示器等输出设备上。

上面的例子是最小的 C 语言程序，小到什么程度呢？没有输入，没有输出，也没有处理！从 main()函数入口进去，然后执行的唯一语句就是功能为结束函数的 return 语句。main()函数运行结束了，相当于整个程序的运行也结束了。

按照循序渐进的学习原则，我们在 nothing.c 例子的基础上，加上一个输出语句，功能是在显示器屏幕上显示一句话"hello，world"，程序代码如源代码 2-2 所示。

```
01 #include <stdio.h>
02 int main()
03 {
04     printf("hello, world\n");
05     return 0;
06 }
```

源代码 2-2　hello.c

这是 ANSI C 风格的 hello world 经典程序。

第 4 行语句就是所添加的输出语句，该语句通过调用一个名字为 printf 的 C 语言标准库函数来实现信息输出到默认显示器屏幕的功能。

用双引号括住的字符序列称为字符串(String)。字符串由中文文字、英文字母、标点符号等文字和符号组成。函数 printf()接收一个字符串类型的参数，即"hello，world\n"，并输出该内容到显示器屏幕上。

字符串"hello，world\n"里面的信息可以分为两种类型：一种是原样输出的信息，另一种是带转义功能的信息。本例中，"hello，world"是原样输出的信息，"\n"是带转义功能的信息。

"原样输出"的意思，是指这些文字信息在调用函数 printf()输出到显示器屏幕的时候，是不加任何修改而直接在屏幕上显示出来。比如，原来是小写字母，那么就在显示器屏幕显示该小写字母，而不会显示大写或是其他字母、其他符号。

字符序列"\n"表示换行符，可以认为是对应于键盘上的 Enter 键。字符 n 原本是一个普通字符，应该被原样输出，但由于字符"\"具有转义功能，两者的组合"\n"便改变了字符 n 原来的含义和功能。

诸如"\n"之类的换码序列（也称为"转义字符序列"）为表示不能打印或不可见字符提供了一种通用可扩充机制。C 语言定义了如表 2-2 所示的换码序列。

表 2-2 换码序列

换码序列	功能含义	换码序列	功能含义
\a	响铃符	\\	反斜杠,即\
\b	回退符	\?	问号,即 ?
\f	换页符	\'	单引号,即'
\n	换行符	\"	双引号,即"
\r	回车符	\ooo	八进制整数,例如\031
\t	横向制表符	\xhh	十六进制整数,例如\x19
\v	纵向制表符		

第 1 行是名为"#include"的预编译指令,它不是 C 语言语句。预编译指令"#include <stdio. h>"的作用是在真正编译该 C 语言源代码之前,找到一个名字为"stdio. h"的习惯上称为"头文件"的特殊文件并复制该文件的内容插入这里。也就是说,把整个 stdio. h 文件的内容包含进来并替换原来第 1 行的内容。

文件 stdio. h 称为 C 语言标准库的头文件(Header File),包含有关标准输入/输出(Standard input/output)功能的库函数,供我们直接使用。函数 printf()是在该头文件中定义并描述的。

由于第 4 行代码调用了函数 printf(),按照 C 语言"先定义后使用"的要求,所以这里在第 1 行就使用预编译指令"#include"把对应的标准库头文件 stdio. h 包含进来。

C 语言已经编写了一些常用的程序功能,并形成了称为"函数库"的程序集合,称为标准库。ANSI C 标准定义了 15 个标准库,它们对应的头文件如表 2-3 所示。

表 2-3 ANSI C 标准库

assert. h	ctype. h	errno. h	float. h	limits. h
locale. h	math. h	setjmp. h	signal. h	stdarg. h
stddef. h	stdio. h	stdlib. h	string. h	time. h

关于 C 语言标准库更详细的信息可以参考 https://en. wikipedia. org/wiki/C_standard_library。

为什么包括 C 语言在内的大多数编程语言一般都是输出一个"hello, world"字符串作为编程的入门例子呢?

hello world 的起源要追溯到 1972 年,UNIX 系统的发明者以及 C 语言的协同发明者 Brian W. Kernighan 在撰写文章 *A Tutorial Introduction to Language B* 中首次使用"hello, world",这是目前已知最早的计算机著作中将 hello 和 world 一起使用的记录。

然后 Brian W. Kernighan 和 C 语言的发明者 Dennis M. Ritchie 合作撰写 C 语言经典版本 *The C Programming Language*,沿用了"hello, world"句式,作为开篇的第一个程序,代码如下所示。

```
#include <stdio.h>
main()
{
    printf("hello, world\n");
}
```

这就是著名的 K&R 风格的 hello world 程序：

(1) main()函数前面没有 int 关键字；

(2) main()函数不需要 return 语句返回整数值；

(3) “hello，world”全部是小写，没有感叹号，逗号后有一个空格。

从此以后，很多程序设计语言相继效仿，使用“hello，world”向世界打招呼逐渐成为一种习惯。

提示：现在初学者学习 C 语言程序设计，直接按照 ANSI C 标准编写程序即可。但由于历史原因，现在在网络上有时候还会看到古老的 K&R 风格的程序代码例子，我们能够识别出来即可。如果在运行这些古老代码的时候出现不兼容现象，只要参考 ANSI C 标准对这些代码做出一些简单的修正，使其符合现代编码规范，一般就可以正常编译和运行了。

2.2.1　编辑源代码

再次提醒，为了便于讲解程序功能，源代码 2-2 所示的源代码是人为特意在每一行加上了行号的，后面其他例子的源代码也是一样。因此，我们录入源代码到 Dev-C++ 开发工具中是不需要输入行号的，即直接输入如下源代码即可：

```
#include <stdio.h>
int main()
{
    printf("hello, world\n");
    return 0;
}
```

提示：

(1) 请认真比较上面的程序代码与刚刚录入 Dev-C++ 开发工具的代码，要做到一模一样！

(2) 本例子中的字母全部是小写，字母以及所有其他符号(＃、＜、＞、( )、{ }、\、;)都需要在英文输入法半角状态下输入。

(3) “＃include”和“＜stdio. h＞”之间使用一个空格分隔；int 和 main()函数之间使用一个空格分隔；return 和整数 0 之间使用一个空格分隔。

(4) 第 4、5 行的缩进，建议初学者统一采用 Tab 键来缩进。

2.2.2　保存源代码

具体操作请参考 2.1.2 小节，把上一例子中的 nothing 换为 hello 即可，其他操作不变。本例中，源文件命名为 hello. c，最终保存文件的绝对路径是“D：\C Book\hello world\hello. c”。

提示：再次提醒，保存的过程中，需要选择保存类型为“C source file(*. c)”，而不是“C++ source file(*. cpp)”。

2.2.3　编译源代码

选择菜单命令“运行”→“编译”，或者直接按 F9 功能键，可以把当前源代码编译为可执行文件。

假如上一步的编辑录入没有出错，那么应该可以在 hello. c 的同一文件夹下生成一个 hello. exe 的可执行文件(绝对路径是“D: \C Book\hello world\hello. exe”)，如图 2-7 所示。

名称	类型	大小	修改日期
hello.c	C Source File	1 KB	2017/11/24 23:16
hello.exe	应用程序	128 KB	2017/11/24 23:16
nothing.c	C Source File	1 KB	2017/11/21 11:04
nothing.exe	应用程序	128 KB	2017/11/21 11:44

图 2-7　源代码文件 hello. c 以及对应的可执行文件 hello. exe

假如录入过程中漏了一个分号“;”，那么编译将不会成功，即不会生成可执行文件，同时会给出出错信息，如图 2-8 所示。

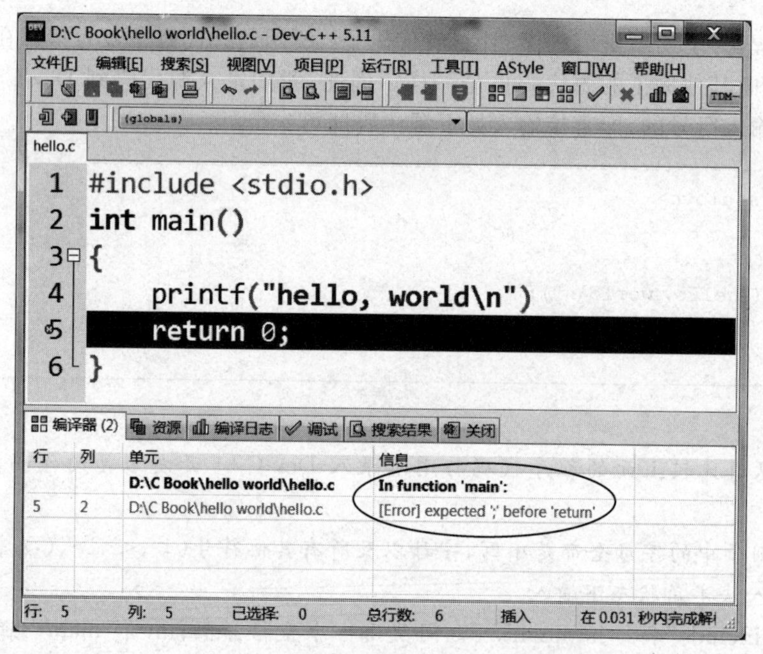

图 2-8　编译的出错信息是“缺少分号”

出错提示信息“[Error]experted ';' before 'return'”表明，编译器期望在 return 关键字之前有一个分号“;”。

换句话说，就是在第 4 行代码的最后缺少一个分号“;”。据此，我们在第 4 行的最后加上一个分号，然后保存和重新编译即可。

又假如，编译过程中出现如图 2-9 所示的出错信息，那么，根据出错提示信息“undefined reference to 'print'”(引用了一个没有定义的 print)，我们稍作对比，便知道出错的原因，是标准输出函数 printf()的名字漏了一个字母 f。添加所缺字母然后保存代码，并重新编译即可。

提示：标准输出函数 printf()的名字是由 print formatted(格式化打印)组合而成，printf 末尾的 f 是 formatted 的缩写。

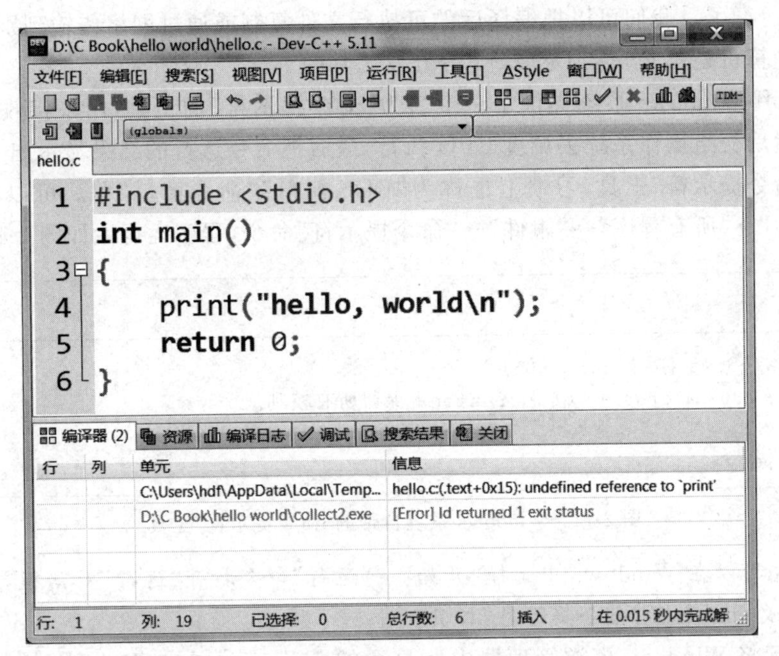

图 2-9　编译出错信息“print 没有定义”

2.2.4　运行程序

1. 使用开发工具运行程序

前面已经把源代码成功编译为可执行文件，接下来就可以运行该程序。打开“运行”命令对话框，或者直接按 F10 功能键，运行可执行文件 hello.exe，运行结果如图 2-10 所示。

```
hello, world

--------------------------------
Process exited after 0.01688 seconds with return value 0
请按任意键继续...
```

图 2-10　hello.exe 的运行结果

这个程序的输出结果屏幕有 5 行信息：

第 1～2 行是本程序的真正输出信息。

第 1 行是“hello，world”的输出结果。

第 2 行是“\n”的输出结果，把光标从某个当前位置移动到下一行的行首，即换行。由于后面没有输出任何信息了，所以这里表现出来就是空白的一行。

第 3～5 行的信息是 Dev-C++ 这个开发工具默认添加输出的辅助信息，可以参考 2.1.4 小节中运行程序的解释说明。

2. 在命令提示符下运行程序

在 Dev-C++ 里使用运行命令或 F10 功能键来运行编译后的可执行文件，并不是唯一的方法。事实上，C 程序源代码一旦编译为可执行文件，那么就可以脱离 Dev-C++ 等开发工具环境独立运行了。我们可以把编译后的可执行文件复制或通过网络传输到别的计算机上运行,这些计算机是不必安装 Dev-C++ 等开发工具的。

Microsoft Windows 系统提供了一个名为“命令提示符”的工具,用来接收用户键盘输入的命令,然后交给操作系统去调度 CPU 执行,最后把命令运行的结果显示出来。

这个“命令提示符”工具,习惯上也称为“DOS 窗口”“命令窗口”等。可以在 Windows 中选择“开始”→“所有程序”→“附件”→“命令提示符”命令,程序运行后如图 2-11 所示。

```
命令提示符
----------------------------------------------------------------
Microsoft Windows [版本 6.1.7601]
版权所有 (c) 2009 Microsoft Corporation。保留所有权利。

C:\Users\geecy>
```

图 2-11　Windows 系统自带的“命令提示符”工具

提示:也可以在 Windows 中选择“开始”→“运行”命令打开“运行”对话框,然后直接输入 cmd.exe 或 cmd 打开“命令提示符”工具。

使用鼠标将 Windows 资源管理器中所显示的 hello.exe 文件拖动到“命令提示符”窗口,就可以避免逐一打字输入命令来运行 hello.exe,如图 2-12 所示。

```
命令提示符
----------------------------------------------------------------
Microsoft Windows [版本 6.1.7601]
版权所有 (c) 2009 Microsoft Corporation。保留所有权利。

C:\Users\geecy>"D:\C Book\hello world\hello.exe"【Enter】
hello, world

C:\Users\geecy>
```

图 2-12　使用“命令提示符”工具运行 hello.exe

图 2-12 中灰底加粗字体所示的命令,既可以像刚才那样通过拖动可执行文件自动输入,也可以自己从键盘打字输入。由于路径中的文件夹名称包含空格(C 和 Book 之间以及 hello 和 world 之间都有 1 个空格),因此系统自动加上双引号。如果路径中的文件夹名字和文件名字都没有出现空白,那么双引号是可以省略的。

最后按下 Enter 键确认,就可以在命令窗口中执行 hello.exe 了。hello.exe 在这里的输出结果跟在 Dev-C++ 中输出的结果是一致的,都是输出两行信息:

第 1 行是“hello, world”;

第 2 行是一个空行。

现在是在“命令提示符”工具中运行 hello.exe 程序,即“命令提示符”工具是 hello.exe 程序里面 main()函数的调用者,所以 main()函数结束时使用 return 语句返回的整数值自然就传递给“命令提示符”工具。只不过,这里默认不显示该数值而已。

如果要显示该返回数值,可以继续在命令窗口中输入 DOS 命令“echo %ErrorLevel%”,然后按 Enter 键确认就可以显示出来，如图 2-13 所示。

```
命令提示符

Microsoft Windows [版本 6.1.7601]
版权所有 (c) 2009 Microsoft Corporation。保留所有权利。

C:\Users\geecy>"D:\C Book\hello world\hello.exe"【Enter】
hello, world

C:\Users\geecy>echo %ErrorLevel%【Enter】
0

C:\Users\geecy>
```

图 2-13　使用 echo 命令显示程序 hello. exe 的返回值

echo 是 Microsoft Windows 系统下的一个 DOS 命令，用于显示一个 DOS 变量的内容到屏幕上。变量 ErrorLevel 则保存了在命令窗口最后一次运行的程序的返回值。

提示：请尝试修改 hello. c 文件的 return 语句返回值为其他整数，然后保存文件并重新编译，接着在命令窗口运行新生成的 hello. exe，最后使用 echo 命令显示新的返回值。

【练习 2-1】

录入下面源代码 2-3 所示的 C 语言程序并保存文件为 myhello. c，然后编译和运行程序，最后解释说明所看到的输出结果。

```
01  #include <stdio.h>
02  int main()
03  {
04      printf("hello, ");
05      printf("world");
06      printf("\n");
07      printf("hello, \nworld");
08      return 0;
09  }
```

源代码 2-3　myhello. c

提示：再次提醒，实际编程时不要录入行号！

2.3　本章小结

1. 程序的基本概念

(1) C 语言程序至少由一个 main()函数组成。

(2) main()函数是执行 C 语言程序的入口函数，代码从这里开始执行。

(3) 如无特殊情况，一般是从上到下依次执行 C 语言程序的语句。

(4) main()函数执行完毕意味着整个 C 语言程序执行完毕。

2. 关键字

int、return。

3. 标准库函数

printf()　输出数据到屏幕中。

4. 换码序列

\n　换行符,即 Enter 键。

5. 预编译指令

#include　引用一个文件。

6. 代码可读性

- 水平空白　适当使用空格和 Tab 以提高代码的可读性。
- 垂直空白　适当使用 Enter 键以提高代码的可读性。

第3章 简易计算器——数据类型、运算符、流程控制

计算机能做什么呢？首先最基本的当然是数学计算！

本章通过一步一步地编写一个简易计算器程序，把C语言的变量、数据类型、运算符、分支语句、循环语句等这些重要而又基本的知识点既有逻辑性又巧妙贯穿到整个案例中，以便帮助读者逐步建立起程序设计的基本思想和思维习惯。

3.1 计算两个整数之和

函数printf()除了可以输出文字信息，也可以输出数学算式，下面的例子使用函数printf()向屏幕输出算式“4＋9＝13”，程序代码如源代码3-1所示。

```
01  #include <stdio.h>
02  int main()
03  {
04      printf("4 +9 =13");
05      return 0;
06  }
```

源代码3-1　SimpleCalculator_01-A. c

程序运行后输出结果如图3-1所示。

```
4+9 =13
```

图3-1　SimpleCalculator_01-A. c的运行结果

上面这个计算结果是我们自己计算出来的，并不是计算机计算的。在这里，加号“＋”只是函数printf()要输出的字符串的一个普通字符，按照规定要原样输出到屏幕，不具备运算功能。

1. 源代码3-2

要让加号“＋”具备运算功能，就不能把它放到双引号里面成为字符串的一个普通字符。源代码3-2所示的程序代码真正实现了加号的计算功能。

```
01  #include <stdio.h>
02  int main()
03  {
04      int result;
05      result =4 +9;
06      printf("4 +9 =%d", result);
07      return 0;
08  }
```

源代码 3-2　SimpleCalculator_01-B.c

第 4 行代码：

使用关键字 int 定义一个名字为 result 的整数变量。

C 语言规定，变量必须先定义后使用。定义变量的一般格式是：

```
数据类型　变量名;
```

整数(Integer)类型是一种常用的数据类型，用关键字 int 表示。ANSI C 标准规定了 4 种基本数据类型，如表 3-1 所示。

表 3-1　C 语言基本数据类型

关键字	数据类型	存储空间
char	字符	1 字节(8 位)
int	整数	2 字节(16 位)或 4 字节(32 位)
float	单精度浮点数	4 字节(32 位)
double	双精度浮点数	8 字节(64 位)

变量名字的基本要求：

(1) 变量名字的第一字符必须是字母或者下画线“_”，第二个字符起可以是数字、字母或者下划线；

(2) 变量名是区分大小写字母的，例如 y 和 Y 是两个不同的名字；

(3) 关键字(参考表 2-1)不能用于变量名；

(4) 变量名字最好能表达出变量的功能用途，做到“见名知意”；

(5) 变量一般是描述事物的名称，因此变量的名字建议使用“名词”或“定语_名词”的形式命名。

这里“int result;”语句的功能是定义一个整数类型的变量 result，并从计算机的内存中分配 4 字节的内存空间关联到该变量，这样后面的代码就可以使用变量名 result 来管理这些内存空间，可以存放数据到这些内存空间，也可以从这些内存空间读取数据以便使用。

提示：C 语言对 int 类型的规定，只是要求使用不少于 2 字节(2 字节能表示的整数范围是 $-2^{15} \sim 2^{15}-1$，即 $-32768 \sim 32767$)来表示整数，具体的实现方案留给各个编译器来决定，目前主流的编译器一般都是使用 4 字节来表示 int 类型的整数。

这里所用的Dev-C++开发工具是使用4字节的内存分配方案，能够表示的整数范围是：$-2^{31} \sim 2^{31}-1$，即$-2147483648 \sim 2147483647$。

第5行代码：

这是一个赋值语句，首先计算等号“=”右边的表达式“4+9”，然后把计算结果13保存到等号左边的变量result所关联的4个字节的内存字节中。这里4和9称为int类型的“常量”(Constant)。

等号“=”是赋值运算符，其功能是把等号右边的表达式计算出的结果保存到等号左边的变量所关联的内存字节中。

加号“+”是加法运算符，与数学上的加法一致，用于把加号左右两边的数进行加法运算。

提示：我们需要区分清楚表达式(Expression)和语句(Statement)这两个概念：

(1) “4+9”是加法运算表达式；

(2) “result=4+9”是赋值运算表达式；

(3) “result=4+9;”是赋值语句。

分号是语句的结束符。表达式后面加上分号就构成表达式语句。例如，“4+9;”是一个合法的表达式语句，该语句计算出4与9的和为13，但没有赋值给任何变量保存，也就是说，计算出来的结果被丢弃了。

第6行代码：

函数printf()使用格式说明符“%d”以十进制方式输出整数变量result的内容。

如果函数printf()直接输出“4+9=result”，那么就达不到我们的目的了，这里result在双引号内是属于普通字符，只能原样输出这几个字符。

要输出变量的内容，可以使用以百分号“%”开头的格式说明符，首先在将要输出的字符串内占个位置，然后在具体输出的时候使用对应变量的内容取代这个位置，即实现了变量内容的输出。

函数printf()规定，使用格式说明符“%d”或“%i”以十进制整数的格式输出变量内容。

提示：d是英文Decimal(十进制)的首字母，i是英文Integer(整数)的首字母。这两个格式说明符是等价的。大部分程序员习惯使用“%d”。

程序运行后输出结果与源代码3-1的结果是一样的，如图3-2所示。

```
4 +9 =13
```

图3-2 SimpleCalculator_01-B.c的运行结果

虽然是一样的输出结果，但是已经前进了一大步。源代码3-1的输出结果“13”是我们自己计算出来的，而本例的结果则是计算机使用加法运算自动计算出来的。

2. 源代码3-3

接下来，如果需要求和的两个数不是4和9，而是其他数，那怎么办呢？

比如，现在要计算7和8的和，我们需要修改第5行和第6行的代码，然后保存并重新编译和运行。这里我们发现一个问题，本来只需要把4修改为7，以及把9修改为8，但现在两行代码都需要修改，即同一个内容需要修改两次，这显然是不科学的！

要达到同一个内容只修改一次的目的，我们可以将其修改为如源代码 3-3 所示的版本。

```
01  #include <stdio.h>
02  int main()
03  {
04      int number1 =7;
05      int number2 =8;
06      int result;
07      result =number1 +number2;
08      printf("%d +%d =%d", number1, number2, result);
09      return 0;
10  }
```

源代码 3-3　SimpleCalculator_01-C.c

第 4～5 行代码：

在定义 int 类型变量 number1 和 number2 的同时分别赋值 7 和 8。

在定义变量的时候进行的赋值，称为“初始化”。第 4 行的代码等价于以下两行代码：

```
int number1;
number1 =7;
```

初始化是一种特殊的赋值，但两者至少有以下的区别：初始化操作只做一次，不允许重复操作，而赋值则可以反复操作。例如，以下初始化操作重复了两次，是不允许的，编译过程会提示出错。

```
int number1 =7;
int number1 =5;
```

但是赋值可以反复操作，例如，以下赋值操作是合法的：

```
int number1;
number1 =7;
number1 =5;
```

第 7 行代码：

这是一个常规的赋值操作，首先计算赋值运算符“＝”右边的表达式，即把变量 number1 和 number2 的值读取出来并相加求和，然后把计算结果复制一份到赋值运算符“＝”左边的变量 result 中保存起来。

第 8 行代码：

函数 printf()一次使用了 3 个格式说明符“%d”，同时输出 3 个 int 类型变量的内容。3 个变量使用逗号分隔排列在后面，按照格式说明符“%d”出现的先后顺序替换其内容。变量 number1 的内容取代第 1 个格式说明符“%d”，变量 number2 的内容取代第 2 个格式说明符“%d”，变量 result 的内容取代第 3 个格式说明符“%d”。

字符串里面的加号、等号以及空格都是普通字符，按规定是原样输出。

程序运行后输出结果如图 3-3 所示。

```
7 + 8 = 15
```

图 3-3　SimpleCalculator_01-C.c 的运行结果

提示：函数 printf()所需要输出的字符串内，现在学习到有两种字符是特殊字符："\"和"%"。这两种字符默认是不会原样输出的，它们已经被赋予了特殊的含义，需要结合后面的字符才能确定其具体含义。

- 反斜杠"\"用于换码序列，例如"\n"表示换行符。
- 百分号"%"用于格式说明符，例如"%d"表示以十进制整数格式输出变量内容。

【练习 3-1】

编写 C 语言程序，计算 3 个整数的和，然后按照图 3-4 所示格式输出结果到屏幕。

```
12 + 34 + 56 = 102
```

图 3-4　练习 3-1 的运行结果

提示：请参考源代码 3-3。

3.2　键盘输入两个整数

源代码 3-3 的例子所求和的两个数是固定在源代码中的，我们称之为"硬编码"(Hard-coding)。每次修改不同的数值后，还需要重复进行源代码的保存、编译和运行等操作，使用上是不够方便的。

事实上，为了增加灵活性，我们可以在程序运行的时候才从键盘输入需要计算的数值。修改源代码 3-3，增加键盘输入数据的功能以实现该目标，如源代码 3-4 所示。

```
01  #include <stdio.h>
02  int main()
03  {
04      int number1;
05      int number2;
06      int result;
07      printf("第 1 个数： ");
08      scanf("%d", &number1);
09      printf("第 2 个数： ");
10      scanf("%d", &number2);
11      result = number1 + number2;
12      printf("%d + %d = %d", number1, number2, result);
13      return 0;
14  }
```

源代码 3-4　SimpleCalculator_02.c

第 4～5 行代码：

定义两个 int 类型的变量 number1 和 number2。接下来会从键盘输入两个数据分别保存到这两个变量所关联的内存字节中，所以这里就不需要初始化了。

第 7～8 行代码：

第 7 行使用函数 printf()输出提示信息“第 1 个数：”。注意，这里需要光标停留在同一行等待用户输入运算符，因此没有必要输出换行符“\n”。

第 8 行使用函数 scanf()从键盘输入一个整数到 int 类型的变量 number1。

函数 scanf()跟函数 printf()都是属于标准库＜stdio. h＞，这里第 1 行代码只需要包含一次 stdio. h 头文件即可，不需要重复包含。

函数 scanf()的使用跟函数 printf()也比较类似，也是使用格式说明符“%d”来表示输入十进制整数。

函数 scanf()跟函数 printf()的区别也是比较明显的，至少体现在以下两个地方：

(1) 函数 scanf()的格式说明字符串后面，需要指定变量的地址，而函数 printf()是需要指定变量的名称。在变量名前加上求变量地址运算符“&”可以求出该变量的地址。

提示：计算机的内存是以字节为单位进行管理的。为方便管理，一般采用的方法是对内存的每一个字节分配一个整数的编号，且编号从 0 开始。这些编号称为内存的地址。

假设某计算机的内存容量是 4GB，即一共有 $4\times2^{30}=4294967296$ 字节的内存。那么分配给这些内存每一个字节的编号是从 0 开始一直到 4294967295(即 $4\times2^{30}-1$)。

在大多数情况下，我们不必知道具体的地址编号。比如，这里第 8 行代码函数 scanf()的工作原理大致可以理解为：从键盘输入一个十进制整数，存放到变量 number1 关联的内存地址所指向的内存字节中。该内存地址在使用“int number1;”语句定义变量 number1 的时候已经由系统分配 4 个字节内存并关联到变量名 number1。

(2) 传入到函数 scanf()中的字符串，里面的字符不像函数 scanf()那样输出到屏幕，而是要求用户从键盘输入一模一样的字符串。例如：

```
scanf("input: %d", &number1);
```

这里的字符串“input：”并不会输出到屏幕，而是要求用户在键盘中输入一模一样的“input：”，然后才能接着输入一个十进制整数值到变量 number1 中。如果没有按照要求输入，那么变量就接收不到用户所输入的十进制整数值。所以在这里用户必须按要求从键盘输入数据才能把整数 123 输入变量 number1 中，即：

```
input: 123【Enter】
```

所以，我们一般是在函数 scanf()前面使用函数 printf()输出一些提示信息，用于友好提示用户需要输入什么数据。如果没有什么特殊需求，函数 scanf()的字符串一般只出现百分号开头的格式说明符即可，以方便用户简化输入数据的操作。

第 9～10 行代码：

跟第 7～8 行代码类似，只是把 number1 换为 number2，道理是相同的。

程序运行的最后结果如图 3-5 所示。

```
第 1 个数:12【Enter】
第 2 个数:34【Enter】
12 +34 =46
```

图 3-5　SimpleCalculator_02.c 的运行结果

提示：

(1) 可以反复运行本程序，然后输入不同的数进行加法运算，而不需要像之前那样需要修改源代码并重新保存和编译。

(2) 在使用函数 scanf()从键盘输入整数到 int 变量 number1 和 number2 的时候，如果在源代码中忘记加入求地址运算符“&”求变量的地址，那么程序的编译依然是成功的，会正常生成可执行文件，而且错误信息的数量和警告信息的数量也都是 0。

(3) C 语言的设计理念是不对程序员做过多的限制，因此在编译阶段不检查这种类型的错误。程序运行时直到执行这个变量前，如果漏了求地址运算符“&”的函数 scanf()，当从键盘输入的数据碰巧保存到了非法的内存空间时，就会引发程序崩溃，被操作系统终止运行。一般会看到如图 3-6 所示的系统信息提示对话框。这时请认真检查源代码中是否漏了求地址运算符“&”。修改后再重新编译和运行程序即可。

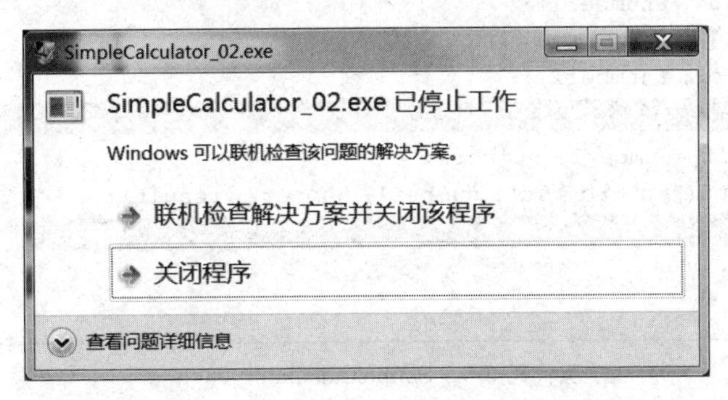

图 3-6　程序停止工作的提示对话框

【练习 3-2】

编写 C 语言程序，从键盘读入 3 个整数并求和，然后输出结果到屏幕中。程序的运行结果如图 3-7 所示。

```
第 1 个数:123【Enter】
第 2 个数:234【Enter】
第 3 个数:456【Enter】
123 +234 +456 =813
```

图 3-7　练习 3-2 的运行结果

3.3 计算加法

源代码3-4已经实现了在运行程序时从键盘输入两个整数,但是加法运算还依然是“硬编码”在源代码中。学会了函数scanf()的基本用法之后,现在可以继续改进程序,让用户在程序运行过程中才输入“+”以表示需要做加法运算。同时,也为后面增加其他算术运算做好准备。改进后的程序代码如源代码3-5所示。

```
01  #include <stdio.h>
02  int main()
03  {
04      char opt;
05      int number1;
06      int number2;
07      int result;
08      printf("运算: ");
09      scanf("%c", &opt);
10      printf("第1个数: ");
11      scanf("%d", &number1);
12      printf("第2个数: ");
13      scanf("%d", &number2);
14      if(opt =='+'){
15          result =number1 +number2;
16          printf("%d +%d =%d", number1, number2, result);
17      }
18      return 0;
19  }
```

源代码3-5　SimpleCalculator_03-A. c

第4行代码:

使用关键字char定义一个字符类型的变量opt,随后用于存放加法运算符“+”。

这里考虑到如果变量起名为operator(运算符),则显得比较长,不太方便,因此这里取其缩写opt。

字符类型是C语言的基本数据类型(参考表3-1),系统分配给char类型的内存空间是1字节。

关键字char是英文单词character(字符)的缩写。char类型变量可以存放ASCII字符集的一个字符,例如大写字母、小写字母、数字、标点符号等。

ASCII(American Standard Code for Information Interchange,美国信息交换标准代码)是基于拉丁字母的一套编码系统。ASCII码编码系统为每个大写字母、小写字母、数字符号及标点符号均分配了一个唯一的编号,称为“编码”(Encode),这样,在计算机中可以使用这些编码来表示这些符号。ASCII码是现今最通用的单字节编码系统,详见表3-2。

表 3-2 ASCII 字符集

编号	字符	编号	字符	编号	字符	编号	字符	编号	字符	编号	字符	编号	字符	编号	字符
0	NUL	16	DLE	32	space	48	0	64	@	80	P	96	`	112	p
1	SOH	17	DC1	33	!	49	1	65	A	81	Q	97	a	113	q
2	STX	18	DC2	34	"	50	2	66	B	82	R	98	b	114	r
3	ETX	19	DC3	35	#	51	3	67	C	83	S	99	c	115	s
4	EOT	20	DC4	36	$	52	4	68	D	84	T	100	d	116	t
5	ENQ	21	NAK	37	%	53	5	69	E	85	U	101	e	117	u
6	ACK	22	SYN	38	&	54	6	70	F	86	V	102	f	118	v
7	BEL	23	ETB	39	‘	55	7	71	G	87	W	103	g	119	w
8	BS	24	CAN	40	(	56	8	72	H	88	X	104	h	120	x
9	HT	25	EM	41	)	57	9	73	I	89	Y	105	i	121	y
10	LF	26	SUM	42	*	58	:	74	J	90	Z	106	j	122	z
11	VT	27	ESC	43	+	59	;	75	K	91	[	107	k	123	{
12	FF	28	FS	44	,	60	<	76	L	92	\	108	l	124	|
13	CR	29	GS	45	-	61	=	77	M	93	]	109	m	125	}
14	SO	30	RS	46	.	62	>	78	N	94	^	110	n	126	~
15	SI	31	US	47	/	63	?	79	O	95	_	111	o	127	DEL

ASCII 字符集使用 7 位二进制编码，一共可以包含 $2^7=128$ 个字符，其中编号 0～31 以及 127 这 33 个字符称为“控制字符”或“不可显示字符”，其余的 95 个字符称为“可显示字符”或“可打印字符”。

字符常量是指使用单引号括起来的一个具体字符，例如'a'、'+'等都是字符常量。本例中如果不打算从键盘输入加号运算符到变量 opt 中，那么可以删除第 8～9 行的代码，并改写第 4 行的代码，如下所示。

```
04    char opt ='+';
```

这里使用关键字 char 定义一个字符类型的变量 opt，并同时初始化为字符常量'+'。

实际上，C 语言的 char 类型在本质上其实属于整数类型。给一个 char 类型的变量赋值一个字符，本质上保存的其实是该字符对应于 ASCII 字符集的整数编号。

例如，这里的字符'+'对应的十进制整数编号是 43，因此等价于：

```
04    char opt =43;
```

要想知道某个字符在 ASCII 字符集的编号，可以使用下面的简单程序来实现：

```
#include <stdio.h>
int main()
{
    char ascii ='A';
    printf("%d", ascii);
```

```
    return 0;
}
```

由于字符'A'在 ASCII 字符集的编号是十进制整数 65，因此变量“ascii”被赋值为 65，然后由函数 printf()输出变量“ascii”的内容，并使用格式说明符"%d"以十进制整数 65 的形式显示到屏幕中。

第 8～9 行代码：

第 8 行输出提示信息“运算：”。注意，这里需要光标停留在同一行等待用户输入运算符，因此没有必要输出换行符“\n”。

第 9 行使用函数 scanf()从键盘输入一个字符并保存到变量 opt 中。函数 scanf()输入字符变量和函数 printf()输出字符变量都是使用格式说明符“%c”。跟 int 类型变量的输入要求一样，这里 char 类型变量的输入也需要在变量前加上求地址运算符“&”用于获取变量 opt 的地址。

第 14～17 行代码：

这是一个使用 if 语句实现的分支结构。符号“==”是关系运算符，用于比较左右两边的值是否相等。

到目前为止了，我们编写的代码都是按顺序一行接一行地执行下去的，这称为“顺序结构”。如果需要让程序代码有所选择地运行，即某些代码如果满足某些条件才运行，否则就不运行，这种结构称为“分支结构”。分支结构使得程序具有逻辑判断能力。

使用 if 语句可以实现分支结构。if 语句的“最简形式”如下所示。

```
if( 表达式 ){
  语句
}
```

其工作过程描述如下：

(1) 计算“表达式”的值，如果该值是整数 0，则转到步骤(3)；

(2) 执行花括号{ }里面的语句；

(3) 结束 if 语句。

从宏观上看，则可以这样理解最简形式的 if 语句的功能：

- 如果“表达式”的值为真(值不等于整数 0)，则执行花括号{ }里面的语句。
- 如果“表达式”的值为假(值等于整数 0)，则不执行花括号{ }里面的语句。

C 语言没有专门的关键字用于定义逻辑类型的变量。C 语言借助整数这一数据类型定义了逻辑值真假的概念：

- 整数 0 代表逻辑值为“假”(False)。
- 非 0 的整数代表逻辑值为“真”(True)。

理论上，可以直接使用算术运算的计算结果来判断逻辑值的真假，代码片段如下所示。

```
int number1 =12;
int number2 =34;
if(number1 +number2){
```

```
    printf("hello");
}
```

表达式“number1 ＋ number2”的计算结果是 46，即非 0 整数，所以该表达式的逻辑值为真。按照 C 语言的规定，表达式为真，就执行花括号里面的 printf 语句。

一般来说，只有极少数情况下需要直接使用算术运算的计算结果去判断逻辑值的真假，因此这个例子不是一种常规的用法。

更多情况下我们是使用包含关系运算符的表达式直接得出逻辑值的真假。C 语言提供了 6 种关系运算符，用于比较两个数值的大小，其运算结果是一个逻辑值，如表 3-3 所示。

表 3-3　关系运算符

关系运算符	名　　称	含　　义
＞	大于	如果左边的值大于右边的值，则结果为真，否则为假
＜	小于	如果左边的值小于右边的值，则结果为真，否则为假
＝＝	等于	如果左边的值等于右边的值，则结果为真，否则为假
＞＝	大于或等于	如果左边的值大于或等于右边的值，则结果为真，否则为假
＜＝	小于或等于	如果左边的值小于或等于右边的值，则结果为真，否则为假
!＝	不等于	如果左边的值不等于右边的值，则结果为真，否则为假

我们可以使用如下的简单代码快速了解这 6 种关系运算的运算规则：

```
#include <stdio.h>
int main()
{
    printf("%d\n", 3 >5);
    printf("%d\n", 3 <5);
    printf("%d\n", 3 ==5);
    printf("%d\n", 3 >=5);
    printf("%d\n", 3 <=5);
    printf("%d\n", 3 !=5);
    return 0;
}
```

提示：请按照前面的介绍，命名一个有意义的文件名来保存上面的 C 语言代码，然后编译和运行程序。

程序运行后的输出结果如下：

```
0
1
0
0
1
1
```

C 语言规定，非 0 的整数都代表逻辑值真，但这里 6 种关系运算的结果的逻辑值如果是真，那么它并不会随便返回一个非 0 的随机整数，而是固定返回一个整数 1。当然，如果运算结果的逻辑值是假，那肯定是返回整数 0。

源代码 3-5 中第 14～17 行代码正是典型的 if 语句的最简形式：

```
14  if(opt =='+'){
15      result =number1 +number2;
16      printf("%d +%d =%d", number1, number2, result);
17  }
```

假如程序运行后用户从键盘输入了字符'+'并保存到变量 opt 中，那么其工作过程可以具体描述如下：

(1) 计算表达式"opt =='+'"的值，结果为真，则返回结果是整数 1；

(2) 既然表达式"opt =='+'"的值不是整数 0，那么就不转到步骤(4)；

(3) 继续执行花括号{ }里面的第 15～16 行语句；

(4) 结束 if 语句。

源代码 3-5 所示的程序编译运行的输出结果如图 3-8 所示。

```
运算:+【Enter】
第 1 个数:123【Enter】
第 2 个数:456【Enter】
123 +456 =579
```

图 3-8　SimpleCalculator_03-A.c 的运行结果(1)

但是，如果我们输入的运算符不是"+"，而是其他字符，如图 3-9 所示。

```
运算:a【Enter】
第 1 个数:123【Enter】
第 2 个数:456【Enter】
```

图 3-9　SimpleCalculator_03-A.c 的运行结果(2)

这里我们故意输入字符"a"到变量 opt，那么程序后面就没有任何输出信息了。这种情况下，第 14～17 行代码工作过程可以具体描述如下：

(1) 由于变量 opt 的值是'a'，所以表达式"opt =='+'"求值的结果为假，即返回整数 0；

(2) 既然表达式"opt =='+'"的值是整数 0，那么就转到(4)；

(3) 不执行花括号{ }里面的第 15～16 行语句，就像删除了这两行语句一样；

(4) 结束 if 语句。

用户故意或不小心输错了运算符的情况是经常发生的，我们应该输出信息告诉用户刚才输入了非法的运算符，而不是像现在没有任何信息输出。改进后的程序代码如源代码 3-6 所示。

```
01  #include <stdio.h>
02  int main()
03  {
```

```
04      char opt;
05      int number1;
06      int number2;
07      int result;
08      printf("运算: ");
09      scanf("%c", &opt);
10      printf("第1个数: ");
11      scanf("%d", &number1);
12      printf("第2个数: ");
13      scanf("%d", &number2);
14      if(opt =='+'){
15          result =number1 +number2;
16          printf("%d +%d =%d", number1, number2, result);
17      }else{
18          printf("非法运算! ");
19      }
20      return 0;
21  }
```

源代码 3-6　SimpleCalculator_03-B.c

第 14～19 行代码：

使用 if 语句的完整形式实现如下功能：如果变量 opt 的值是“+”，则执行第 15～16 行代码，否则就执行第 18 行代码。

使用关键字 if 和关键字 else 配合，可以实现 if 语句的“完整形式”，格式如下所示。

```
if(表达式){
    语句 1
}else{
    语句 2
}
```

其工作过程可以描述如下：

(1) 计算“表达式”的值，如果该值是整数 0，则转到步骤(3)；

(2) 执行语句 1，然后转到步骤(4)；

(3) 执行语句 2，然后转到步骤(4)；

(4) 结束 if 语句。

从宏观上看，则可以这样理解完整形式 if 语句的功能：

- 如果“表达式”的值为真(值不等于整数 0)，则只执行语句 1，不执行语句 2。
- 如果“表达式”的值为假(值等于整数 0)，则不执行语句 1，只执行语句 2。

程序运行后，再次输入一个字符'a'，运行结果如图 3-10 所示。

```
运算:a【Enter】
第1个数:123【Enter】
第2个数:456【Enter】
非法运算!
```

图 3-10　SimpleCalculator_03-B.c 的运行结果

这种情况下,第14～19行代码工作过程可以具体描述如下:

(1) 由于变量opt的值是'a',所以表达式"opt =='+'"求值的结果为假,即返回整数0。

(2) 既然表达式"opt =='+'"的值是整数0,那么就执行第18行的代码。

(3) 结束if语句。

【练习3-3】

编写C语言程序,从键盘读入2个整数,如果这2个整数的数值相等,则输出"相等"的信息到屏幕;否则输出"不相等"的信息。程序的运行结果如图3-11所示。

```
第1个数:1234【Enter】
第2个数:5678【Enter】
1234与5678不相等。
```

图3-11 练习3-3的运行结果

【练习3-4】

编写C语言程序,从键盘读入一个字符,然后输出该字符对应的ASCII编号到屏幕中。程序的运行结果如图3-12所示。

```
请输入一个字符:a【Enter】
字符'a'的ASCII编号是:97
```

图3-12 练习3-4的运行结果

【练习3-5】

编写C语言程序,从键盘读入2个整数并输出这2个数中的最大值到屏幕中。程序的运行结果如图3-13所示。

```
第1个整数:12【Enter】
第2个整数:34【Enter】
最大值是:34
```

图3-13 练习3-5的运行结果

要求使用两种方法完成:

(1) 第一种方法使用if语句的"完整形式"。

(2) 第二种方法使用if语句的"最简形式"。

提示:请参考表3-3中的"大于"关系运算符。

【练习3-6】

编写C语言程序,从键盘读入3个整数并输出这3个数中的最小值到屏幕中。程序的运行过程如图3-14所示。

要求使用两种方法完成:

(1) 第一种方法使用if语句的"完整形式"以及"最简形式"。

(2) 第二种方法只使用if语句的"最简形式",不使用if语句的"完整形式"。

提示:请参考表3-3中的"小于"关系运算符。

```
第 1 个数:123【Enter】
第 2 个数:-234【Enter】
第 3 个数:345【Enter】
最小值是:-234
```

图 3-14　练习 3-6 的运行结果

3.4　计算减法和乘法

要在加法运算的基础上增加减法运算，可以在源代码 3-6 所示程序的第 14 行开始找到 if 语句，代码如下所示。

```
14 if(opt =='+'){
15     result =number1 +number2;
16     printf("%d +%d =%d", number1, number2, result);
17 }else{
18     printf("非法运算!");
19 }
```

然后修改为：

```
14 if(opt =='+'){
15     result =number1 +number2;
16     printf("%d +%d =%d", number1, number2, result);
17 }else{
18     if(opt =='-'){
19         result =number1 -number2;
20         printf("%d -%d =%d", number1, number2, result);
21     }else{
22         printf("非法运算!");
23     }
24 }
```

这样就实现了减法运算。同理，如果要再增加乘法运算，只需在刚才的基础上再修改 if 语句为如下所示的代码即可。

```
14 if(opt =='+'){
15     result =number1 +number2;
16     printf("%d +%d =%d", number1, number2, result);
17 }else{
18     if(opt =='-'){
19         result =number1 -number2;
20         printf("%d -%d =%d", number1, number2, result);
21     }else{
```

```
22          if(opt =='*'){
23              result =number1 * number2;
24              printf("%d * %d =%d", number1, number2, result);
25          }else{
26              printf("非法运算！ ");
27          }
28      }
29  }
```

提示：英文输入法下，没有对应于我们所常见的乘号“×”。C语言使用星号“*”作为乘法运算符。

经过这样修改后，程序的功能是比较完美了，很好地实现了加法、减法和乘法的运算。

从程序代码的可读性方面看，这种采用if语句的多次嵌套不断向右缩进的方法，表现出来的是一种递进包含的关系。

这里的加法、减法和乘法3种运算事实上应该是一种比较明显的并列关系，而这个程序代码不但没有比较直观地展现这种并列关系，还让代码显得比较杂乱。所以，通常我们会认为，这种风格的代码其可读性不够好。

那么有没有更好的解决方案呢？有！

事实上，if语句的花括号，当里面只有一个语句的时候，那么这对花括号是可以省略的。例如：

```
if(表达式){
    语句1
}else{
    语句2
}
```

如果语句1或语句2只有一个具体的语句，那么其对应的花括号可以省略，如下所示。

```
if(表达式)
    语句1
else
    语句2
```

但如果花括号中超过一个语句，那么其对应的花括号就不能省略了：

```
if(表达式){
    语句1
    语句2
}else
    语句3
```

这里假定语句3只是一个语句，而不是多个语句，因此其对应的花括号可以省略，而语句1和语句2所对应的花括号则不能省略。

提示：按照 C 语言的语法规则，在满足某些条件的情况下，if 语句的花括号是可以省略不写的。但我们还是强烈建议，在真正写程序代码的时候，大家不要怕麻烦，不管是一个语句还是多个语句，都不要省略其对应的花括号，以提高源代码的可读性和避免一些不必要的麻烦。

接下来，按照省略的原则，可以把第 17 行和第 29 行的一对花括号省略，把第 21 行和第 28 行的一对花括号省略，代码如下所示。

```
14 if(opt =='+'){
15     result =number1 +number2;
16     printf("%d +%d =%d", number1, number2, result);
17 }else
18     if(opt =='-'){
19         result =number1 -number2;
20         printf("%d -%d =%d", number1, number2, result);
21     }else
22         if(opt ==' * '){
23             result =number1 * number2;
24             printf("%d * %d =%d", number1, number2, result);
25         }else{
26             printf("非法运算!");
27         }
28
29
```

提示：一个 if 语句也是仅算作一个语句，虽然它里面包含了多个基本语句。一个 if 语句称为一个复合语句。复合语句由多个基本语句组成。

另一方面，我们把 Space(空格)键、Tab 键以及 Enter 键这 3 种符号统称为"空白"(White-space)。我们应该在适当的地方留有足够多的空白，以提高源代码的可读性。但并不是说留的空白越多，源代码的可读性就越高。在这个例子中，继续删除一些多余的空白反而可以大大增强源代码的可读性。

所以接下来，我们把第 17 行和第 18 行合并为一行，else 和 if 之间只留一个空格即可。同理，把第 21 行和第 22 行也合并为一行。然后把代码的缩进级别调整一下，最后把多余的空行删除，即可得到如下的 if 语句：

```
14 if(opt =='+'){
15     result =number1 +number2;
16     printf("%d +%d =%d", number1, number2, result);
17 }else if(opt =='-'){
18     result =number1 -number2;
19     printf("%d -%d =%d", number1, number2, result);
20 }else if(opt ==' * '){
21     result =number1 * number2;
22     printf("%d * %d =%d", number1, number2, result);
23 }else{
24     printf("非法运算!");
25 }
```

先删除了一些可以省略的花括号，然后再删除一些多余的空白。经过这两步操作后，我们现在看到的if语句，相比于原先的if语句中多次嵌套的风格，其可读性已经大大提高，能够非常直观地展现出加法、减法以及乘法的并列关系。

现在使用这个if语句取代原来源代码3-6中的if语句，就可以得到如源代码3-7所示的改进版本，比原来增加了减法和乘法的运算功能，并提高了代码的可读性。

```
01  #include <stdio.h>
02  int main()
03  {
04      char opt;
05      int number1;
06      int number2;
07      int result;
08      printf("运算: ");
09      scanf("%c", &opt);
10      printf("第 1 个数: ");
11      scanf("%d", &number1);
12      printf("第 2 个数: ");
13      scanf("%d", &number2);
14      if(opt =='+'){
15          result =number1 +number2;
16          printf("%d +%d =%d", number1, number2, result);
17      }else if(opt =='-'){
18          result =number1 -number2;
19          printf("%d -%d =%d", number1, number2, result);
20      }else if(opt ==' * '){
21          result =number1 * number2;
22          printf("%d * %d =%d", number1, number2, result);
23      }else{
24          printf("非法运算! ");
25      }
26      return 0;
27  }
```

源代码3-7 SimpleCalculator_04-A.c

换句话说，这个例子的实现并没有使用新知识点，用到的只是if语句的“完整形式”而已，只不过是删除了一些花括号和空白并重新排版了。经过这样的处理后，以后需要在这个基础上扩展一些功能，比如增加除法和求余数等运算功能，就非常方便了。

虽然这不算新知识点，但是我们以后编写程序代码将会经常遇到这种应用场景。这里总结出一般的规律，并称之为if语句的“扩展形式”。

```
if(表达式 1 ){
    语句 1
}else if(表达式 2 ){
    语句 2
}else if(表达式 3 ){
    语句 3
```

```
    ⋮
}else if(表达式 n){
    语句 n
}else{
    语句 n+1
}
```

其工作过程可以参考 if 语句的“最简形式”和“完整形式”。

从宏观上看，则可以这样理解扩展形式 if 语句的功能：

- 按照先后顺序对“表达式 1”到“表达式 n”分别求逻辑值。
- 如果“表达式 k”($1\leqslant k\leqslant n$)首先为真，那么只执行对应的“语句 k”，其他语句都不执行。
- 如果“表达式 1”到“表达式 n”都为假，那么只执行最后的 else 部分“语句 $n+1$”，其他语句都不执行。
- 最后的部分“else{语句 $n+1$ }”可以根据需要省略不写。

我们可以很容易总结出 if 语句 3 种形式之间的关系：

- 最简形式是完整形式的简化版本；
- 扩展形式是最简形式和完整形式的嵌套扩展版本；
- 最核心的是完整形式。

最后，源代码 3-7 编译运行后的输出结果如图 3-15 和图 3-16 所示。

```
运算:-【Enter】
第 1 个数:123【Enter】
第 2 个数:456【Enter】
123 - 456 =-333
```

图 3-15　SimpleCalculator_04-A.c 的运行结果(1)

```
运算:* 【Enter】
第 1 个数:123【Enter】
第 2 个数:456【Enter】
123 * 456 =56088
```

图 3-16　SimpleCalculator_04-A.c 的运行结果(2)

另外，我们还注意到一个问题：

第 16、19、22 行的代码非常类似，都是使用函数 printf()输出一个等式，这 3 行语句的差异仅仅在于它们的运算符号不一样。而变量 opt 保存了它们的运算符号。

我们可以把这 3 行语句抽取出来，合并为一个语句并单独放在整个 if 语句结束之后：

```
printf("%d %c %d =%d", number1, opt, number2, result);
```

这里，函数 printf()使用格式说明符“%c”输出 char 类型变量 opt 的字符。

这样做之后，又产生了一个新问题。由于这个语句是放在整个 if 语句之后，因此当用户输入了非法运算符后经过 if 语句的判断并输出“非法运算!”提示信息,这时候这个语句也正常执行并打印一个等式。这显然是不合理的。

一种简单的解决方案是:在输出“非法运算!”提示信息后,应该执行一个 return 语句结束 main()函数,也就是结束整个程序。

按照习惯,return 语句返回整数 0 表示程序正常结束。这里我们使用 return 语句返回整数 1,表示程序遇到“非法运算”这种错误类型而导致程序非正常结束。

修改后的程序代码如源代码 3-8 所示。

```
01  #include <stdio.h>
02  int main()
03  {
04      char opt;
05      int number1;
06      int number2;
07      int result;
08      printf("运算: ");
09      scanf("%c", &opt);
10      printf("第 1 个数: ");
11      scanf("%d", &number1);
12      printf("第 2 个数: ");
13      scanf("%d", &number2);
14      if(opt =='+'){
15          result =number1 +number2;
16      }else if(opt =='-'){
17          result =number1 -number2;
18      }else if(opt ==' * '){
19          result =number1 * number2;
20      }else{
21          printf("非法运算! ");
22          return 1;
23      }
24      printf("%d %c %d =%d", number1, opt, number2, result);
25      return 0;
26  }
```

源代码 3-8 SimpleCalculator_04-B. c

程序编译和运行后,如果输入的运算符是“+”“-”“ * ”3 种之一,那么就正常输出结果(请参考前面的图 3-15 和图 3-16);但如果输入一个非法运算符,那么输出结果如图 3-17 所示。

```
运算:a【Enter】
第 1 个数:123【Enter】
第 2 个数:456【Enter】
非法运算!
--------------------------------
Process exited after 3.126 seconds with return value 1
请按任意键继续...
```

图 3-17 SimpleCalculator_04-B. c 的运行结果

从运行结果可以看出，执行了第22行代码“return 1;”后，main()函数就结束了，所以第24、25行代码就没有机会执行。

【练习3-7】

编写C语言程序，从键盘读入一个整数，如果该整数在0～6的范围内，则相应输出“星期天”至“星期六”；如果该整数不在0～6的范围内，则输出“非法数据”。

提示：

(1) 使用if语句的扩展形式。

(2) 请参考表3-3中的“等于”关系运算符。

程序的运行结果如图3-18所示。

```
请输入一个整数:2【Enter】
星期二
```

图3-18 练习3-7的运行结果

【练习3-8】

某学校使用等级制评定学生的成绩，原来的百分制按照如下规则转换为等级制：95分及以上评为A，85分及以上评为B，70分及以上评为C，60分及以上评为D，60分以下评为E。

编写C语言程序，从键盘读入一个代表百分制成绩的整数，然后输出相应的等级成绩。如果分数小于0或大于100，则输出“非法数据”。

要求使用两种方法完成：

(1) 第一种方法使用“大于或等于”以及“大于”这两种关系运算符，不能使用“小于或等于”以及“小于”这两种关系运算符。

(2) 第二种方法使用“小于或等于”以及“小于”这两种关系运算符，不能使用“大于或等于”以及“大于”这两种关系运算符。

提示：

(1) 使用if语句的扩展形式。

(2) 请参考表3-3中的“大于或等于”“小于或等于”“大于”以及“小于”等关系运算符。

程序的运行结果如图3-19所示。

```
请输入一个整数成绩:80【Enter】
C
```

图3-19 练习3-8的运行结果

3.5 计算除法和余数

跟乘法类似，在英文输入法下，没有对应于我们所常见的除号(÷)。C语言使用字符“/”作为除法运算符。字符“/”称为正斜杠，简称斜杠；字符“\”称为反斜杠。

除了常规的加、减、乘、除这四则运算之外，C语言还提供一种“求余数”的运算。求余数运算使用百分号“%”作为运算符。C 语言一共提供了 5 种算术运算，如表 3-4 所示。

表 3-4 算术运算符

算术运算	运算符号	算术运算	运算符号
加法	+	除法	/
减法	-	求余数	%
乘法	*		

下面的简单程序可以快速展示除法运算和求余数运算：

```
#include <stdio.h>
int main()
{
    printf("%d\n", 9 / 2);
    printf("%d\n", 9 %2);
    return 0;
}
```

编译运行后，输出结果如下：

```
4
1
```

按照数学概念，9÷2=4.5。但按照 C 语言规定，两个整数相除，结果只计算整数部分，省略小数部分。注意，不是四舍五入到整数！因此这里输出结果为 9/2=4。

“求余数”运算跟数学中的概念是一致的：9%2=1，即 9 除以 2，商是 4，余数是 1。

现在，我们可以在源代码 3-8 所示程序代码的 if 语句中增加除法运算和求余数运算了：

```
14  if(opt =='+'){
15      result =number1 +number2;
16  }else if(opt =='-'){
17      result =number1 -number2;
18  }else if(opt ==' * '){
19      result =number1 * number2;
20  }else if(opt =='/'){
21      result =number1 / number2;
22  }else if(opt =='%'){
23      result =number1 %number2;
24  }else{
25      printf("非法运算！");
26      return 1;
27  }
```

这样修改后，就可以增加除法和求余数这两种功能了。但美中不足的是，一旦用户故意或者是不小心输入了整数 0 并将其当作除数，那么这个程序运行时就会崩溃，程序意外终止，并显示如图 3-20 所示的提示信息。

提示： 除数不能为 0，否则会引发程序运行崩溃。因此，在进行除法运算和求余数运算的时候应该特别小心，避免将 0 作为除数。

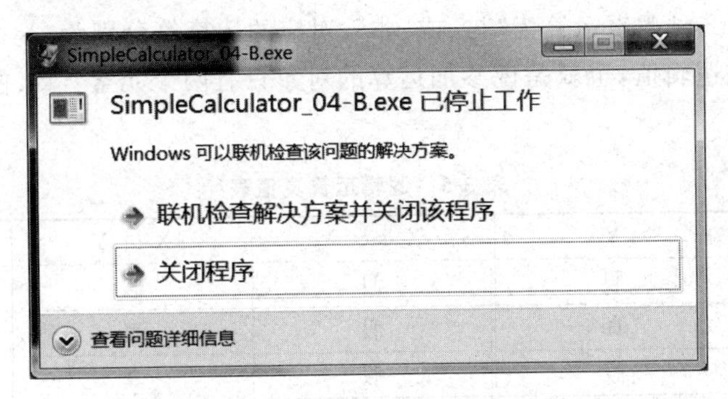

图 3-20　程序停止工作的提示对话框

要解决这个问题，其实是不难的。可以嵌套增加一个 if 语句作判断，如果除数不为 0，才执行除法和求余数运算：

```
14 if(opt =='+'){
15     result =number1 +number2;
16 }else if(opt =='-'){
17     result =number1 -number2;
18 }else if(opt ==' * '){
19     result =number1 * number2;
20 }else if(opt =='/'){
21     if(number2 !=0){
22         result =number1 / number2;
23     }else{
24         printf("除数不能为 0");
25         return 2;
26     }
27 }else if(opt =='%'){
28     if(number2 !=0){
29         result =number1 %number2;
30     }else{
31         printf("除数不能为 0");
32         return 2;
33     }
34 }else{
35     printf("非法运算!");
36     return 1;
37 }
```

这里使用 return 语句返回整数 2，表示程序遇到“除数为 0”这种错误类型而导致程序非正常结束。请参考前面的章节“3.4 计算减法和乘法”。

比较运算符“！ =”的功能：如果左边不等于右边，则结果为真，否则为假。请参考表 3-3。

使用嵌套if语句的方法，确实解决了除数为0的问题。但是与之前的例子类似，这种方案的副作用是增加了程序代码的复杂度，降低了程序代码的可读性。要想两全其美，那就需要使用逻辑运算符来简化编写程序的逻辑，减少不必要的if语句的嵌套使用。

C语言提供了3种逻辑运算为“与、或、非”，对应的运算符分别为“&&、||、!”。逻辑运算符的运算对象是逻辑值，也就是说参加运算的对象只有两个元素：真、假。逻辑运算的真值表如表3-5所示。

表3-5　逻辑运算真值表

X	Y	X && Y	X || Y	! X
假	假	假	假	真
假	真	假	真	真
真	假	假	真	假
真	真	真	真	假

我们可以编写一个简单程序，以快速了解逻辑运算符&&的使用：

```
#include <stdio.h>
int main()
{
    printf("%d\n", 0 && 0);
    printf("%d\n", 0 && 1);
    printf("%d\n", 1 && 0);
    printf("%d\n", 1 && 1);
    return 0;
}
```

编译并运行程序，输出结果如下：

```
0
0
0
1
```

逻辑运算&&的特点是：

- 只有两个逻辑值同时为真，结果才为真。
- 只要有一个逻辑值为假，则结果就为假。

1. 源代码3-9

现在我们可以使用逻辑运算“&&”来改进复杂if语句的编写，把源代码3-8所示的程序代码改进为源代码3-9。

```
01  #include <stdio.h>
02  int main()
03  {
04      char opt;
```

```
05      int number1;
06      int number2;
07      int result;
08      printf("运算: ");
09      scanf("%c", &opt);
10      printf("第1个数: ");
11      scanf("%d", &number1);
12      printf("第2个数: ");
13      scanf("%d", &number2);
14      if(opt =='+'){
15          result =number1 +number2;
16      }else if(opt =='-'){
17          result =number1 -number2;
18      }else if(opt ==' * '){
19          result =number1 * number2;
20      }else if( (opt =='/')&&(number2 !=0) ){
21          result =number1 / number2;
22      }else if( (opt =='%')&&(number2 !=0) ){
23          result =number1 %number2;
24      }else{
25          printf("非法运算! ");
26          return 1;
27      }
28      printf("%d %c %d =%d", number1, opt, number2, result);
29      return 0;
30  }
```

源代码 3-9 SimpleCalculator_05-A. c

程序编译运行后,我们特意输入0作为除数来测试,程序能识别出来,不会导致程序崩溃,并显示提示信息"非法运算!",如图3-21所示。

```
运算:/【Enter】
第 1 个数:9【Enter】
第 2 个数:0【Enter】
非法运算!
```

图 3-21 SimpleCalculator_05-A. c 的运行结果

2. 源代码 3-10

接下来,我们继续改进程序,如源代码3-10所示。

```
01  #include <stdio.h>
02  int main()
03  {
04      char opt;
05      int number1;
06      int number2;
07      int result;
```

```
08      printf(">>>");
09      scanf("%d %c %d", &number1, &opt, &number2);
10      if(opt =='+'){
11          result =number1 +number2;
12      }else if(opt =='-'){
13          result =number1 -number2;
14      }else if(opt ==' * '){
15          result =number1 * number2;
16      }else if( (opt =='/')&&(number2 !=0) ){
17          result =number1 / number2;
18      }else if( (opt =='%')&&(number2 !=0) ){
19          result =number1 %number2;
20      }else{
21          printf("非法运算!");
22          return 1;
23      }
24      printf("%d %c %d =%d", number1, opt, number2, result);
25      return 0;
26  }
```

源代码 3-10 SimpleCalculator_05-B.c

第 8 行代码：

输出一个我们自己设计的提示符“>>>”，让用户在此处开始输入算式。

第 9 行代码：

使用一个函数 scanf()同时输入运算符和 2 个运算的整数，并且按照数学习惯，先输入一个整数，接着输入一个运算符，再输入另一个整数。

程序编译运行的输出结果如图 3-22 和图 3-23 所示。

```
>>>1234 / 5【Enter】
1234 / 5 =246
```

图 3-22 SimpleCalculator_05-B.c 的运行结果(1)

```
>>>1234 %5【Enter】
1234 %5 =4
```

图 3-23 SimpleCalculator_05-B.c 的运行结果(2)

【练习 3-9】

编写 C 语言程序，从键盘读入一个整数，然后判断该整数是奇数或者偶数，并输出结果到屏幕中。如果该整数小于 0，则输出“非法数据”。程序的运行结果如图 3-24 所示。

提示：请参考表 3-4 中的“求余数”运算符。

```
请输入一个整数:135【Enter】
135是奇数。
```

图 3-24 练习 3-9 的运行结果

【练习 3-10】

平年与闰年的判断标准如下：

- 如果年份是 100 的倍数且能被 400 整除，则该年份是闰年；
- 如果年份不是 100 的倍数且能被 4 整除，则该年份是闰年；
- 如果以上条件都不满足，则该年份为平年。

编写 C 语言程序，从键盘读入一个代表年份的整数，然后判断该年份是平年或闰年，并输出结果到屏幕中。如果年份小于等于 0，则输出“非法数据”。程序的运行过程如图 3-25 所示。

提示：

(1) 请参考表 3-4 中的“求余数”运算符。

(2) 请参考表 3-5 中的“与”“或”等逻辑运算符。

```
请输入年份:2018【Enter】
2018年是平年。
```

图 3-25 练习 3-10 的运行结果

【练习 3-11】

编写 C 语言程序，从键盘输入一个字母，如果是大写字母，则输出相应的小写字母到屏幕中；如果是小写字母，则输出相应的大写字母；如果不是字母，则输出“非法数据”。程序的运行结果如图 3-26 所示。

```
请输入一个字母:f【Enter】
f是小写字母,对应的大写字母是:F
```

图 3-26 练习 3-11 的运行结果

3.6 重复执行计算

现在我们遇到的问题是，每做完一次计算，需要重新运行程序才可以继续计算。要解决这个问题，可以使用循环结构来实现需要重复多次执行的计算。循环结构使得程序具有重复执行某部分语句的能力。

可以使用关键字 while 来实现循环结构，while 循环的基本形式如下所示。

```
while( 表达式 ){
    语句
}
```

其工作过程可以描述如下：

(1) 计算“表达式”的值，如果该值是整数 0，则转到步骤(3)；

(2) 执行花括号里面的语句，然后转到步骤(1)；

(3) 结束 while 语句。

从宏观上看,则可以这样理解:

- 如果"表达式"的值为真(值不等于整数 0),则一直重复执行花括号里面的语句;
- 如果"表达式"的值为假(值等于整数 0),则立即结束 while 语句。

提示:

(1) 我们一般把花括号里面的语句称为"循环体"。

(2) 特别地,如果"表达式"的值在第一次测试时就为假,那么就不会执行循环体中的语句,这时 while 循环语句就等价于 if 语句的最简形式。也就是说,这种情况下如果把 while 关键字改为 if 关键字,那么功能上完全是等价的。

我们可以编写一个简单程序,以快速了解 while 循环语句的用法:

```
#include <stdio.h>
int main()
{
    int i =0;
    while(i <10){
        i =i +1;
        printf("%d\n", i);
    }
    return 0;
}
```

提示: 在 while 循环语句中的这个整数类型的变量 i 比较直观地描述了循环体的执行次数,因此一般把这个变量 i 称为"循环控制变量"。

编译并运行程序,输出结果如下:

```
1
2
3
4
5
6
7
8
9
10
```

当变量 i 的取值分别为 0~9 时,表达式"i < 10"的值都是真,所以循环体执行了 10 次。循环体执行了 10 次后,变量 i 的值变为 10,这时候表达式"i < 10"的值为假,然后立即结束 while 语句。

另外,我们需要关注这里的语句"i = i + 1;"。这是一个简单、基本的赋值语句,以后我们会经常使用这种形式的赋值。

这个语句的功能是:把赋值运算符右边的变量 i 的值读取出来,复制到一个临时的存储空间,然后把该复制的值加上 1 得到一个新的值,最后把这个新值复制写入原来的变量 i

中，这样就实现了把变量 i 的值修改为比原来增加 1 的效果。

我们可以把源代码 3-10 中的第 8～24 行代码向右缩进一个层次作为 while 语句的循环体，如源代码 3-11 所示。

```
01 #include <stdio.h>
02 int main()
03 {
04     char opt;
05     int number1;
06     int number2;
07     int result;
08     while(1){
09         printf(">>>");
10         scanf("%d %c %d", &number1, &opt, &number2);
11         if(opt =='+'){
12             result =number1 +number2;
13         }else if(opt =='-'){
14             result =number1 -number2;
15         }else if(opt ==' * '){
16             result =number1 * number2;
17         }else if( (opt =='/')&&(number2 !=0) ){
18             result =number1 / number2;
19         }else if( (opt =='%')&&(number2 !=0) ){
20             result =number1 %number2;
21         }else{
22             printf("非法运算!\n");
23             return 1;
24         }
25         printf("%d %c %d =%d\n", number1, opt, number2, result);
26     }
27     printf("已经退出计算器!\n");
28     return 0;
29 }
```

源代码 3-11 SimpleCalculator_06-A. c

第 8～26 行代码：

这里我们使用 while 语句的形式为：

```
while( 1 ){
  语句
}
```

由于整数 1 代表逻辑值真，所以循环体里面的语句将会一直重复执行下去，无穷无尽。一般称之为“死循环”。

第 27 行代码：

使用函数 pirntf()输出提示信息“已经退出计算器!”。

虽然这里号称是死循环，会一直循环下去，但是事实上只要运算符不是“＋”“－”“＊”

“/”“%”这 5 种基本算术运算符，或者除数为 0，都可以引发第 22 行和第 23 行代码的执行。

当第 22 行输出显示“非法运算！”之后，接着执行第 23 行的 return 语句。return 语句的功能是结束当前所在的函数，因此将导致 main()函数结束，即整个程序结束。可以说是间接结束了死循环。

第 27 行的代码是位于第 8～26 行的 while 循环语句之后，只有在 while 循环语句正常结束之后才会执行第 27 行的代码。在 while 循环里面直接使用 return 语句结束整个函数，将会导致第 27 行的代码没有机会被执行。

程序编译运行后的输出结果如图 3-27 所示。

```
>>>12 +34【Enter】
12 +34 =46
>>>123 -45【Enter】
123 -45 =78
>>>1234 * 5678【Enter】
1234 * 5678 =7006652
>>>123 / 45【Enter】
123 / 45 =2
>>>123 % 45【Enter】
123 % 45 =33
>>>123 / 0【Enter】
非法运算！
--------------------------------
Process exited after 151.7 seconds with return value 4294967295
请按任意键继续...
```

图 3-27　SimpleCalculator_06-A. c 的运行结果

如果需要做到即使有非法运算也不会导致程序结束，即真正的死循环，那么第 23 行就不要使用 return 语句，因为 return 语句的功能是终止当前函数的执行。

为了达到这个目的，这里适合使用关键字 continue 来实现。在一个循环体内，执行 continue 语句后，将导致本次循环体里面位于 continue 后面的语句不执行并提前进行下一次的循环表达式的测试，以确定是否继续进入循环。

我们可以编写一个简单程序，以快速了解 continue 语句的使用：

```
#include <stdio.h>
int main()
{
    int i =0;
    while(i <10){
        i =i +1;
        if(i ==5){
            continue;
        }
        printf("%d\n", i);
    }
```

```
    return 0;
}
```

编译并运行程序，输出结果如下：

```
1
2
3
4
6
7
8
9
10
```

请注意输出结果，少了一个数字 5。

第 23 行使用 continue 语句取代 return 语句后，最终代码如源代码 3-12 所示。

```
01  #include <stdio.h>
02  int main()
03  {
04      char opt;
05      int number1;
06      int number2;
07      int result;
08      while(1){
09          printf(">>>");
10          scanf("%d %c %d", &number1, &opt, &number2);
11          if(opt =='+'){
12              result =number1 +number2;
13          }else if(opt =='-'){
14              result =number1 -number2;
15          }else if(opt ==' * '){
16              result =number1 * number2;
17          }else if( (opt =='/')&&(number2 !=0) ){
18              result =number1 / number2;
19          }else if( (opt =='%')&&(number2 !=0) ){
20              result =number1 %number2;
21          }else{
22              printf("非法运算！ \n");
23              continue;
24          }
25          printf("%d %c %d =%d\n", number1, opt, number2, result);
26      }
27      printf("已经退出计算器!\n");
28      return 0;
29  }
```

源代码 3-12　SimpleCalculator_06-B. c

此程序运行后将一直等待用户输入算式，不管正确还是“非法运算”，都会一直重复下去，程序不会主动结束。第 27 行的代码在这里还是没有机会被执行。

程序编译运行后的输出结果如图 3-28 所示。

```
>>>123 / 0【Enter】
非法运算!
>>>123 %45【Enter】
123 %45 =33
>>>
```

图 3-28　SimpleCalculator_06-B.c 的运行结果(1)

【练习 3-12】

编写 C 语言程序，从键盘输入一个整数 n，然后按照从小到大的顺序输出前 n 个奇数到屏幕中，每个奇数占一行。如果整数 n 小于 1，则输出“非法数据”。程序的运行结果如图 3-29 所示。

```
请输入一个整数:8【Enter】
1
3
5
7
9
11
13
15
```

图 3-29　练习 3-12 的运行结果

【练习 3-13】

编写 C 语言程序，从键盘输入一个整数 n，然后按照从小到大的顺序输出前 n 个正整数到屏幕中(不输出 2 的倍数、3 的倍数以及 5 的倍数)，每个数使用空格分隔。如果整数 n 小于 1，则输出“非法数据”。程序的运行结果如图 3-30 所示。

```
请输入一个整数:59【Enter】
1  7  11  13  17  19  23  29  31  37  41  43  47  49  53  59
```

图 3-30　练习 3-13 的运行结果

要求使用两种方法完成：

(1) 第一种方法使用关键字 continue。

(2) 第二种方法不使用关键字 continue。

【练习 3-14】

编写 C 语言程序，从键盘输入一个整数 n，然后使用循环语句计算前 n 个正整数之和，并输出到屏幕中。如果整数 n 小于 1，则输出“非法数据”。程序的运行结果如图 3-31 所示。

要求使用两种方法完成：

(1) 第一种方法使用一个 while 循环语句逐个整数累加求和。

(2) 第二种方法使用等差数列的求和公式直接计算结果。

```
请输入一个整数:100【Enter】
前 100 个正整数之和:5050
```

图 3-31 练习 3-14 的运行结果

3.7 支持大整数运算

现在我们已经可以做加法、减法、乘法、除法以及求余数的运算了。但美中不足的是，由于整数乘法本身的特点，运算结果通常都比较大，比如，六位数乘以六位数就可以轻松得到一个超出 int 整数类型所能表示的范围的结果，从而引起计算的错误了。

我们重新运行源代码 3-12，运行结果如图 3-32 所示。

```
>>>123456 * 123456【Enter】
123456 * 123456 =-1938485248
>>>
```

图 3-32 SimpleCalculator_06-B.c 的运行结果(2)

C 语言对 int 类型的规定，只是要求使用不少于 2 字节(2 字节能表示的整数范围是 $-2^{15}\sim2^{15}-1$，即 $-32768\sim32767$)来表示整数，具体的实现方案留给各个编译器来决定，目前主流的编译器一般都是使用 4 字节来表示 int 类型的整数。这里所用的 Dev-C++ 开发工具是按照 4 字节的内存分配方案，能够表示的整数范围是：$-2^{31}\sim2^{31}-1$，即 $-2147483648\sim2147483647$。

这里 123456 乘以 123456，应该等于 15241383936，是一个 11 位的十进制整数，但本例的输出结果却是一个负数，很明显该运算结果已经超出了 int 类型的有效整数范围，即发生了溢出(Overflow)的现象。

提示：溢出的计算过程如下。

(1) $123456\times123456=15241383936$；

(2) $15241383936\ \%\ 2^{32}$，即 $15241383936\ \%\ 4294967296=2356482048$；

(3) $2356482048-2^{32}$，即 $2356482048-4294967296=-1938485248$。

事实上，C 语言除了提供 int 这个整数类型，还提供了其他的整数类型供我们使用，如表 3-6 所示。

表 3-6 整数类型

整数类型	简写	存储空间	数据范围
char	char	1 字节(8 位)	$-2^{7}\sim2^{7}-1$
short int	short	2 字节(16 位)	$-2^{15}\sim2^{15}-1$
int	int	2 字节(16 位)或 4 字节(32 位)	$-2^{15}\sim2^{15}-1$ 或 $-2^{31}\sim2^{31}-1$

续表

整数类型	简　写	存储空间	数据范围
long int	long	4字节(32位)	$-2^{31}\sim 2^{31}-1$
long long int	long long	8字节(64位)	$-2^{63}\sim 2^{63}-1$

char类型是字符类型，但本质上是一种特殊的整数类型。char类型保存一个字符，最终保存的是该字符对应的ASCII码编号，因此我们可以认为char类型是一种存储空间只有1个字节(即8位二进制)的整数类型。

C语言的ANSI C标准做出了以下的规定：

- short类型和int类型至少要有16位；
- long类型至少要有32位；
- short类型不得长于int类型；
- int类型不得长于long类型。

具体的实现细节取决于具体的C语言编译器。现在主流的C语言编译器(包括我们这里使用的Dev-C++环境)一般都是：short类型为16位，int和long类型为32位。

提示：在我国曾经流行了比较长时间的C语言编译器Turbo C，其int类型是16位，我们不建议现在的C语言初学者使用这个比较古老的编译器去学习C语言。

C语言还提供一个关键字sizeof来测试各种数据类型的存储空间大小，返回结果的单位是字节。sizeof的使用方法是：

```
sizeof(数据类型)
```

或者

```
sizeof(变量)
```

例如，sizeof(char)的返回结果是1。

我们可以编写一个简单程序，以快速了解关键字sizeof的使用：

```
#include <stdio.h>
int main()
{
    printf("sizeof(char) =%d字节\n", sizeof(char));
    printf("sizeof(short) =%d字节\n", sizeof(short));
    printf("sizeof(int) =%d字节\n", sizeof(int));
    printf("sizeof(long) =%d字节\n", sizeof(long));
    printf("sizeof(long long) =%d字节\n", sizeof(long long));
    return 0;
}
```

编译并运行程序，输出结果如下：

```
sizeof(char) =1字节
sizeof(short) =2字节
```

```
sizeof(int) =4 字节
sizeof(long) =4 字节
sizeof(long long) =8 字节
```

我们可以看到,C 语言的整数类型中,“long long”类型是最长的整数类型,其存储空间是 8 字节,即 64 位二进制,能够表达的数据范围是：$-2^{63} \sim 2^{63}-1$,即 −9 223 372 036 854 775 808～9 223 372 036 854 775 807。

我们继续改进本程序,使用“long long”整数类型取代原来的 int 类型,以支持较大整数的运算,如源代码 3-13 所示。

```
01  #include <stdio.h>
02  int main()
03  {
04      char opt;
05      long long number1;
06      long long number2;
07      long long result;
08      while(1){
09          printf(">>>");
10          scanf("%lld %c %lld", &number1, &opt, &number2);
11          if(opt =='+'){
12              result =number1 +number2;
13          }else if(opt =='-'){
14              result =number1 -number2;
15          }else if(opt ==' * '){
16              result =number1 * number2;
17          }else if( (opt =='/')&&(number2 !=0) ){
18              result =number1 / number2;
19          }else if( (opt =='%')&&(number2 !=0) ){
20              result =number1 %number2;
21          }else{
22              printf("非法运算!\n");
23              continue;
24          }
25          printf("%lld %c %lld =%lld\n", number1, opt, number2, result);
26      }
27      printf("已经退出计算器!\n");
28      return 0;
29  }
```

源代码 3-13　SimpleCalculator_07. c

第 5～7 行代码：

使用关键字 long 定义 3 个“long long”类型的变量 number1、number2 以及 result。

第 10 行代码：

函数 scanf()使用 3 个格式说明符“%lld”分别从键盘读取“long long”类型的整数到变量 number1、number2 以及 result。

格式说明符“%lld”包含两个小写字母“l”，即“long long”的首字母缩写，不是数字 1。

第 25 行代码：

函数 printf()使用 3 个格式说明符“%lld”分别输出“long long”类型变量 number1、number2 以及 result 的内容到屏幕中。

第 27 行代码：

第 8～26 行是一个典型的“死循环”语句，因此第 27 行代码在这里依然还是没有机会被执行。

程序编译运行后的输出结果如图 3-33 和图 3-34 所示。

```
>>>123456 * 123456【Enter】
123456 * 123456 =15241383936
>>>
```

图 3-33　SimpleCalculator_07.c 的运行结果(1)

```
>>>1234567890 * -1234567890【Enter】
1234567890 * -1234567890 =-1524157875019052100
>>>
```

图 3-34　SimpleCalculator_07.c 的运行结果(2)

【练习 3-15】

阶乘 $n!$ 的定义：

- $0! = 1$
- $n! = 1\times2\times3\times\cdots\times n \quad (n>0)$

编写 C 语言程序，从键盘输入一个整数 n，然后计算 n 的阶乘 $n!$，并输出结果到屏幕中。如果整数 n 小于 0，则输出“非法数据”。程序的运行结果如图 3-35 所示。

```
请输入一个整数:6【Enter】
6! =720
```

图 3-35　练习 3-15 的运行结果

要求：

(1) 只能使用 int 类型，不允许使用“long long”类型。

(2) 使用 Microsoft Windows 系统自带的“计算器”程序来验证输出结果。回答以下问题：只允许使用 int 类型的情况下，本程序可以计算出正确阶乘结果的最大 n 值是多少？

【练习 3-16】

编写 C 语言程序，从键盘输入一个整数 n，然后计算 n 的阶乘 $n!$，并输出结果到屏幕中。如果整数 n 小于 0，则输出“非法数据”。程序的运行过程如图 3-36 所示。

要求：

(1) 使用“long long”类型保存阶乘的结果。

(2) 使用 Microsoft Windows 系统自带的“计算器”程序来验证输出结果。回答以下问题：使用“long long”类型的情况下，本程序可以计算出正确阶乘结果的最大 n 值是多少？

```
请输入一个整数:18【Enter】
18! =6402373705728000
```

图 3-36　练习 3-16 的运行结果

3.8　退出计算器

与 continue 相对应的关键字是 break。在循环体里面执行 break 语句，那么就会无条件地立刻结束循环。

我们可以编写一个简单程序，以快速了解 break 语句的使用：

```
#include <stdio.h>
int main()
{
    int i =0;
    while(i <10){
        i =i +1;
        if(i ==5){
            break;
        }
        printf("%d\n", i);
    }
    return 0;
}
```

编译并运行程序，输出结果如下：

```
1
2
3
4
```

当变量 i 的值变为 5 的时候，引发 break 语句的执行，立刻结束 while 循环。

利用 break 语句的特点，我们可以设计一种退出机制，让我们设计的简易计算器能够按照需要退出循环并结束程序的运行。修改后的代码如源代码 3-14 所示。

```
01  #include <stdio.h>
02  int main()
03  {
04      char opt;
05      long long number1;
06      long long number2;
07      long long result;
08      printf("输入"0 0 0"可以退出计算器。\n");
```

```
09      while(1){
10          printf(">>>");
11          scanf("%lld %c %lld", &number1, &opt, &number2);
12          if((number1 ==0)&&(opt =='0')&&(number2 ==0)){
13              break;
14          }
15          if(opt =='+'){
16              result =number1 +number2;
17          }else if(opt =='-'){
18              result =number1 -number2;
19          }else if(opt =='*'){
20              result =number1 * number2;
21          }else if( (opt =='/')&&(number2 !=0) ){
22              result =number1 / number2;
23          }else if( (opt =='%')&&(number2 !=0) ){
24              result =number1 %number2;
25          }else{
26              printf("非法运算！ \n");
27              continue;
28          }
29          printf("%lld %c %lld =%lld\n", number1, opt, number2, result);
30      }
31      printf("已经退出计算器！ \n");
32      return 0;
33  }
```

源代码 3-14　SimpleCalculator_08.c

第 8 行代码：

使用函数 pirntf()输出提示信息“输入‘0 0 0’可以退出计算器。”。

第 12～14 行代码：

使用 if 语句的最简形式，如果满足退出条件，则执行第 13 行的 break 语句退出 while 循环。

如果以下 3 个条件同时满足：number1 的值为 0、opt 的值为'0'、number2 的值为 0，那么将引发第 12 行代码 break 语句的执行，从而结束 while 循环。

表达式“(number1 == 0)&&(opt == '0')&&(number2 ==0)”会先计算出“(number1 == 0)&&(opt == '0')”的逻辑值，该逻辑值再和表达式“(number2 ==0)”进行“与”的运算。

请注意，整数类型变量 number1 和 number2 是跟整数 0 比较是否相等，而 char 类型变量 opt 是跟字符'0'比较是否相等。

第 31 行代码：

使用函数 pirntf()输出提示信息“已经退出计算器！”。

当用户输入“0 空格 0 空格 0”就可以退出 while 循环，然后执行第 31 行的代码，使用函数 printf()输出提示信息“已经退出计算器！”。

程序编译运行后的输出结果如图 3-37 所示。

```
输入"0 0 0"可以退出计算器。
>>>1234 +5678【Enter】
1234 +5678 =6912
>>>1234 * 5678【Enter】
1234 * 5678 =7006652
>>>0 0 0【Enter】
已经退出计算器!
```

图 3-37　SimpleCalculator_08.c 的运行结果

【练习 3-17】

质数(Prime number)又称素数,指在大于 1 的整数中,除了 1 和该数自身外,无法被其他整数整除的数(或者说是只有 1 与该数本身两个正因数的数)。大于 1 的整数若不是素数,则称之为合数。

编写 C 语言程序,从键盘输入一个整数 n,然后判断 n 是素数或者合数并输出结果到屏幕中。如果整数 n 小于 2,则输出"非法数据"。程序的运行结果如图 3-38 所示。

```
请输入一个整数:31【Enter】
31 是素数。
```

图 3-38　练习 3-17 的运行结果

提示:使用 while 循环语句以及 break 语句。

【练习 3-18】

"鸡兔同笼"问题是我国古代的数学名题之一。大约在 1500 年前,《孙子算经》中就记载了这个有趣的问题。书中是这样叙述的:

今有雉兔同笼,上有三十五头,下有九十四足,问雉兔各几何?

这 4 句话的意思是:有若干只鸡兔同在一个笼子里,从上面数有 35 个头,从下面数有 94 条腿,问笼中各有多少只鸡和兔?

编写 C 语言程序,从键盘读入代表头的总数量的整数 head 以及代表腿的总数量的整数 leg,然后计算鸡和兔的数量并输出结果到屏幕中。如果有多个解,则只需要输出一个解即可。如果无解,则输出"本题无解"。如果 head 小于 2 或 leg 小于 6,则输出"非法数据"。这里约定鸡和兔的数量都是不少于一只。程序的运行结果如图 3-39 所示。

```
鸡兔同笼,头的总数:35【Enter】
鸡兔同笼,腿的总数:94【Enter】
鸡:23 只,兔:12 只。
```

图 3-39　练习 3-18 的运行结果

提示:使用 while 循环语句以及 break 语句。

3.9 本章小结

1. 程序基本结构

(1) C 语言程序由一个或多个函数组成,其中至少有一个 main()函数。

(2) 函数由简单语句和复合语句组成。

(3) 复合语句由若干个简单语句组成,例如 if 语句和 while 语句都是复合语句。

(4) 使用关键字可以组成语句。

(5) 表达式加上分号";"可以组成语句。

(6) 运算符和操作数可以组成表达式。

2. 关键字

break、char、continue、else、if、long、short、sizeof、while。

3. 数据类型

char、short、int、long、long long。

4. ASCII 字符集

使用 7 位二进制编码,一共有 128 个字符(95 个"可显示字符"和 33 个"控制字符")。

5. 变量

定义变量、定义变量并初始化、变量名字的基本要求。

6. 运算符

＋ 加法

－ 减法

* 乘法

/ 除法(两个整数相除,结果是整数)

% 求余数

＞ 大于

＜ 小于

＝＝ 等于

＞＝ 大于或等于

＜＝ 小于或等于

!＝ 不等于

&& 逻辑与

＝ 赋值

& 求出变量在内存中的地址

7. 分支结构

if 语句最简形式、if 语句完整形式、if 语句扩展形式。

8. 循环结构

while 语句。

9. 标准库函数

scanf() 从键盘输入数据。

10. 函数 printf()的格式说明符

%c 输出 ASCII 码字符。

%d 以十进制形式输出 int 类型的整数。

%lld 以十进制形式输出 long long 类型的整数。

11. 函数 scanf()的格式说明符

%c 输入 ASCII 码字符。

%d 以十进制形式输入 int 类型的整数。

%lld 以十进制形式输入 long long 类型的整数。

第4章　猜数游戏——强化流程控制、标准库函数

现在，我们已经进入了C语言程序设计的大门。通过前面的学习，我们了解了什么是C语言程序，C语言程序是如何被计算机执行的，C语言有哪些基本的数据类型，控制C语言程序执行走向的最基本控制语句，还有就是如何在C语言程序中进行基本的算术运算和逻辑运算，等等。现在，我们将通过编写另一个有趣的程序"猜数游戏"来继续C语言学习之旅。

4.1　键盘输入猜测的整数

源代码4-1所示是一个非常简单的C语言程序，经过第3章的学习，我们应该非常熟悉这个程序的功能：在屏幕上显示两行描述了本游戏的目标和任务的信息。

```
01 #include <stdio.h>
02 int main()
03 {
04     printf( "猜数游戏:目标整数为 1~100\n" );
05     printf( "请猜测一个整数： ");
06     return 0;
07 }
```

源代码4-1　GuessNumber_01-A.c

程序运行后，输出结果如图4-1所示。

```
猜数游戏:目标整数为 1~100
请猜测一个整数:
```

图4-1　GuessNumber_01-A.c的运行结果

这个程序虽然简单，却是我们即将开始的"猜数游戏"的程序基础。既然是"猜数游戏"，程序首先需要接收游戏玩家从键盘上输入一个所猜测的整数，代码如源代码4-2所示。

```
01 #include <stdio.h>
02 int main()
03 {
```

```
04      int guess;
05      printf( "猜数游戏:目标整数为 1~100\n" );
06      printf( "请猜测一个整数:  ");
07      scanf( "%d", &guess );
08      printf( "你猜的整数是:%d\n", guess );
09      return 0;
10  }
```

源代码 4-2　GuessNumber_01-B. c

第 4 行代码：

使用关键字 int 定义了一个整数类型的变量 guess，用来保存输入猜测的数。

第 7～8 行代码：

scanf 函数使用格式说明符“%d”从键盘接收一个整数并保存到变量 guess 中。printf()函数同样使用格式说明符“%d”输出整数类型变量 guess 的十进制数值。

程序运行后，输出结果如图 4-2 所示。

```
猜数游戏:目标整数为 1~100
请猜测一个整数:50【Enter】
你猜的整数是:50
```

图 4-2　GuessNumber_01-B. c 的运行结果

本程序提示玩家从键盘输入一个所猜测的整数，然后使用变量 guess 接收保存，最后程序将用户猜测的数显示在计算机的屏幕上。

【练习 4-1】

编写 C 语言程序，从键盘读入一个十进制整数，然后分别以八进制和十六进制的格式输出该整数到屏幕中。程序的运行结果如图 4-3 所示。

```
请输入一个十进制整数:12345678【Enter】
十进制数:12345678
八进制数:57060516
十六进制数:BC614E
```

图 4-3　练习 4-1 的运行结果

提示：

(1) 十进制数由 0、1、2、3、4、5、6、7、8、9 十个数码组成，逢十进一；

(2) 八进制数由 0、1、2、3、4、5、6、7 八个数码组成，逢八进一；

(3) 十六进制数由 0、1、2、3、4、5、6、7、8、9、A、B、C、D、E、F 十六个数码组成，逢十六进一；

(4) 函数 printf()使用格式描述符“%d”或“%i”输出整数变量的十进制数值；

(5) 函数 printf()使用格式描述符“%o”(是小写字母 o，不是数字 0)输出整数变量的八进制数值；

(6) 函数 printf()使用格式描述符“%x”或“%X”输出整数变量的十六进制数值；

(7) 建议使用 Microsoft Windows 系统自带的“计算器”程序(切换到“程序员”模式)来验证输出结果。

【练习 4-2】

编写C语言程序,从键盘读入一个八进制整数,然后分别以十进制和十六进制的格式输出该整数到屏幕中。

提示:

(1) 函数 scanf()使用格式描述符"%o"(是小写字母 o,不是数字 0)从键盘接收一个八进制整数到整数类型的变量;

(2) 建议使用 Microsoft Windows 系统自带的"计算器"程序(切换到"程序员"模式)来验证输出结果。

程序的运行结果如图 4-4 所示。

```
请输入一个八进制整数:123456【Enter】
八进制数:123456
十进制数:42798
十六进制数:A72E
```

图 4-4　练习 4-2 的运行结果

【练习 4-3】

编写C语言程序,从键盘读入一个十六进制整数,然后分别以八进制和十进制的格式输出该整数到屏幕中。

提示:

(1) 函数 scanf()使用格式描述符"%x"从键盘接收一个十六进制整数到整数类型的变量。

(2) 建议使用 Microsoft Windows 系统自带的"计算器"程序(切换到"程序员"模式)来验证输出结果。

程序的运行结果如图 4-5 所示。

```
请输入一个十六进制整数:ABCD【Enter】
十六进制数:ABCD
八进制数:125715
十进制数:43981
```

图 4-5　练习 4-3 的运行结果

4.2 判断猜测结果的对错

为了判断玩家是否猜对,接下来需要将玩家猜测的整数与程序预先准备好的某一个整数做比较。

先使用最简单的方式准备一个需要玩家猜测的目标整数:直接在一个变量中预先保存任意一个在 1～100 的整数,例如 38,如源代码 4-3 所示。

```
01  #include <stdio.h>
02  int main()
03  {
04      int object =38;
```

```
05      int guess;
06      printf( "猜数游戏:目标整数为 1~100\n" );
07      printf( "请猜测一个整数:  ");
08      scanf( "%d", &guess );
09      printf( "你猜的整数是:%d, ", guess );
10      if( guess ==object ){
11          printf( "猜对了!  \n" );
12      }
13      return 0;
14  }
```

源代码 4-3　GuessNumber_02-A. c

第 4 行代码：

使用关键字 int 定义了一个整数类型的变量 object，用来保存目标整数，并初始化为 38。

第 9 行代码：

我们希望在接下来的第 11 行输出信息“猜对了”的时候，能够接着这里的输出信息在同一行显示，因此这行代码也需要简单修改一下，就是把原来要输出的换行符“\n”修改为“，”（即逗号加上一个空格）。

第 10～12 行代码：

使用 if 语句的最简形式，对表达式“guess ＝＝ object”求值并判断，如果变量 guess 的值等于变量 object 的值，那么该表达式的求值结果为真，即是要执行的第 11 行的打印语句。

反之，如果变量 guess 的值不等于变量 object 的值，那么该表达式的求值结果为假，就不会执行第 11 行的打印语句。

程序运行后，输出结果如图 4-6 和图 4-7 所示。

```
猜数游戏:目标整数为 1~100
请猜测一个整数:38【Enter】
你猜的整数是:38, 猜对了!
```

图 4-6　GuessNumber_02-A. c 的运行结果(1)

```
猜数游戏:目标整数为 1~100
请猜测一个整数:50【Enter】
你猜的整数是:50,
```

图 4-7　GuessNumber_02-A. c 的运行结果(2)

本程序预先准备了一个需要玩家猜测的目标整数，然后通过使用 if 语句的最简形式来判断用户猜测输入的整数是否与预先准备的目标整数相等，如果恰好相等，则程序显示“猜对了”的结果；如果玩家猜错了，程序也需要明确地告诉玩家“猜错了”。

为此，我们继续改进代码，使用 if 语句的完整形式来代替最简形式，即可达到这个效果，如源代码 4-4 所示。

```
01  #include <stdio.h>
02  int main()
03  {
04      int object =38;
05      int guess;
06      printf( "猜数游戏:目标整数为 1~100\n" );
07      printf( "请猜测一个整数:  ");
08      scanf( "%d", &guess );
09      printf( "你猜的整数是:%d, ", guess );
10      if( guess ==object ){
11          printf( "猜对了!  \n" );
12      }else{
13          printf( "猜错了!  \n" );
14      }
15      return 0;
16  }
```

源代码 4-4　GuessNumber_02-B. c

第 10～14 行代码：

增加了第 12 行和第 13 行的代码，由 if 语句的最简形式改为完整形式，对表达式“guess ＝＝object”求值并判断，如果变量 guess 的值不等于变量 object 的值，那么该表达式的求值结果为假，即是要执行第 13 行的打印语句，告诉玩家“猜错了”这个遗憾的消息。

程序运行后输出结果如图 4-8 所示。

```
猜数游戏:目标整数为 1~100
请猜测一个整数:50【Enter】
你猜的整数是:50, 猜错了!
```

图 4-8　GuessNumber_02-B. c 的运行结果

不过，这个“猜数游戏”猜对的难度实在是太大了！玩家只有 1％的概率猜对，这未免太难了。为了降低游戏的难度和提高游戏的趣味性，当玩家猜错时，程序应该给玩家一些更具体的提示。按照现在流行的话来说就是“提升用户的体验”。

【练习 4-4】

编写 C 语言程序，从键盘读入 3 个整数(使用空格分隔)作为 3 条线段长度，如果这 3 条线段能够组成一个三角形，那么输出“能组成一个三角形”的信息到屏幕中，否则就输出“不能组成一个三角形”的信息到屏幕中。如果线段长度小于 1，则输出“非法数据”。

提示：

①三角形任意两边之和大于第三边；②三角形任意两边之差小于第三边。

程序的运行结果如图 4-9 所示。

```
请输入 3 条边的长度(整数):3 8 4【Enter】
由边长为 3、8、4 的 3 条边不能组成一个三角形。
```

图 4-9　练习 4-4 的运行结果

【练习 4-5】

编写 C 语言程序，从键盘读入 3 个整数（使用空格分隔）作为 3 条线段长度，如果这 3 条线段能够组成一个直角三角形，那么输出“能组成一个直角三角形”的信息到屏幕中，否则就输出“不能组成一个直角三角形”的信息到屏幕中。如果线段长度小于 1，则输出“非法数据”。

提示：可以根据“勾股定理”来判定。

程序的运行结果如图 4-10 所示。

```
请输入 3 条边的长度(整数):3 4 5【Enter】
由边长为 3、4、5 的 3 条边能组成一个直角三角形。
```

图 4-10　练习 4-5 的运行结果

4.3　提示结果偏大或偏小

1. 源代码 4-5

为了降低游戏的难度，我们继续改进程序，当玩家猜错时，程序给玩家输出一些更具体的提示信息，如源代码 4-5 所示。

```
01 #include <stdio.h>
02 int main()
03 {
04     int object =38;
05     int guess;
06     printf( "猜数游戏:目标整数为 1~100\n" );
07     printf( "请猜测一个整数:  ");
08     scanf( "%d", &guess );
09     printf( "你猜的整数是:%d, ", guess );
10     if( guess ==object ){
11         printf( "猜对了!  \n" );
12     }else{
13         if( guess >object ){
14             printf( "偏大了!  \n" );
15         }else{
16             printf( "偏小了!  \n" );
17         }
18     }
19     return 0;
20 }
```

源代码 4-5　GuessNumber_03-A. c

第 13～17 行代码：

当玩家猜错的时候，这里使用 if 语句的完整形式向玩家提供更具体的信息，让玩家了解究竟结果是偏大了还是偏小了。

第13～17行的这个完整形式的if语句，在这里是作为一条复合语句，嵌套在第10行开始的另一个完整形式的if语句里面。一般称这两个if语句的关系为嵌套关系。

程序运行后，输出结果如图4-11所示。

```
猜数游戏:目标整数为 1~100
请猜测一个整数:50【Enter】
你猜的整数是:50, 偏大了!
```

图4-11　GuessNumber_03-A.c的运行结果

2. 源代码4-6

我们可以继续改进本程序，使用if语句的扩展形式来代替这里的两个嵌套关系的if语句，以提高程序代码的可读性，如源代码4-6所示。

```
01  #include <stdio.h>
02  int main()
03  {
04      int object = 38;
05      int guess;
06      printf( "猜数游戏:目标整数为 1~100\n" );
07      printf( "请猜测一个整数:  " );
08      scanf( "%d", &guess );
09      printf( "你猜的整数是:%d, ", guess );
10      if( guess == object ){
11          printf( "猜对了!  \n" );
12      }else if( guess > object ){
13          printf( "偏大了!  \n" );
14      }else{
15          printf( "偏小了!  \n" );
16      }
17      return 0;
18  }
```

源代码4-6　GuessNumber_03-B.c

第10～16行代码：

这里使用if语句的扩展形式来实现3种不同结果的判断。

按照代码编写的先后顺序，先对表达式“guess == object”求值，如果该表达式的值为真，即是变量guess与变量object的值相等，那么就输出“猜对了!”的结果，并结束整个if语句。

如果表达式“guess == object”的值为假，那么就会继续对下一个表达式“guess > object”求值，如果该表达式的值为真，即是变量guess的值大于变量object的值，那么就输出“偏大了!”的结果，并结束整个if语句。

如果表达式“guess == object”和“guess>object”的值都为假，那么就会执行第15行的printf()函数，输出“偏小了!”的提示信息到屏幕中。

这个扩展形式的if语句也可以这样编写：

```
10 if( guess ==object ){
11     printf( "猜对了!\n" );
12 }else if( guess >object ){
13     printf( "偏大了!\n" );
14 }else if( guess <object ){
15     printf( "偏小了!\n" );
16 }
```

即在第 14 行加多一个 if 语句的分支去对表达式“guess<object”进行求值并判断真假。从逻辑上分析容易知道,这两种写法是等价的。

源代码 4-6 和源代码 4-5 在功能上是相同的,所以程序运行后输出结果请参考前面的图 4-11。

3. 源代码 4-7

通过以上介绍的改进,这个程序的可读性和逻辑性已经很好了。俗话说：没有最好,只有更好。我们还可以继续将本程序进一步优化,如源代码 4-7 所示。

```
01 #include <stdio.h>
02 int main()
03 {
04     int object =38;
05     int guess;
06     printf( "猜数游戏:目标整数在 1~100 之间\n" );
07     printf( "请猜测一个整数:  ");
08     scanf( "%d", &guess );
09     printf( "你猜的整数是:%d, ", guess );
10     if( guess >object ){
11         printf( "偏大了!  \n" );
12     }else if( guess <object ){
13         printf( "偏小了!  \n" );
14     }else{
15         printf( "猜对了!  \n" );
16     }
17     return 0;
18 }
```

源代码 4-7 GuessNumber_03-C. c

第 10～16 行代码：

跟源代码 4-6 相比,这里的优化仅仅是对表达式求值的先后次序稍作改变而已。这里依次对表达式“guess>object”和“guess<object”进行求值,如果这两个表达式的值都为假,那么自然就得出“变量 guess 的值等于变量 object 的值”的结论了。

这跟源代码 4-6 先对表达式“guess == object”求值有差别吗？答案是“有差别”。

从概率上看,玩家第一次就猜中的概率只有 1%,如果先对表达式“guess == object”求值,那么通常的求值结果都是假,也就是要进行下一个表达式的求值。

玩家第一次猜测的结果出现“偏大了”和“偏小了”这两种情况之一的概率要远远高于猜

中的概率。如果对第一个表达式求值就可以得到值为真的结果，那么就可以直接执行对应的函数 printf()输出相应的提示信息，从而结束整个 if 语句。

所以，先对表达式“guess > object”求值比先对表达式“guess == object”求值更能提高程序执行的效率。由于玩家预先不知道目标整数的数值，所以对于玩家来说，偏大和偏小的概率是相同的，因此，也可以先对表达式“guess < object”求值，代码如下所示。

```
10  if( guess <object ){
11      printf( "偏小了!\n" );
12  }else if( guess >object ){
13      printf( "偏大了!\n" );
14  }else{
15      printf( "猜对了!\n" );
16  }
```

提示：这里关于 if 语句的各个分支表达式编码时的先后顺序对于执行效率高低的讨论，程序设计初学者有个大致了解即可。初学者的首要目标是学会编写运行结果正确的程序，以及学会提高源代码的可读性。能够熟练编写运行结果正确且可读性良好的程序后，才建议开始考虑提高程序的执行效率，这已经超出本书的范围了。这里的讨论点到即止，为初学者做个铺垫，仅供参考。

【练习 4-6】

编写 C 语言程序，从键盘读入一个字符，然后输出该字符对应的 ASCII 编号的十进制数值和十六进制数值(后面显示字母'H'加以区分)到屏幕中，并判断该字符的类型：

- 如果该字符是大写字母，则输出“属于大写字母”；
- 如果该字符是小写字母，则输出“属于小写字母”；
- 如果该字符是数字，则输出“属于数字”；
- 如果该字符不是以上 3 种类型，则输出“属于其他字符”。

程序的运行结果如图 4-12 所示。

```
请输入一个 ASCII 字符：6【Enter】
字符'6'的 ASCII 编号是 54[36H]，属于数字。
```

图 4-12　练习 4-6 的运行结果

4.4　限制输入整数的范围

我们的“猜数游戏”已经限定了目标整数必须为 1～100。如果玩家手误输入了一个不属于这个区间的数，我们需要如实地告知玩家，而不是仅仅笼统地反馈信息“偏大”或“偏小”。因此，我们继续改进程序，如源代码 4-8 所示。

```
01  #include <stdio.h>
02  int main()
03  {
```

```
04      int object =38;
05      int guess;
06      printf( "猜数游戏:目标整数为 1~100\n" );
07      printf( "请猜测一个整数:  " );
08      scanf( "%d", &guess );
09      printf( "你猜的整数是:%d, ", guess );
10      if( (guess <1)||(guess >100) ){
11          printf( "超出区间[1, 100]!  \n" );
12      }else{
13          if( guess >object ){
14              printf( "偏大了!  \n" );
15          }else if( guess <object ){
16              printf( "偏小了!  \n" );
17          }else{
18              printf( "猜对了!  \n" );
19          }
20      }
21      return 0;
22  }
```

源代码 4-8　GuessNumber_04-A. c

第 10～20 行代码：

其中，第 13～19 行还是原来的代码，只是缩进多了一个层次而已。

第 10 行的 if 语句首先对一个比较复杂的表达式“(guess<1)||(guess>100)”进行求值。根据逻辑运算符“||”的定义，只要该运算符左右两边的表达式其中有一个的值为真，那么整个表达式的值就为真。

例如，假设变量 guess 的值为－24，那么表达式“guess<1”的值为真，从而整个表达式的值也为真，因此会执行第 11 行的函数 printf()输出“超出区间[1,100]!”的信息。

又或者，假设变量 guess 的值为 135，那么表达式“guess > 100”的值为真，从而整个表达式的值也为真，因此也会执行第 11 行的函数 printf()输出“超出区间[1,100]!”的信息。

只有当变量 guess 的值为 1～100，才使得整个表达式的值为假。

提示：关于逻辑运算，请参考第 3 章的“表 3-5　逻辑运算真值表”。

程序运行后，输出结果如图 4-13 所示。

```
猜数游戏:目标整数为 1~100
请猜测一个整数:135【Enter】
你猜的整数是:135, 超出区间[1,100]!
```

图 4-13　GuessNumber_04-A. c 的运行结果

我们可以继续改进本程序代码的可读性，使用扩展形式的 if 语句来代替这里的两个嵌套关系的 if 语句，如源代码 4-9 所示。

```
01  #include <stdio.h>
02  int main()
03  {
```

```
04      int object =38;
05      int guess;
06      printf( "猜数游戏:目标整数为 1~100\n" );
07      printf( "请猜测一个整数:  " );
08      scanf( "%d", &guess );
09      printf( "你猜的整数是:%d, ", guess );
10      if( (guess <1)||(guess >100) ){
11          printf( "超出区间[1, 100]!  \n" );
12      }else if( guess >object ){
13          printf( "偏大了!  \n" );
14      }else if( guess <object ){
15          printf( "偏小了!  \n" );
16      }else{
17          printf( "猜对了!  \n" );
18      }
19      return 0;
20  }
```

源代码 4-9　GuessNumber_04-B.c

源代码 4-9 和源代码 4-8 在功能上是相同的，所以程序运行后，输出结果可参考图 4-13。

【练习 4-7】

某学校对学生的评价标准如下(假设只有语文、数学和英语 3 门课程，分数是 100 分制的整数)：

- 三门课的平均分不低于 80，且至少有一门课不低于 90，则评为“优秀”；
- 每一门课都不低于 75，则评为“良好”；
- 三门课的平均分不低于 60，且至多只有一门课低于 60，则评为“合格”；
- 如果不是“优秀”“良好”“合格”之一，则评为“不合格”。

编写 C 语言程序，从键盘读入 3 门课程的成绩，然后输出相应的评价等级。评定原则是“就高不就低”，即如果同时满足优秀和良好，则评为优秀。如果分数小于 0 或大于 100，则输出“非法数据”。程序的运行结果如图 4-14 所示。

```
语文成绩:50【Enter】
数学成绩:60【Enter】
英语成绩:70【Enter】
合格
```

图 4-14　练习 4-7 的运行结果

4.5　允许用户反复猜测

1. 源代码 4-10

让玩家猜测一个属于 1～100 的整数，猜对的可能性只有 1%，这显然太难了，因此，程序必须允许玩家多猜几次。我们可以使用循环语句，继续改进本程序，如源代码 4-10 所示。

```
01 /*
02      文件名     :GuessNumber_05-A.c
03      功能       :在上一个版本 GuessNumber_04-B.c 的基础上,使用
04                  while 循环语句允许用户反复猜测
05      作者       :3857917@qq.com
06      时间       :2018-03-10
07  */
08 #include <stdio.h>
09 int main()
10 {
11     int object =38;
12     int guess;
13     int is_right =0;    //0: 猜错;1:猜对
14     printf( "猜数游戏:目标整数为 1~100\n" );
15     while(!is_right){
16         printf( "请猜测一个整数: ");
17         scanf( "%d", &guess );
18         printf( "你猜的整数是:%d, ", guess );
19         if( (guess <1)||(guess >100) ){
20             printf( "超出区间[1, 100]!\n" );
21         }else if( guess >object ){
22             printf( "偏大了!\n" );
23         }else if( guess <object ){
24             printf( "偏小了!\n" );
25         }else{
26             printf( "猜对了!\n" );
27             is_right =1;
28         }
29     }
30     return 0;
31 }
```

源代码 4-10　GuessNumber_05-A. c

第 1～7 行代码：

这是 C 语言的多行注释。多行注释使用符号“/ * ”开头，直到符号“ * /”结束。多行注释的内容在编译过程中会被 C 语言编译器直接忽略，不影响二进制执行代码的生成，只供程序员之间交流。

由于本书配套的所有源代码都已经配有文字解释说明，因此为了节省文字篇幅，本书接下来的配套源代码都省略这种解释型的多行注释。

建议程序设计初学者自己平时写代码的时候养成编写注释的习惯。

第 13 行代码：

使用关键字 int 定义一个整数类型的变量 is_right，并初始化为 0。

这里我们把变量命名为 is_right，意为“猜测的结果是正确的吗?”。概念上我们把变量 is_right 当作逻辑类型使用，但由于 C 语言没有专门的关键字用于处理逻辑类型的变量，因

此这里借用了整数类型。

按照 C 语言对逻辑值的约定，整数 0 表示逻辑值“假”，非 0 的整数（习惯上我们一般使用整数 1）表示逻辑值“真”。这里初始化为 0，即是初始化为逻辑值“假”，意为“猜测的结果不是正确的”。

虽然我们已经按照“见名知意”的原则对变量 is_right 进行了命名，但为了保险起见，这里同时使用了 C 语言的单行注释功能，对变量 is_right 做进一步的解释说明。

按照 C 语言的要求，单行注释是指以双斜杠“//”开头的注释。单行注释的内容（本例子中从双斜杠“//”开头一直到该行行末的内容“//0：猜错；1：猜对”）在编译过程中会被 C 语言编译器直接忽略，不影响二进制执行代码的生成，只供程序员之间交流。

第 27 行代码：

在玩家猜对的情况下，除了在第 26 行使用 printf()函数输出猜对的结果之外，还把变量 is_right 赋值为 1，即逻辑值为“真”，意为“猜测的结果是正确的”。

第 15～29 行代码：

这是一个使用关键字 while 实现的循环，简称 while 循环。循环体的语句（第 16～28 行代码）除了第 27 行之外，其余语句都是原来的语句，只是向右缩进了一个层次而已。

while 循环对表达式“! is_right”进行求值，根据逻辑值的真假来决定是否进入执行循环体的代码。运算符“!”是逻辑“非”运算符，其作用是对给定的逻辑值取反，即如果给定的逻辑值是“真”，那么运算结果为“假”；如果给定的逻辑值是“假”，那么运算结果为“真”。

在第 13 行我们已经把变量 is_right 的值初始化为 0，即逻辑值“假”，所以对表达式“! is_right” 第一次求值的结果为“真”。既然该表达式求值的结果是逻辑值“真”，那么就进入并执行循环体的语句（第 16～28 行代码）。

每次执行完毕循环体之后，就会再次对表达式“! is_right”进行求值，如果求值结果还是“真”，那么就继续执行循环体的语句。一旦某次被玩家猜中目标整数，即满足变量 guess 与变量 object 的值相等的条件，就会执行第 26 行的 printf()函数输出“猜对了”的结果，以及执行第 27 行的赋值语句修改 is_right 变量的值为 1，即逻辑值“真”，从而导致下一次对表达式“! is_right”进行求值时得到逻辑值“假”，从而结束整个 while 循环。

程序运行后输出结果如图 4-15 所示。

```
猜数游戏:目标整数为 1~100
请猜测一个整数:50【Enter】
你猜的整数是:50, 偏大了!
请猜测一个整数:25【Enter】
你猜的整数是:25, 偏小了!
请猜测一个整数:38【Enter】
你猜的整数是:38, 猜对了!
```

图 4-15　GuessNumber_05-A.c 的运行结果

2. 源代码 4-11

细心的读者会发现，本程序还存在一个小小的瑕疵：当玩家猜对了目标整数并且程序输出“猜对了”的信息后，只是把变量 is_right 赋值为 1，然后要等到下一次对表达式“! is_right”求值的时候才有机会结束循环。

事实上，程序输出“猜对了”的信息后就应该立刻结束循环，这样才更合理。要达到这样的效果，我们可以使用关键字 break 来改进本程序，如源代码 4-11 所示。

```
01  #include <stdio.h>
02  int main()
03  {
04      int object =38;
05      int guess;
06      printf( "猜数游戏:目标整数为 1~100\n" );
07      while(1){
08          printf( "请猜测一个整数:  ");
09          scanf( "%d", &guess );
10          printf( "你猜的整数是:%d, ", guess );
11          if( (guess <1)||(guess >100) ){
12              printf( "超出区间[1, 100]!  \n" );
13          }else if( guess >object ){
14              printf( "偏大了!  \n" );
15          }else if( guess <object ){
16              printf( "偏小了!  \n" );
17          }else{
18              printf( "猜对了!  \n" );
19              break;
20          }
21      }
22      return 0;
23  }
```

源代码 4-11　GuessNumber_05-B. c

第 7 行代码：

这是使用关键字 while 实现“死循环”的一种经典用法。由于 C 语言规定，非 0 的整数为逻辑值“真”，因此每次对表达式 1(这是整数 1，不是字母 l)求值的结果都为“真”，所以循环体里面的语句将会反复执行，无穷无尽。

第 19 行代码：

关键字 break 的功能是立即结束整个循环。也就是说，接下来要执行的是第 22 行代码。因此，在这个改进了的程序中，不必再通过 is_right 变量来控制循环的执行。

提示： 源代码 4-10 中的第 13 行代码在本例中是多余的，已经被删除。

源代码 4-11 和源代码 4-10 在功能上是相同的，所以程序运行后输出结果可参考图 4-15。

【练习 4-8】

编写 C 语言程序，从键盘读入一个整数 n，然后按照从小到大的顺序输出前 n 个奇数到屏幕，n 个奇数使用 $n-1$ 个逗号分隔，最后一个数的后面没有逗号。如果整数 n 小于 1，则输出“非法数据”。程序的运行结果如图 4-16 所示。

```
请输入一个整数:8【Enter】
1, 3, 5, 7, 9, 11, 13, 15
```

图 4-16　练习 4-8 的运行结果

【练习 4-9】

编写C语言程序,从键盘读入一个整数n,然后输出n的反序到屏幕中。如果整数n小于1,则输出“非法数据”。程序的运行结果如图4-17所示。

```
请输入一个整数:12345678901234567 8【Enter】
123456789012345678 的反序:876543210987654321
```

图4-17 练习4-9的运行结果

要求:使用“long long”类型。

【练习 4-10】

编写C语言程序,从键盘读入一个整数n,然后输出n的反序的2倍到屏幕。如果整数n小于1,则输出“非法数据”。程序的运行结果如图4-18所示。

```
请输入一个整数:123456789012345678【Enter】
876543210987654321 * 2 =1753086421975308642
```

图4-18 练习4-10的运行结果

要求:使用“long long”类型。

4.6 统计猜测次数

现在的程序已经实现了玩家可以不断地反复猜数,直到猜对为止。可是,玩家到底猜测了多少次呢?我们对玩家猜测的次数也比较感兴趣。程序需要记录下到玩家猜对时为止他(她)总共猜测的次数。为此,我们继续修改程序,设置一个变量专门来记录玩家所猜测的次数,如源代码4-12所示。

```
01 #include <stdio.h>
02 int main()
03 {
04     int object =38;
05     int guess;
06     int counter =1;
07     printf( "猜数游戏:目标整数为 1~100\n" );
08     while(1){
09         printf( "请猜测一个整数:  ");
10         scanf( "%d", &guess );
11         printf( "你猜的整数是:%d, ", guess );
12         if( (guess <1)||(guess >100) ){
13             printf( "超出区间[1, 100]!  \n" );
14         }else if( guess >object ){
15             printf( "偏大了!  \n" );
16         }else if( guess <object ){
17             printf( "偏小了!  \n" );
```

```
18          }else{
19              printf( "猜对了!一共猜测%d次。\n", counter );
20              break;
21          }
22          counter =counter +1;
23      }
24      return 0;
25  }
```

源代码 4-12　GuessNumber_06.c

第 6 行代码：

使用关键字 int 定义一个整数类型的变量 counter，并初始化为 1。

第 19 行代码：

函数 printf()使用格式说明符“%d”以十进制方式输出变量 counter 的内容到屏幕中。

第 22 行代码：

使用赋值语句把变量 counter 的值增加 1：先把赋值运算符右边变量 counter 的值读取出来，复制到一个临时的存储空间，然后把复制的值加上 1 得到一个新的值，最后把这个新值写入到原来的变量 counter，这样就实现了把变量 counter 的值修改为比原来增加 1 的效果。

实现统计猜测次数这个功能的基本思路是：在进入循环之前，预先定义一个整数类型的变量 counter，并初始化其值为 1，每进入一次循环就使用赋值语句修改变量 counter 的值比原来增加 1，最后当玩家猜对了目标整数后，除了输出“猜对了”的信息，还接着输出显示变量 counter 的数值，该数值记录了玩家一共猜测的次数。

程序运行后，输出结果如图 4-19 所示。

```
猜数游戏:目标整数为 1~100
请猜测一个整数:50【Enter】
你猜的整数是:50, 偏大了!
请猜测一个整数:25【Enter】
你猜的整数是:25, 偏小了!
请猜测一个整数:38【Enter】
你猜的整数是:38, 猜对了!一共猜测 3 次。
```

图 4-19　GuessNumber_06.c 的运行结果

【练习 4-11】

斐波那契(Fibonacci)数列，又称黄金分割数列：该数列的第一项是 0，第二项是 1，从第三项起的每一项都是前两项之和。

编写 C 语言程序，从键盘读入一个整数 n，然后输出斐波那契数列中数值大小不超过 n 的项到屏幕中，项与项之间使用空格分隔。如果整数 n 小于 1，则输出“非法数据”。程序的运行结果如图 4-20 所示。

要求：使用“long long”类型。

```
请输入一个整数:233【Enter】
0  1  1  2  3  5  8  13  21  34  55  89  144  233
```

图 4-20 练习 4-11 的运行结果

【练习 4-12】

编写C语言程序,从键盘读入 2 个整数 m 和 n(m 和 n 使用空格分隔),然后输出斐波那契数列中数值介于 m 与 n 之间(包含 m 与 n)的项,项与项之间用空格分隔。如果整数 m、n 不满足条件“$0 \leqslant m < n$”,则输出“非法数据”。程序的运行结果如图 4-21 所示。

```
请输入整数 m 和 n:123456789012  1234567890123【Enter】
139583862445  225851433717  365435296162  591286729879  956722026041
```

图 4-21 练习 4-12 的运行结果

要求:使用“long long”类型。

【练习 4-13】

考拉兹猜想(Collatz Conjecture),又称为奇偶归一猜想、$3n+1$ 猜想、冰雹猜想、角谷猜想、哈塞猜想、乌拉姆猜想或叙拉古猜想,是指:对于每一个正整数,如果它是奇数,则对它乘 3 再加 1;如果它是偶数,则对它除以 2,如此循环,最终都能够得到 1。

编写C语言程序,从键盘读入一个整数 n,然后验证考拉兹猜想。如果整数 n 小于 1,则输出“非法数据”。程序的运行结果如图 4-22 所示。

```
请输入一个整数:6【Enter】
第 1 步:6 / 2 =3
第 2 步:3 * 3 +1 =10
第 3 步:10 / 2 =5
第 4 步:5 * 3 +1 =16
第 5 步:16 / 2 =8
第 6 步:8 / 2 =4
第 7 步:4 / 2 =2
第 8 步:2 / 2 =1
一共进行了 8 步操作。
```

图 4-22 练习 4-13 的运行结果

要求:使用“long long”类型。

4.7 限制猜测次数

1. 源代码 4-13

按照概率计算,在 100 个整数中玩家猜测一次就直接猜对目标整数的概率只有 1%。但是,只要玩家掌握一定的猜测技巧,那么可以肯定的是,只需要猜测不超过 7 次,玩家就可以在 100 个整数中猜对目标整数。

提示：可以根据“$2^6<100<2^7$”推理计算出“不超过 7 次”这个结论。

所以，很明显我们必须继续修改程序，限制玩家猜测的次数在一个恰当的数值，如源代码 4-13 所示。

```
01  #include <stdio.h>
02  int main()
03  {
04      int max = 5;
05      int object = 38;
06      int guess;
07      int counter = 1;
08      printf( "猜数游戏:目标整数为 1~100\n" );
09      while(1){
10          printf( "请猜测一个整数:  ");
11          scanf( "%d", &guess );
12          printf( "你猜的整数是:%d, ", guess );
13          if( (guess < 1)||(guess > 100) ){
14              printf( "超出区间[1, 100]!  \n" );
15          }else if( guess > object ){
16              printf( "偏大了!  \n" );
17          }else if( guess < object ){
18              printf( "偏小了!  \n" );
19          }else{
20              printf( "猜对了!一共猜测%d 次。\n", counter );
21              break;
22          }
23          if( counter == max ){
24              printf( "抱歉,只允许猜测%d 次,再见!\n", max );
25              break;
26          }
27          counter = counter + 1;
28      }
29      return 0;
30  }
```

源代码 4-13　GuessNumber_07-A. c

第 4 行代码：

使用关键字 int 定义一个整数类型的变量 max，并初始化为 5。

第 23～26 行代码：

这是 if 语句的最简形式。对表达式“counter >= max”求值，如果变量 counter 的值刚好等于 5 或者大于 5，那么该表达式求值结果为“真”，这种情况下就会执行第 24 行的函数 printf()输出提示信息，然后执行第 25 行的 break 语句结束整个 while 循环。

本程序定义了一个整数变量 max 来保存预先设定的最大猜测次数，并初始化这个次数为 5。每执行一次循环体，都要把记录当前已经猜测次数的变量 counter 与变量 max 相比较，如果变量 counter 的值等于或者大于 max 的值，那么就使用 break 语句结束整个 while 循环，不再进行猜测。

也就是说，如果以下两个条件的任何一个得到满足，则终止本程序中的 while 循环：

(1) 不超过 5 次就猜对了目标整数；

(2) 连续猜错了 5 次。

程序运行后，输出结果如图 4-23 所示。

```
猜数游戏:目标整数为 1~100
请猜测一个整数:50【Enter】
你猜的整数是:50, 偏大了!
请猜测一个整数:25【Enter】
你猜的整数是:25, 偏小了!
请猜测一个整数:37【Enter】
你猜的整数是:37, 偏小了!
请猜测一个整数:43【Enter】
你猜的整数是:43, 偏大了!
请猜测一个整数:40【Enter】
你猜的整数是:40, 偏大了!
抱歉,只允许猜测 5 次,再见!
```

图 4-23　GuessNumber_07-A.c 的运行结果

2. 源代码 4-14

既然程序已经控制了玩家猜数的次数，因此，可以不再使用死循环和 break 语句来控制循环的执行次数，而是直接使用“猜数次数小于预先设定的最大次数”来控制循环的执行次数。一般来说，当程序可以预知循环的执行次数时，使用执行次数来控制循环的执行则更为安全和方便。改进后的代码如源代码 4-14 所示。

```
01  #include <stdio.h>
02  int main()
03  {
04      int max =5;
05      int object =38;
06      int guess;
07      int counter =1;
08      printf( "猜数游戏:目标整数为 1~100\n" );
09      while(counter <=max){
10          printf( "请猜测一个整数:  ");
11          scanf( "%d", &guess );
12          printf( "你猜的整数是:%d, ", guess );
13          if( (guess <1)||(guess >100) ){
14              printf( "超出区间[1, 100]!\n" );
15          }else if( guess >object ){
16              printf( "偏大了!\n" );
17          }else if( guess <object ){
18              printf( "偏小了!\n" );
19          }else{
20              printf( "猜对了!一共猜测%d次。\n", counter );
21              break;
```

```
22          }
23          counter = counter + 1;
24      }
25      if( counter > max ){
26          printf( "抱歉,只允许猜测%d 次,再见!\n", max );
27      }
28      return 0;
29  }
```

源代码 4-14 GuessNumber_07-B.c

第 9 行代码:

while 循环语句对表达式"counter <= max"测试求值,以决定是否进入循环。

第 25～27 行代码:

把原来在 while 循环里面的这个最简形式的 if 语句移到 while 循环的外面,并把原来的表达式"counter==max"修改为"counter>max"。

假如玩家连续猜测了 5 次都没有猜对目标整数,那么这时候变量 counter 的值通过执行第 23 行的赋值语句由 5 修改为 6,然后再次执行第 9 行的 while 语句对表达式"counter<=max"进行测试求值,也就是对"6<=5"求值,其结果为逻辑值"假",因此该 while 循环终止了。随后将执行第 25～27 行的 if 语句,对表达式"counter>max"即"6>5"求值,其结果为逻辑值"真"。因此执行第 26 行的函数 printf()输出整数变量 max 的值,该值保存的是玩家允许猜测的最大次数。

假如玩家不超过 5 次就猜对了目标整数,那么这时候表达式"counter <= max"的逻辑值为"真",也就等价于表达式"counter > max"的逻辑值为"假",因此这种情况下就不会执行第 26 行的输出语句。

源代码 4-14 和源代码 4-13 在功能上是相同的,所以程序运行后,输出结果请参考图 4-23。

其实,对于预先已经知道循环执行次数的情况下,C 语言提供了一种更为优雅的语句来控制循环的执行次数,这就是使用关键字 for 来实现的循环语句,简称"for 循环语句"。

for 循环语句的基本形式如下所示。

```
for(表达式 1; 表达式 2; 表达式 3 ){
    语句
}
```

其工作过程可以描述如下:

(1) 计算"表达式 1"的值;

(2) 计算"表达式 2"的值,如果该值是整数 0,则转到步骤(5);

(3) 执行花括号里面的语句;

(4) 计算"表达式 3"的值,然后转到步骤(2);

(5) 结束 for 循环。

从宏观上看,则可以这样理解:

- 不管 for 循环的循环体语句执行多少次(包括 0 次),“表达式 1”都只是执行一次;
- 如果“表达式 2”的值为真(值不等于整数 0),则一直重复执行循环体的语句;
- 如果“表达式 2”的值为假(值等于整数 0),则立即结束 for 循环语句。

对比 3.6 节中 while 循环的工作过程的描述,可以发现,如果没有包含 continue 语句,那么 for 循环语句等价于如下的 while 循环语句:

```
表达式 1;
while(表达式 2){
    语句
    表达式 3;
}
```

我们可以编写一个简单程序,以快速了解 for 循环语句的使用:

```
#include <stdio.h>
int main()
{
    int i;
    for(i =0;i <10;i =i +1){
        printf("%d\n", i);
    }
    return 0;
}
```

提示:

(1) 按照 C 语言的语法,一个表达式后面加上分号,就成为一个语句。

(2) 在 for 循环语句中的这个整数类型的变量 i 比较直观地描述了循环体的执行次数,因此一般把这个变量 i 称为“循环控制变量”。

本例中,由于在 for 循环语句中没有出现 continue 语句,因此等价于下面的程序:

```
#include <stdio.h>
int main()
{
    int i;
    i =0;
    while(i <10){
        printf("%d\n", i);
        i =i +1;
    }
    return 0;
}
```

编译并运行程序,输出结果如下:

```
0
1
```

```
2
3
4
5
6
7
8
9
```

3. 源代码 4-15

在已知循环次数的情况下，for 循环语句比 while 循环语句提供了更好的可读性。我们继续改进本程序，使用 for 循环语句提高源代码的可读性，如源代码 4-15 所示。

```
01  #include <stdio.h>
02  int main()
03  {
04      int max =5;
05      int object =38;
06      int guess;
07      int counter;
08      printf( "猜数游戏:目标整数为 1~100\n" );
09      for(counter =1; counter <=max; counter =counter +1){
10          printf( "请猜测一个整数:  ");
11          scanf( "%d", &guess );
12          printf( "你猜的整数是:%d, ", guess );
13          if( (guess <1)||(guess >100) ){
14              printf( "超出区间[1, 100]!  \n" );
15          }else if( guess >object ){
16              printf( "偏大了!  \n" );
17          }else if( guess <object ){
18              printf( "偏小了!  \n" );
19          }else{
20              printf( "猜对了!一共猜测%d 次。\n", counter );
21              break;
22          }
23      }
24      if( counter >max ){
25          printf( "抱歉,只允许猜测%d 次,再见!  \n",  max);
26      }
27      return 0;
28  }
```

源代码 4-15　GuessNumber_07-C. c

第 7 行代码：

使用关键字 int 定义一个整数类型的变量 counter，没有对其初始化赋值。

这里我们打算使用变量 counter 作为 for 循环语句的循环控制变量，按照习惯，一般是在 for 语句里面对该变量进行赋值，因此这里就仅仅定义该变量，没有必要进行初始化赋值了。

第9行代码：

这里，for循环语句的“表达式1”是“counter＝1”，这是一个赋值表达式，只执行一次。“表达式2”是“counter＜＝max”，这是一个关系表达式。“表达式3”是“counter＝counter＋1”，这是一个赋值表达式。

for循环语句的3个表达式，最常见的情况是：“表达式1”和“表达式3”是赋值表达式；“表达式2”是关系表达式。

源代码4-15和源代码4-13在功能上是相同的，所以程序运行后，输出结果请参考图4-23。

在已知循环次数的情况下，for循环语句能够比while循环语句提供更好的可读性，其实就是把原来的三行代码合并放在一行代码中，使代码看起来简洁了。

但是，如果没有更多的配套方案来配合，那么还是不够完美的。请再次观察第9行代码：

```
09  for(counter =1; counter <=max; counter =counter +1){
```

把原来的三行代码合并放在一行代码中，代码行数是减少了，但是同时也带来了一个严重影响代码可读性的副作用：循环控制变量counter在这一行代码里面一共出现了4次！

设想一下，如果把变量counter的名字修改为i，然后再观察第9行代码：

```
09  for(i =1; i <=max; i =i +1){
```

我们发现，这一小小的改变能够大大提高代码的可读性。另外，由于“i＝i＋1”这种形式的赋值语句使用得实在是太频繁了，因此C语言还特别提供了变量自加1运算“＋＋”和自减1运算“－－”两种运算符，以方便我们使用。我们可以使用运算符“＋＋”继续改进该行代码为：

```
09  for(i =1; i <=max; i++){
```

或者

```
09  for(i =1; i <=max; ++i){
```

如果单独作用于一个变量，对其自加1，那么先写运算符“＋＋”后写变量名，与先写变量名后写运算符“＋＋”的写法效果是一样的。

大部分的C语言程序员习惯于使用“i＋＋”。

但是，如果不是独立使用运算符“＋＋”或“－－”，那么该运算符放在变量名前面与后面是有区别的，请大家一定要注意。例如，下面的代码片段：

```
int x;
int i =5;
x =i++;
```

等价于

```
int x;
int i =5;
x =i;
i =i +1;
```

即程序执行完毕后,变量i的值是6,变量x的值是5。

下面的代码片段:

```
int x;
int i =5;
x =++i;
```

则等价于

```
int x;
int i =5;
i =i +1;
x =i;
```

即程序执行完毕后,变量i的值是6,变量x的值也是6。

提示:自减1运算符“——”和自加1运算符“++”遵循同样的规则。

可以这样理解和记忆:

(1) 如果运算符“++”或“——”出现在变量名的前面,那么先对该变量进行加1或减1运算,后使用该变量的内容。

(2) 如果运算符“++”或“——”出现在变量名的后面,那么先使用该变量的内容,后对该变量进行加1或减1运算。

4. 源代码4-16

我们继续改进本程序,以提高源代码的可读性,如源代码4-16所示。

```
01  #include <stdio.h>
02  int main()
03  {
04      int max =5;
05      int object =38;
06      int guess;
07      int i;
08      printf( "猜数游戏:目标整数为1~100\n" );
09      for( i =1; i <=max; i++){
10          printf( "请猜测一个整数:  " );
11          scanf( "%d", &guess );
12          printf( "你猜的整数是:%d, ", guess );
13          if( (guess <1)||(guess >100) ){
14              printf( "超出区间[1, 100]!\n" );
```

```
15          }else if( guess >object ){
16              printf( "偏大了!\n" );
17          }else if( guess <object ){
18              printf( "偏小了!\n" );
19          }else{
20              printf( "猜对了!一共猜测%d次。\n", i );
21              break;
22          }
23      }
24      if( i >max ){
25          printf( "抱歉,只允许猜测%d次,再见!\n",  max);
26      }
27      return 0;
28  }
```

源代码 4-16　GuessNumber_07-D. c

第 7 行代码:

把原来的变量名 counter 修改为 i。

第 9 行代码:

把原来的变量名 counter 修改为 i,并使用自加 1 运算符"++"令源代码更加简洁。

第 20、24 行代码:

把原来的变量名 counter 修改为 i。

提示:变量命名的原则:

(1) 循环控制变量建议使用"i""j""x""y"等单字母变量名,以提高源代码的可读性;

(2) 其他变量建议按照"见名知意"的原则(请参考第 3 章 3.1 节)来命名,不要使用单字母变量名,以提高源代码的可读性。

源代码 4-16 和源代码 4-13 在功能上是相同的,所以程序运行后,输出结果请参考图 4-23。

【练习 4-14】

编写 C 语言程序,从键盘读入一个整数 n,然后使用循环语句计算前 n 个正整数之和,并输出到屏幕中。如果整数 n 小于 1,则输出"非法数据"。程序的运行过程如图 4-24 所示。

```
请输入一个整数:100【Enter】
前 100 个正整数之和:5050
```

图 4-24　练习 4-14 的运行结果

要求:使用一个 for 循环语句逐个整数累加后完成求和。

【练习 4-15】

编写 C 语言程序,从键盘读入一个整数 n,然后计算不超过 n 的所有正整数的阶乘 $n!$,并输出结果到屏幕中,每行输出一个阶乘。如果整数 n 小于 1 或者大于 20,则输出"非法数据"。程序的运行结果如图 4-25 所示。

要求:

(1) 使用“long long”类型保存阶乘的结果。

(2) 使用一个 for 循环语句完成。

提示：建议使用 Microsoft Windows 系统自带的“计算器”程序来验证输出结果。

```
请输入一个整数:6【Enter】
1! =1
2! =2
3! =6
4! =24
5! =120
6! =720
```

图 4-25　练习 4-15 的运行结果

【练习 4-16】

编写 C 语言程序，从键盘读入一个整数 n，然后计算不超过 n 的所有正整数的阶乘 $n!$ 之和，并输出结果到屏幕中。如果整数 n 小于 1 或者大于 20，则输出“非法数据”。程序的运行结果如图 4-26 所示。

要求：

(1) 使用“long long”类型保存阶乘的结果。

(2) 使用一个 for 循环语句完成。

提示：建议使用 Microsoft Windows 系统自带的“计算器”程序来验证输出结果。

```
请输入一个整数:13【Enter】
1! +2! +3! +4! +5! +6! +7! +8! +9! +10! +11! +12! +13! =6749977113
```

图 4-26　练习 4-16 的运行结果

【练习 4-17】

编写 C 语言程序，从键盘读入一个整数 n，然后输出斐波那契数列的前 n 项到屏幕中，项与项之间使用空格分隔。要求使用“long long”类型。如果整数 n 小于 1，则输出“非法数据”。程序的运行结果如图 4-27 所示。

```
请输入一个整数:10【Enter】
0  1  1  2  3  5  8  13  21  34
```

图 4-27　练习 4-17 的运行结果

要求使用两种方法完成：

(1) 第一种方法使用一个 while 循环语句。

(2) 第二种方法使用一个 for 循环语句。

【练习 4-18】

编写 C 语言程序，从键盘读入 2 个整数 m 和 n(m 和 n 使用空格分隔)，然后输出斐波那契数列从第 m 项开始到第 n 项结束的连续 $n-m+1$ 项到屏幕中，项与项之间使用空格分隔。要求使用“long long”类型。如果整数 m、n 不满足条件“$1\leqslant m<n\leqslant 93$”，则输出“非法

数据”。程序的运行结果如图 4-28 所示。

```
请输入整数 m 和 n:80  89【Enter】
第 80 项:14472334024676221
第 81 项:23416728348467685
第 82 项:37889062373143906
第 83 项:61305790721611591
第 84 项:99194853094755497
第 85 项:160500643816367088
第 86 项:259695496911122585
第 87 项:420196140727489673
第 88 项:679891637638612258
第 89 项:1100087778366101931
```

图 4-28　练习 4-18 的运行结果

要求使用两种方法完成：

(1) 第一种方法使用一个 while 循环语句。

(2) 第二种方法使用一个 for 循环语句。

4.8　使用随机数作为目标整数

1. 源代码 4-17

既然是猜数游戏，我们就不能固定一个数让玩家猜。目前这个数是固定的 38，显然，这是不行的。为了增加游戏的趣味性，我们应该让计算机生成一个随机数作为目标整数，然后再让玩家猜测这个数。

我们继续改进本程序，先使用一个“笨办法”让计算机生成一个随机数作为目标整数，如源代码 4-17 所示。

```
01 #include <stdio.h>
02 int main()
03 {
04     int max =5;
05     int object =38;
06     int guess;
07     int i;
08     object =((object * object * 135 +2468) / 2 -123) %100 +1;
09     printf( "猜数游戏:目标整数为 1~100\n" );
10     for( i =1; i <=max; i++){
11         printf( "请猜测一个整数:  ");
12         scanf( "%d", &guess );
13         printf( "你猜的整数是:%d, ", guess );
14         if( (guess <1)||(guess >100) ){
15             printf( "超出区间[1, 100]!  \n" );
16         }else if( guess >object ){
```

```
17            printf( "偏大了！ \n" );
18        }else if( guess <object ){
19            printf( "偏小了！ \n" );
20        }else{
21            printf( "猜对了!一共猜测%d 次。\n", i );
22            break;
23        }
24    }
25    if( i >max ){
26        printf( "目标整数是%d。\n", object );
27        printf( "抱歉,只允许猜测%d 次,再见！ \n",  max);
28    }
29    return 0;
30 }
```

源代码 4-17　GuessNumber_08-A. c

第 8 行代码：

变量 object 的值在第 5 行初始化赋值为 38，这里对变量 object 进行一系列的加、减、乘、除以及求余数等运算，然后把运算结果赋值到原来的变量 object。

这里使用求余数运算“%”得到一个 0～99 的整数，最后加 1，使得最终所生成的随机整数确保是在 1～100 的范围内。

一般地，数学课会要求在算式中使用圆括号“( )”、方括号“[]”以及花括号“{ }”等进行嵌套计算。但 C 语言要求，表达式的计算只能用圆括号“( )”进行嵌套，因此我们可以看到这里第 8 行代码的表达式使用了两个圆括号嵌套：

```
08  object =((object * object * 135 +2468) / 2 -123) %100 +1;
```

我们在数学课上学会的算术运算顺序法则在这里依然适用，即：

(1) 先计算最内层括号里面的运算；

(2) 先计算乘除法、后计算加减法；

(3) 乘、除法连在一起，则从左到右依次计算(即“从左至右”的结合律)；

(4) 加、减法连在一起，则从左到右依次计算(即“从左至右”的结合律)。

数学课的算术运算，常用的有加、减、乘、除“四则运算”，“四则运算”的优先级别也只有两种，即“乘、除法”和“加、减法”，且乘除法的级别高于加、减法。在 C 语言中，除了算术运算之外，还有几十种运算，并分为 15 种优先级别，大部分运算符适用“从左至右”的结合律，还有一些则适用“从右至左”的结合律，如表 4-1 所示。

表 4-1　运算符优先级与结合律

优先级	运　算　符	结合律
1	( ) 、[] 、→、.	从左至右
2	！、~、++、--、+、-、* 、& 、sizeof	从右至左
3	* 、/、%	从左至右
4	+、-	从左至右

续表

优先级	运 算 符	结合律
5	<<、>>	从左至右
6	<、<=、>、>=	从左至右
7	==、!=	从左至右
8	&	从左至右
9	^	从左至右
10			从左至右
11	&&	从左至右
12	||	从左至右
13	?:	从右至左
14	=、+=、-=、*=、/=、%=、&=、^=、|=、>>=、<<=	从右至左
15	,	从左至右

提示：

(1) 表 4-1 中有不少运算符目前还没有机会学习和使用，我们以后遇到了这些运算符再回头查阅本表即可。

(2) 由于优先级别的数量实在是太多了，因此建议充分利用圆括号，尽量加上足够多的圆括号，以提高源代码的可读性。

程序运行后，输出结果如图 4-29 所示。

```
猜数游戏:目标整数为 1~100
请猜测一个整数:50【Enter】
你猜的整数是:50, 偏小了!
请猜测一个整数:75【Enter】
你猜的整数是:75, 偏小了!
请猜测一个整数:87【Enter】
你猜的整数是:87, 偏大了!
请猜测一个整数:81【Enter】
你猜的整数是:81, 偏小了!
请猜测一个整数:84【Enter】
你猜的整数是:84, 偏大了!
目标整数是 82。
抱歉,只允许猜测 5 次,再见!
```

图 4-29　GuessNumber_08-A.c 的运行结果

虽然变量 object 的初始值为 38，但是经过一系列的运算后，即使是让游戏玩家看着源代码来猜测，也是有一定难度的。

但是，不管难度如何，玩家只要掌握一定的猜测技巧，那么猜测不超过 7 次(虽然限制了只能连续猜测 5 次，但玩家可以反复运行本程序，就可以猜测超过 5 次)就可以知道目标整数的数值了。

虽然现在我们已经可以在 1～100 的范围内随机生成一个目标整数，但是该整数一旦生成,则每次运行都一样的。这样玩家反复运行程序,就可以最终获知该目标整数的大小了。

要想实现每次运行程序都可以生成一个不同的随机数,我们可以每次运行之前先修改第 5 行代码,对变量 object 初始化赋值一个不同的整数,这样经过第 8 行代码的各种计算后一般都会得到一个新的随机数。

第 5 行对变量 object 初始化赋值的整数,一般称为“随机数种子”。第 8 行代码对变量 object 进行一系列的计算后产生一个新的数,这种功能的代码一般称为“随机数生成器”。一般来说,给定一个同样的“随机数种子”,反复运行“随机数生成器”将会生成相同的随机数序列。

提示:真正的随机数一般需要使用物理方法生成,比如抛硬币、掷骰子等,本书所涉及的随机数是指“伪随机数”,这些数是“似乎”随机的数,实际上它们是通过一个固定的、可以重复的计算方法产生的。计算机产生的随机数不是真正随机的,因为它们实际上是可以计算出来的。

在不引起歧义的情况下,为方便起见,本书把“伪随机数”简称为“随机数”。

为方便我们编写程序,C 语言的标准库 stdlib. h 提供了一个“随机数生成器”,即 rand() 函数,用于生成一个随机的整数。

我们可以编写一个简单程序,以快速了解 rand()函数的使用。

```
#include <stdio.h>
#include <stdlib.h>
int main()
{
    int object;
    object =rand();
    printf("object =%d\n", object);
    object =rand();
    printf("object =%d\n", object);
    object =rand();
    printf("object =%d\n", object);
    printf("RAND_MAX =%d\n", RAND_MAX);
    return 0;
}
```

函数 rand()不需要像函数 printf()那样接收传递过来的参数,因此这里圆括号不需要写任何内容,留空白即可。函数 rand()执行完毕会返回一个生成的随机整数,一般需要赋值给某个变量保存,然后再使用。这里使用变量 object 接收函数 rand()的返回值。

函数 rand()生成的随机数位于区间 [0,RAND_MAX],即大于等于 0 且小于等于 RAND_MAX。其中 RAND_MAX 是在头文件 stdlib. h 中定义的一个整数常量,ANSI C 标准规定 RAND_MAX 的值不小于 $2^{15}-1$,即 32767。

提示:

(1) ANSI C 标准规定了 15 个标准库,具体请参考 2.2 节的“表 2-3 ANSI C 标准库”。

(2) 由于函数 rand()是 C 语言标准库 stdlib. h 提供的,因此使用之前需要使用预编译指令“#include”包含头文件 stdlib.h。

编译并运行本程序，输出结果如下：

```
object = 41
object = 18467
object = 6334
RAND_MAX = 32767
```

由于函数 rand()仅仅是一个“随机数生成器”，每次执行都使用同一个“随机数种子”，因此，我们反复运行本程序，每次都会得到一模一样的输出结果，即每次都生成相同的随机数序列。

C 语言的标准库 stdlib.h 也提供了一个设置“随机数种子”的函数 srand()，以供我们在使用函数 rand()之前先使用函数 srand()设置不同的“随机数种子”，从而避免每次都生成相同的随机数序列。

我们可以编写一个简单程序，以快速了解函数 srand()的使用：

```
#include <stdio.h>
#include <stdlib.h>
int main()
{
    int object;
    srand(123);
    object = rand();
    printf("object = %d\n", object);
    object = rand();
    printf("object = %d\n", object);
    object = rand();
    printf("object = %d\n", object);
    return 0;
}
```

函数 srand()需要接收一个整数类型的参数，并设置该值为“随机数种子”。该函数不需要返回任何内容，因此这里不需要赋值给其他变量保存。

编译并运行本程序，输出结果如下：

```
object = 440
object = 19053
object = 23075
```

可以发现，这里使用函数 srand()设置“随机数种子”为整数 123 之后再使用函数 rand()，就可以产生不同于上一个例子的随机数序列。

由于“随机数生成器”是直接依赖于“随机数种子”的，即给定一个同样的“随机数种子”，反复运行“随机数生成器”将会生成相同的随机数序列。所以，如果我们重复运行本例子程序，可以看到每次运行输出依然是同一个随机数序列，即刚才的 440、19053、23075。

如果我们把代码：

```
srand(123);
```

修改为

```
srand(1357);
```

即是把“随机数种子”由原来的 123 修改为 1357，则输出结果就不会跟原来一样了：

```
object =4470
object =11547
object =14599
```

提示：生成随机数的数值依赖于标准库函数 rand()的具体实现算法，因此这里几个例子的输出结果在不同的操作系统和不同的 C 语言环境下可能跟这里的参考输出结果不同，这是正常现象。

2. 源代码 4-18

我们继续改进本程序，使用函数 rand()和 srand()生成随机数，如源代码 4-18 所示。

```
01  #include <stdio.h>
02  #include <stdlib.h>
03  int main()
04  {
05      int max =5;
06      int object;
07      int guess;
08      int i;
09      srand(38);
10      object =rand() %100 +1;
11      printf( "猜数游戏:目标整数为 1~100\n" );
12      for( i =1; i <=max; i++){
13          printf( "请猜测一个整数:  ");
14          scanf( "%d", &guess );
15          printf( "你猜的整数是:%d, ", guess );
16          if( (guess <1)||(guess >100) ){
17              printf( "超出区间[1, 100]!  \n" );
18          }else if( guess >object ){
19              printf( "偏大了!  \n" );
20          }else if( guess <object ){
21              printf( "偏小了!  \n" );
22          }else{
23              printf( "猜对了!一共猜测%d 次。\n", i );
24              break;
25          }
26      }
27      if( i >max ){
28          printf( "目标整数是%d。\n", object );
```

```
29          printf( "抱歉,只允许猜测%d次,再见!\n",  max);
30      }
31      return 0;
32  }
```

源代码 4-18　GuessNumber_08-B.c

第 2 行代码：

使用预编译指令“＃include”包含头文件 stdlib.h，为后面使用函数 srand()和 rand()做好准备。

第 9 行代码：

使用函数 srand()初始化“随机数种子”为 38。

第 10 行代码：

使用函数 rand()生成一个随机数，然后使用求余数运算“%”得到一个 0～99 的整数，最后加 1，使得最终所生成的随机整数确保是在 1～100 的范围内。

程序运行后，输出结果如图 4-30 所示。

```
猜数游戏:目标整数为 1~100
请猜测一个整数:50【Enter】
你猜的整数是:50, 偏小了!
请猜测一个整数:75【Enter】
你猜的整数是:75, 偏大了!
请猜测一个整数:62【Enter】
你猜的整数是:62, 偏小了!
请猜测一个整数:68【Enter】
你猜的整数是:68, 偏大了!
请猜测一个整数:65【Enter】
你猜的整数是:65, 偏大了!
目标整数是 63。
抱歉,只允许猜测 5 次,再见!
```

图 4-30　GuessNumber_08-B.c 的运行结果

源代码 4-17 和源代码 4-18 在功能上是相同的，两者的差别只是在于生成随机数的算法不同，即两者的随机数种子都是 38 的情况下，生成了两个不同的随机数。

这两个版本的程序有一个共同的缺点，就是在每次运行它们时，各自运行所产生的随机数都与上一次一样。如果需要不一样的随机数，就只能修改源代码，把“随机数种子”修改为其他数值，然后编译和运行，整个过程是比较烦琐的。

C 语言的标准库 time.h 提供了一个获取当前时间的函数 time()，可以帮助我们在每次运行程序的时候自动更新“随机数种子”，不需要每次运行之前修改源代码。

函数 time()的功能是获取计算机的当前时间，返回值是从 1970 年 1 月 1 日零时起所经过的时间，单位是“秒”。

我们可以编写一个简单程序，以快速了解 time()函数的使用：

```
#include <stdio.h>
#include <time.h>
int main()
{
    int second;
    second = time(NULL);
    printf("自 1970 年 1 月 1 日零时起经过的时间:%d 秒。", second);
    return 0;
}
```

函数 time()的设计比较灵活,可以有两种调用方式。一种是像函数 printf()那样传递参数进行调用,另一种则是像函数 rand()那样不需要传递参数进行调用。这里按照函数 time()的设计要求,使用 NULL 明确指出不传递参数进行函数调用。

提示:

(1) NULL 的含义是"空的""没有东西"等。英文 empty 和 nothing 都有"空的""没有东西"的意思,但跟 NULL 还是有些差别的。C 语言和其他的编程语言一般是习惯使用 NULL。

(2) 在这里,我们暂时不需要深入研究 NULL,只需要按照函数 time()的要求能够正确使用 NULL 即可。在后面的 9.3 节中,我们会详细介绍 NULL 的含义及其使用。

编译并运行本程序,输出结果如下:

```
自 1970 年 1 月 1 日零时起经过的时间:1518343703 秒。
```

由于时间不断向前流逝,所以这个例子每次运行都会输出不同的秒数。

3. 源代码 4-19

我们可以使用函数 time()继续改进本程序,如源代码 4-19 所示。

```
01  #include <stdio.h>
02  #include <stdlib.h>
03  #include <time.h>
04  int main()
05  {
06      int max = 5;
07      int object;
08      int guess;
09      int i;
10      srand(time(NULL));
11      object = rand() %100 +1;
12      printf( "猜数游戏:目标整数为 1~100\n" );
13      for( i =1; i <=max; i++){
14          printf( "请猜测一个整数:  ");
15          scanf( "%d", &guess );
16          printf( "你猜的整数是:%d, ", guess );
17          if( (guess <1)||(guess >100) ){
18              printf( "超出区间[1, 100]!\n" );
```

```
19          }else if( guess >object ){
20              printf( "偏大了!\n" );
21          }else if( guess <object ){
22              printf( "偏小了!\n" );
23          }else{
24              printf( "猜对了!一共猜测%d次。\n", i );
25              break;
26          }
27      }
28      if( i >max ){
29          printf( "目标整数是%d。\n", object );
30          printf( "抱歉,只允许猜测%d次,再见!\n",  max);
31      }
32      return 0;
33  }
```

源代码 4-19　GuessNumber_08-C. c

第 3 行代码:

使用预编译指令"#include"包含头文件 time. h,为后面使用函数 time()做好准备。

第 10 行代码:

使用函数 srand()初始化"随机数种子"为函数 time()的返回值。这行代码在功能上等价于以下两行代码:

```
int second =time(NULL);
srand(second);
```

即首先调用函数 time(),获取计算机的当前时间,返回从 1970 年 1 月 1 日零时起所经过的秒数并保存到变量 second 中,然后调用函数 srand(),设置 second 的值为"随机数种子"。

程序运行后输出结果如图 4-31 所示。

```
猜数游戏:目标整数为 1~100
请猜测一个整数:50【Enter】
你猜的整数是:50, 偏大了!
请猜测一个整数:25【Enter】
你猜的整数是:25, 偏大了!
请猜测一个整数:12【Enter】
你猜的整数是:12, 偏小了!
请猜测一个整数:18【Enter】
你猜的整数是:18, 偏小了!
请猜测一个整数:21【Enter】
你猜的整数是:21, 偏小了!
目标整数是 24。
抱歉,只允许猜测 5 次,再见!
```

图 4-31　GuessNumber_08-C. c 的运行结果

现在反复运行这个版本的程序，就不会出现总会产生相同“随机数”的现象。

【练习 4-19】

编写 C 语言程序，从键盘读入一个整数 n，然后模拟投掷骰子 n 次。如果整数 $n<1$，则输出“非法数据”。

要求：使用 for 循环语句完成。

提示：

(1) 骰子有 6 个面，分别对应数字 1、2、3、4、5、6。

(2) 需要使用以下 3 个函数 srand()、rand()、time()。

(3) 函数 rand()生成的随机数位于区间[0,RAND_MAX]。

程序的运行结果如图 4-32 所示。

```
模拟投掷骰子次数:10【Enter】
第 1 次投掷:4
第 2 次投掷:2
第 3 次投掷:3
第 4 次投掷:2
第 5 次投掷:6
第 6 次投掷:1
第 7 次投掷:3
第 8 次投掷:6
第 9 次投掷:5
第 10 次投掷:6
```

图 4-32　练习 4-19 的运行结果

【练习 4-20】

编写 C 语言程序，从键盘读入一个整数 n，然后模拟抛硬币 n 次，并统计正面和反面的次数。如果整数 $n<1$，则输出“非法数据”。

要求：使用 for 循环语句完成。

提示：

(1) 使用 3 个函数：srand()、rand()、time()。

(2) 函数 rand()生成的随机数位于区间 [0,RAND_MAX]。

程序的运行结果如图 4-33 所示。

```
模拟投掷骰子次数:10【Enter】
第 1 次:反面
第 2 次:正面
第 3 次:正面
第 4 次:正面
第 5 次:反面
第 6 次:正面
第 7 次:反面
第 8 次:反面
```

图 4-33　练习 4-20 的运行结果

```
第9次:正面
第10次:正面
正面次数:6
反面次数:4
```

图 4-33(续)

【练习 4-21】

编写C语言程序,从键盘读入2个整数m和n,然后模拟发红包:把总金额m元随机分发n个红包,每个红包是整数金额(不少于1元),并显示最小红包与最大红包。如果整数m和n不满足条件“$1 \leqslant n \leqslant m$”,则输出“非法数据”。

要求:使用for循环语句完成。

提示:

(1) 使用3个函数:srand()、rand()、time()。

(2) 函数rand()生成的随机数位于区间[0,RAND_MAX]。

程序的运行结果如图4-34所示。

```
红包总金额:100【Enter】
红包个数:10【Enter】
第1个红包:7
第2个红包:6
第3个红包:19
第4个红包:11
第5个红包:12
第6个红包:15
第7个红包:1
第8个红包:26
第9个红包:1
第10个红包:2
最小红包:1
最大红包:26
```

图4-34 练习4-21的运行结果

【练习 4-22】

编写C语言程序,从键盘读入2个整数min和max,然后输出10个在min和max之间的随机整数n($\min \leqslant n \leqslant \max$)。如果整数min和max不满足条件“$0 \leqslant \min \leqslant \max$”,则输出“非法数据”。

要求:使用for循环语句完成。

提示:

(1) 使用以下3个函数srand()、rand()、time()。

(2) 函数rand()生成的随机数位于区间[0,RAND_MAX]。

程序的运行结果如图4-35所示。

```
请输入整数 min 和 max:60 100【Enter】
第 1 个随机数:88
第 2 个随机数:71
第 3 个随机数:90
第 4 个随机数:99
第 5 个随机数:96
第 6 个随机数:65
第 7 个随机数:97
第 8 个随机数:70
第 9 个随机数:71
第 10 个随机数:91
```

图 4-35　练习 4-22 的运行结果

4.9　本章小结

1. 关键字

for。

2. 运算符

++　自增 1 运算符。

--　自减 1 运算符。

||　逻辑或。

!　逻辑非。

3. 循环结构

for 语句。

4. 运算符优先级

分为 15 个级别。

5. 标准库函数

rand()　产生随机数。

srand()　设置随机数种子。

time()　获取计算机当前的时间。

6. 函数 printf()的格式说明符

%o　以八进制形式输出 int 类型的整数。

%x　以十六进制形式输出 int 类型的整数,字母 a~e 使用小写形式。

%X　以十六进制形式输出 int 类型的整数,字母 A~E 使用大写形式。

7. 函数 scanf()的格式说明符

%o　以八进制形式输入 int 类型的整数。

%x　以十六进制形式输入 int 类型的整数。

第5章　温度转换——浮点数、格式化输出

我们在日常生活中使用物理量"温度"来度量物体的冷热程度。生活中有两个常用的表示温度的单位：摄氏温度和华氏温度。在我国一般习惯于使用摄氏温度，而在C语言的发源地美国则习惯于使用华氏温度。

摄氏温度(Cels)与华氏温度(Fahr)的转换关系是：

$$\text{Cels}=(\text{Fahr}-32)\times\frac{5}{9}$$

$$\text{Fahr}=\text{Cels}\times\frac{9}{5}+32$$

下面介绍如何使用C语言程序来完成华氏温度与摄氏温度的转换，并通过这个例子介绍C语言是如何更精确地表示数据和控制数据输出的格式。

5.1　整数温度转换

1. 源代码5-1

源代码5-1很简单，我们应该可以很容易地读懂这个程序的功能：将华氏100度的温度转换为摄氏温度。

```
01  #include <stdio.h>
02  int main()
03  {
04      int cels;     //Celsius, 摄氏温度
05      int fahr;     //Fahrenheit, 华氏温度
06      fahr =100;
07      cels = (fahr - 32) * 5 / 9;
08      printf("华氏温度%d度相当于摄氏温度%d度。\n", fahr, cels);
09      return 0;
10  }
```

源代码5-1　temperature_01-A.c

第4～5行代码：

使用关键字int定义两个整数类型的变量cels和fahr，分别用于保存摄氏温度和华氏

温度的数值，并使用以“//”开头的单行注释来提高源代码的可读性。

第 7 行代码：

数学上，一个数先乘以 5 再除以 9 和直接乘以 $\frac{5}{9}$ 是等价的。但是，在 C 语言中会有所差别，请特别注意。

C 语言规定，两个整数相除，得到的结果是整数，直接舍弃了后面的小数部分（也不是四舍五入）。这里如果直接按照公式计算，即：

```
07  cels = (fahr - 32) * (5 / 9);
```

那么这里按照 C 语言两个整数相除的规定，计算出表达式(5/9)的结果是 0（即 5 除以 9，商的整数部分是 0，余数或者说是小数部分将被直接舍弃）。详情请参考第 3 章的表 3-4。

程序编译并运行后的输出结果如图 5-1 所示。

```
华氏温度 100 度相当于摄氏温度 37 度。
```

图 5-1　temperature_01-A.c 的运行结果

2. 源代码 5-2

现在继续改进本程序，让程序能够从键盘读取一个华氏温度数值，然后计算其对应的摄氏温度，如源代码 5-2 所示。

```
01  #include <stdio.h>
02  int main()
03  {
04      int cels;     //Celsius, 摄氏温度
05      int fahr;     //Fahrenheit, 华氏温度
06      printf("请输入华氏温度(整数):  ");
07      scanf("%d", &fahr);
08      cels = (fahr - 32) * 5 / 9;
09      printf("华氏温度%d度相当于摄氏温度%d度。\n", fahr, cels);
10      return 0;
11  }
```

源代码 5-2　temperature_01-B.c

第 6～7 行代码：

程序提示用户从键盘输入一个代表华氏温度的整数数值，并保存到变量 fahr 中。

程序编译及运行的输出结果如图 5-2 所示。

```
请输入华氏温度(整数):110【Enter】
华氏温度 110 度相当于摄氏温度 43 度。
```

图 5-2　temperature_01-B.c 的运行结果

【练习 5-1】

编写 C 语言程序，从键盘输入两个整数 m 和 n，如果 m 小于 n，则交换 m 和 n 的值，以

确保 m 不小于 n。然后计算 m 减去 n 的差,并输出结果到屏幕中。程序的运行结果如图 5-3 和图 5-4 所示。

```
请输入整数 m:12【Enter】
请输入整数 n:34【Enter】
34 -12 =22
```

图 5-3　练习 5-1 的运行结果(1)

```
请输入整数 m:123【Enter】
请输入整数 n:45【Enter】
123 -45 =78
```

图 5-4　练习 5-1 的运行结果(2)

5.2　高精度温度转换

1. 源代码 5-3

以上我们编写的华氏温度到摄氏温度的转换程序显然是有缺点的。因为在日常生活中,温度是可以带有小数的,也就是,我们需要更为精确地表示温度。例如,今天的气温是摄氏 26.3 度,明天的气温是华氏 73.8 度,等等。为了更精确地表示温度值,应使用 C 语言提供的更为精确的数据表示类型:浮点数类型。

我们继续改进源代码 5-1,如源代码 5-3 所示。

```
01  //修改自源代码 temperature_01_A.c
02  #include <stdio.h>
03  int main()
04  {
05      float cels;        //Celsius,摄氏温度
06      int fahr;          //Fahrenheit,华氏温度
07      fahr =100;
08      cels =(fahr -32) * 5 / 9.0;
09      printf("华氏温度%d 度相当于摄氏温度%f 度。\n", fahr, cels);
10      return 0;
11  }
```

源代码 5-3　temperature_02-A.c

第 5 行代码:

使用关键字 float 定义一个单精度浮点数类型的变量 cels,用于保存摄氏温度的数值。

float 单精度浮点数类型的变量使用 4 个字节(32 位二进制)存储,可以表达的实数范围大约是$\pm(1.18\times10^{-38}\sim3.40\times10^{38})$,可以表达的最大精确度是 7 位有效数字。

第 8 行代码:

这是一条赋值语句。运行过程如下:

（1）首先计算表达式“fahr－32”，这是整数类型变量 fahr 与整数常量 32 的减法运算，运算结果是一个整数 68。

（2）然后该整数 68 与整数常量 5 进行乘法运算，运算结果也是一个整数 340。

（3）接着该整数 340 与浮点数常量 9.0 进行除法运算。该除法运算首先把该整数提升为精确度更高的浮点数类型（整数 340 提升为浮点数 340.0，这种在运算过程中自动转换类型的操作称之为“隐式类型转换”），再与浮点数常量 9.0 进行除法运算，所得的商是一个浮点数。

（4）最后该浮点数类型的商赋值给浮点数类型变量 cels 并保存。

提示：

（1）两个整数类型进行除法运算，运算结果是整数。

（2）两数相除，如果至少有一个是浮点数，那么运算结果是浮点数。

跟“隐式类型转换”相对应的是“显式类型转换”。假如变量 x 和 y 都是整数类型变量，现在要计算 x 除以 y 的商，那么可以这样进行显式类型转换：

```
#include <stdio.h>
int main()
{
    int x = 22;
    int y = 7;
    float z;
    z = (float) x / y;
    printf("%d / %d = %f", x, y, z);
    return 0;
}
```

这里在 int 类型变量 x 的前面使用圆括号加上关键字 float，可以临时把变量 x 转换为 float 类型，然后再与 int 类型变量 y 做除法运算，这样就可以得到浮点数类型的商，而不再是原来的整数类型的商。本例的运行结果如下：

```
22 / 7 = 3.142857
```

第 9 行代码：

函数 printf()使用格式说明符“%d”以十进制方式输出整数变量 fahr 的内容，使用格式说明符“%f”以默认方式（输出结果四舍五入，保留至小数点后 6 位数字）输出单精度浮点数类型变量 cels 的内容。

程序编译并运行后的输出结果如图 5-5 所示。

```
华氏温度 100 度相当于摄氏温度 37.777779 度。
```

图 5-5　temperature_02-A.c 的运行结果

2. 源代码 5-4

我们继续改进程序，如源代码 5-4 所示。

```
01  #include <stdio.h>
02  int main()
```

```
03  {
04      float cels;          //Celsius, 摄氏温度
05      float fahr;          //Fahrenheit, 华氏温度
06      fahr =100.2;
07      cels =(fahr -32) * 5 / 9;
08      printf("华氏温度%f 度相当于摄氏温度%f 度。\n", fahr, cels);
09      return 0;
10  }
```

源代码 5-4　temperature_02-B. c

第 5 行代码：

使用关键字 float 定义一个单精度浮点数类型的变量 fahr，用于保存华氏温度的数值。

第 6 行代码：

把浮点数 100.2 赋值给 float 类型的变量 fahr。

第 7 行代码：

这是一条赋值语句。运行过程如下：

(1) 首先计算表达式"fahr－32"，这是浮点数类型变量 fahr 与整数常量 32 的减法运算，整数 32 先通过隐式类型转换为浮点数类型 32.0，然后再进行减法运算，运算结果是一个浮点数 68.2。

(2) 该浮点数 68.2 与整数常量 5 进行乘法运算，整数 5 先用隐式类型转换为浮点数类型 5.0，然后再进行乘法运算，运算结果是一个浮点数 341.0。

(3) 该浮点数 341.0 与整数常量 9 进行除法运算，整数 9 先用隐式类型转换为浮点数类型 9.0，然后再进行除法运算，所得的商是一个浮点数。

(4) 最后该浮点数类型的商赋值给浮点数类型变量 cels 并保存。

第 8 行代码：

函数 printf()使用两个格式说明符"%f"以默认方式(输出结果四舍五入，保留至小数点后 6 位数字)输出单精度浮点数类型变量 fahr 和 cels 的内容。

程序编译并运行后的输出结果如图 5-6 所示。

```
华氏温度 100.199997 度相当于摄氏温度 37.888889 度。
```

图 5-6　temperature_02-B. c 的运行结果

从这个运行结果我们可以看出问题：在第 6 行代码赋值 100.2 到 float 类型的变量 fahr 中保存，然后就再也没有修改过这个变量了，但最后在第 8 行代码使用格式说明符"%f"输出到屏幕中，结果显示的不是 100.2，而是 100.199997。

那么，问题出在哪里呢？从本质上说，是由于 float 类型不能精确地表示 100.2 这个浮点数所致。

3. 源代码 5-5

我们继续改进程序，使用函数 scanf()方便我们从键盘输入更多的浮点数来测试，如源代码 5-5 所示。

```
01  #include <stdio.h>
02  int main()
03  {
04      float cels;           //Celsius, 摄氏温度
05      float fahr;           //Fahrenheit, 华氏温度
06      printf("请输入华氏温度:");
07      scanf("%f", &fahr);
08      cels = (fahr - 32) * 5 / 9;
09      printf("华氏温度%f度相当于摄氏温度%f度。\n", fahr, cels);
10      return 0;
11  }
```

源代码 5-5　temperature_02-C.c

第 6～7 行代码：

首先使用函数 printf()输出提示信息，然后使用函数 scanf()以格式说明符“%f”从键盘读入一个单精度浮点数到 float 类型的变量 fahr 中保存。

程序编译并运行后的输出结果如图 5-7 和图 5-8 所示。

```
请输入华氏温度:100.5【Enter】
华氏温度 100.500000 度相当于摄氏温度 38.055557 度。
```

图 5-7　temperature_02-C.c 的运行结果(1)

```
请输入华氏温度:100.8【Enter】
华氏温度 100.800003 度相当于摄氏温度 38.222221 度。
```

图 5-8　temperature_02-C.c 的运行结果(2)

从这两次的输出结果我们可以看到，把浮点数 100.5 保存到 float 类型的变量，然后再输出并显示出来是 100.500000；把浮点数 100.8 保存到 float 类型的变量中，然后再输出并显示出来是 100.800003。

4. 源代码 5-6

我们继续改进源代码 5-4，使用双精度浮点数类型来取代单精度浮点数类型，以提高浮点数的精确度，如源代码 5-6 所示。

```
01  //修改自源代码 temperature_02_B.c
02  #include <stdio.h>
03  int main()
04  {
05      double cels;          //Celsius, 摄氏温度
06      double fahr;          //Fahrenheit, 华氏温度
07      fahr =100.2;
08      cels = (fahr - 32) * 5 / 9;
09      printf("华氏温度%f度相当于摄氏温度%f度。\n", fahr, cels);
10      return 0;
11  }
```

源代码 5-6　temperature_02-D.c

第 5～6 行代码：

使用关键字 double 定义 2 个双精度浮点数类型的变量 cels 和 fahr，用于保存摄氏温度和华氏温度的数值。

double 双精度浮点数类型的变量使用 8 个字节(64 位二进制)存储数据，可以表示的实数范围大约是$\pm(2.23\times10^{-308}\sim1.80\times10^{308})$，可以表示的最大精确度是 16 位有效数字。

第 9 行代码：

函数 printf()使用两个格式说明符“%f”以默认方式(输出结果四舍五入，保留至小数点后 6 位数字)输出双精度浮点数类型变量 fahr 和 cels 的内容。

函数 printf()使用格式说明符“%f”同时支持单精度浮点数和双精度浮点数的输出，因此这里第 9 行代码不需要修改。

程序编译并运行后的输出结果如图 5-9 所示。

```
华氏温度 100.200000 度相当于摄氏温度 37.888889 度。
```

图 5-9 temperature_02-D. c 的运行结果

从这个运行结果我们可以看到：在第 7 行代码赋值 100.2 到 double 类型的变量 fahr 保存，然后在第 9 行代码使用格式说明符“%f”输出到屏幕中，结果显示是 100.200000，而不是之前所显示的 100.199997，精确度比使用 float 类型显著提高了。

5. 源代码 5-7

我们继续改进程序，使用函数 scanf()方便我们从键盘输入更多的双精度浮点数来测试，如源代码 5-7 所示。

```
01  #include <stdio.h>
02  int main()
03  {
04      double cels;          //Celsius, 摄氏温度
05      double fahr;          //Fahrenheit, 华氏温度
06      printf("请输入华氏温度:");
07      scanf("%lf", &fahr);
08      cels = (fahr - 32) * 5 / 9;
09      printf("华氏温度%f度相当于摄氏温度%f度。\n", fahr, cels);
10      return 0;
11  }
```

源代码 5-7 temperature_02-E. c

第 6～7 行代码：

首先使用函数 printf()输出提示信息，然后使用函数 scanf()以格式说明符“%lf”从键盘读入一个双精度浮点数到 double 类型的变量 fahr 保存。

在源代码 5-6 中我们已经知道：函数 printf()使用格式说明符“%f”，同时支持单精度浮点数和双精度浮点数的输出。但函数 scanf()则严格区分从键盘输入浮点数到 float 类型的变量与 double 类型的变量。

函数 scanf()使用格式说明符“%f”从键盘读入浮点数到单精度浮点数 float 类型的变

量，使用格式说明符“%lf”（long float 的缩写）从键盘读入浮点数到双精度浮点数 double 类型的变量。

程序编译并运行后的输出结果如图 5-10 和图 5-11 所示。

```
请输入华氏温度:100.5【Enter】
华氏温度 100.500000 度相当于摄氏温度 38.055556 度。
```

图 5-10　temperature_02-E.c 的运行结果(1)

```
请输入华氏温度:100.8【Enter】
华氏温度 100.800000 度相当于摄氏温度 38.222222 度。
```

图 5-11　temperature_02-E.c 的运行结果(2)

从这两次的输出结果我们可以看到，变量 cels 和 fahr 由原来的 float 类型修改为 double 类型后，精确度显著提高了。

float 类型使用 4 个字节存储数据，double 类型使用 8 个字节存储数据。虽然多用一些存储空间，但带来的好处是精确度的显著提高。当然，如果是用来计算生活中的气温数据，那么即使有显著提高精确度的好处，我们也很难体会到其中的重要意义。但是，如果是把变量放在一个循环次数比较多的循环体里面反复迭代，那么使用 float 类型所累积的误差就会远远高于使用 double 类型，这在一些要求精确度比较高的应用软件里面就是一个致命的缺陷。

现在，一般计算机的存储空间已经比较充裕了，因此没有必要为了节省空间而使用 float 类型，我们应该优先考虑直接使用精确度较高的 double 类型。

【练习 5-2】

平面直角坐标系中，点 $P1(x_1, y_1)$ 到点 $P2(x_2, y_2)$ 的距离是：

$$\text{distance} = \sqrt{(x_1 - x_2)^2 + (y_1 - y_2)^2}$$

编写 C 语言程序，从键盘输入点 $P1$ 和 $P2$ 的坐标，然后计算 $P1$ 到 $P2$ 的距离，并输出结果到屏幕中。程序的运行结果如图 5-12 所示。

```
点 P1 的坐标[格式:x,y]:1.2,  3.4【Enter】
点 P2 的坐标[格式:x,y]:5.6,  7.8【Enter】
P1(1.200000, 3.400000)到 P2(5.600000, 7.800000)的距离:6.222540
```

图 5-12　练习 5-2 的运行结果

提示：C 语言标准库 math.h 中的函数 sqrt(x)可以求 x 的算术平方根。例如 sqrt(6.25)的结果是 2.5。

【练习 5-3】

已知三角形的三条边长为 a、b、c，则根据海伦公式可以求三角形的面积：

$$\text{area} = \sqrt{s(s-a)(s-b)(s-c)}$$

其中，s 是三角形的半周长，定义如下：

$$s = \frac{a+b+c}{2}$$

编写C语言程序,从键盘输入三角形3个顶点$P1$、$P2$和$P3$在平面直角坐标系中的坐标,然后计算三角形的面积,并输出结果到屏幕中。程序的运行结果如图5-13所示。

```
顶点 P1 的坐标[格式:x,  y]:1.2,  3.4【Enter】
顶点 P2 的坐标[格式:x,  y]:4.2,  3.4【Enter】
顶点 P3 的坐标[格式:x,  y]:4.2,  8.4【Enter】
三角形的面积:7.500000
```

图 5-13　练习 5-3 的运行结果

【练习 5-4】

编写C语言程序,从键盘读入圆的半径radius,然后计算该圆的周长和面积,并输出结果到屏幕中。如果半径radius小于0,则输出"非法数据"。程序的运行结果如图5-14所示。

```
圆的半径:10000【Enter】
周长:62831.853072
面积:314159265.358979
```

图 5-14　练习 5-4 的运行结果

提示: 建议使用double类型来定义半径radius。

【练习 5-5】

球体的体积计算公式是:

$$V = \frac{4}{3}\pi r^3$$

编写C语言程序,从键盘读入球体的半径radius,然后计算该球体的体积,并输出结果到屏幕中。如果半径radius小于0,则输出"非法数据"。程序的运行过程如图5-15所示。

```
球体的半径:10000【Enter】
体积:4188790204786.390600
```

图 5-15　练习 5-5 的运行结果

提示: 建议使用double类型定义半径radius。

5.3　控制输出精确度

函数printf()使用格式说明符"%f"默认是输出一个带有6个小数位的浮点数,这在很多情况下并不能满足我们的要求。一些要求精确度较高的程序需要输出更多的小数位,而像温度这种类型的程序,则输出一两位小数位就足够了。

我们继续修改程序,如源代码5-8所示。

```
01  #include <stdio.h>
02  int main()
```

```
03  {
04      double cels;      //Celsius,摄氏温度
05      double fahr;      //Fahrenheit,华氏温度
06      printf("请输入华氏温度: ");
07      scanf("%lf", &fahr);
08      cels =(fahr - 32) * 5 / 9;
09      printf("华氏温度%.2f度相当于摄氏温度%.2f度。\n", fahr, cels);
10      return 0;
11  }
```

源代码 5-8　temperature_03.c

第9行代码：

函数 printf()使用两个格式说明符“%.2f”以四舍五入保留至小数点后2位数字的方式输出双精度浮点数类型变量 fahr 和 cels 的内容。

函数 printf()提供了在格式说明符的两个符号“%”和“f”之间加入一个小数点和一个整数的方式来控制浮点数小数位数的显示。如果该整数为0,则表示不显示任何的小数位,即四舍五入到个位后再显示这个数据。

程序编译并运行后的输出结果如图 5-16 所示。

```
请输入华氏温度:100.5【Enter】
华氏温度100.50度相当于摄氏温度38.06度。
```

图 5-16　temperature_03.c 的运行结果

【练习 5-6】

衡量信息容量的基本单位是字节(Byte),1个字节相当于8个二进制位,即：

1Byte＝8bits

1个字节的容量是比较小的,因此计算机系统通常使用 K、M、G、T 等倍率前缀配合字节来描述信息容量：

$$1\ TB = 2^{10}\ GB = 2^{20}\ MB = 2^{30}\ KB = 2^{40} B = 1\ 099\ 511\ 627\ 776 Byte$$

而计算机的硬盘、U盘以及光盘等外部存储设备的生产商对于存储产品的容量定义是：

$$1\ TB = 10^{3}\ GB = 10^{6}\ MB = 10^{9}\ KB = 10^{12} B = 1\ 000\ 000\ 000\ 000 Byte$$

所以,如果我们从市场上购买一个标称容量为32GB的U盘,那么在计算机上的程序软件显示该U盘只有大约29.8GB的容量,这是正常情况。

编写C语言程序,从键盘读入一个U盘的标称容量 size(单位：GB),然后计算其实际容量并输出结果到屏幕,结果保留到小数点后3位。如果标称容量 size 小于0,则输出“非法数据”。程序的运行结果如图 5-17 所示。

```
请输入U盘标称容量(GB):32【Enter】
实际容量是29.802 GB
```

图 5-17　练习 5-6 的运行结果

提示：建议使用 double 类型定义标称容量 size。

【练习 5-7】

描述计算机的显示器屏幕或手机屏幕的一些基本参数有以下几种。

- 对角线尺寸：屏幕对角线的长度，一般使用英寸作为长度单位，例如 15.6 英寸。
- 分辨率：水平方向像素数量×垂直方向像素数量，例如 1920×1080。
- PPI：Pixels Per Inch，每英寸长度所包含的像素数量。
- 水平宽度：屏幕水平方向的长度。
- 垂直高度：屏幕垂直方向的长度。
- 水平点距：水平方向相邻两个像素点的距离，一般与垂直点距相等。
- 垂直点距：垂直方向相邻两个像素点的距离，一般与水平点距相等。

其中，PPI 的计算公式是：

$$\text{PPI}=\frac{\text{水平像素数量}}{\text{水平宽度[英寸]}}=\frac{\text{垂直像素数量}}{\text{垂直高度[英寸]}}$$

编写 C 语言程序，从键盘读入屏幕的对角线尺寸(单位：英寸)和分辨率(为方便用户输入，建议使用小写字母“x”代替乘号“×”)，然后计算该屏幕的 PPI、水平宽度(单位：厘米)、垂直高度(单位：厘米)、水平或垂直点距(单位：毫米)，并输出结果到屏幕中。像素数量是整数，点距保留到小数点后 3 位，其他数据保留到小数点后 1 位。如果对角线尺寸或像素数量小于 0，则输出“非法数据”。程序的运行结果如图 5-18 所示。

```
屏幕对角线尺寸[单位:英寸]:15.6【Enter】
屏幕分辨率[水平像素 x 垂直像素]:1920 x 1080【Enter】
对角线尺寸:     15.6 英寸
分辨率:         1920 x 1080
PPI:            141.2 像素/英寸
水平宽度:       34.5 厘米
垂直高度:       19.4 厘米
水平或垂直点距:0.180 毫米
```

图 5-18　练习 5-7 的运行结果

提示：1 英寸大约等于 2.54 厘米。

5.4 输出温度转换列表

1. 源代码 5-9

我们继续修改程序，显示一张 0～300 度的华氏温度到摄氏温度的转换表，如源代码 5-9 所示。

```
01  #include <stdio.h>
02  int main()
03  {
04      double cels;          //Celsius, 摄氏温度
```

```
05      int fahr;              //Fahrenheit, 华氏温度
06      int lower =0;          //温度表的下限
07      int upper =300;        //温度表的上限
08      int step =20;          //步长
09      fahr =lower;
10      while(fahr <=upper){
11          cels =(fahr -32) * 5 / 9.0;
12          printf("%d  %.2f\n", fahr, cels);
13          fahr =fahr +step;
14      }
15      return 0;
16  }
```

源代码 5-9　temperature_04-A.c

第 5 行代码：

使用关键字 int 定义一个整数类型的变量 fahr，用于保存华氏温度的数值。同时，变量 fahr 也当作循环控制变量使用，因此定义为 int 类型，而不是浮点数类型。

由于 C 语言浮点数跟数学概念上的实数存在一定的差别，浮点数一般只能表达一个近似的数值，因此在充当循环控制变量以确定循环次数的时候，如果整数类型能满足要求，那就优先使用整数类型，以提供足够的精确度，避免潜在的隐患。

所以，这里 int 类型就可以满足要求，没有必要使用浮点数类型。

第 6～8 行代码：

使用关键字 int 定义 3 个整数类型的变量 lower、upper 和 step，分别表示温度表的下限、温度表的上限以及步长大小，并同时初始化这 3 个变量。

第 9 行代码：

把 lower 的值赋值给循环控制变量 fahr 作为循环初始值。

第 10～14 行代码：

使用 while 循环语句实现的循环。其中在第 12 行，格式说明符“%d”和“%.2f”之间使用两个空格分隔，让两种温度的数值留有一定的空白，以使输出结果有较好的显示效果。

程序编译并运行后的输出结果如图 5-19 所示。

```
0  -17.78
20  -6.67
40  4.44
60  15.56
80  26.67
100  37.78
120  48.89
140  60.00
160  71.11
180  82.22
200  93.33
220  104.44
```

图 5-19　temperature_04-A.c 的运行结果

```
240  115.56
260  126.67
280  137.78
300  148.89
```

图 5-19(续)

程序定义了相应的变量并进行初始化,然后使用 while 循环计算并显示华氏温度从 0～300 度以 20 度为步长间隔显示华氏温度与摄氏温度的对应表。通过这张列表,我们可以直观地了解这两种温度的对照关系。

2. 源代码 5-10

在已知循环次数的情况下,for 循环语句比 while 循环语句提供更好的可读性。我们继续改进本程序,使用 for 循环语句提高源代码的可读性,如源代码 5-10 所示。

```
01  #include <stdio.h>
02  int main()
03  {
04      double cels;              //Celsius, 摄氏温度
05      int fahr;                 //Fahrenheit, 华氏温度
06      int lower =0;             //温度表的下限
07      int upper =300;           //温度表的上限
08      int step =20;             //步长
09      for(fahr =lower;fahr <=upper;fahr +=step){
10          cels =(fahr -32) * 5 / 9.0;
11          printf("%d  %.2f\n", fahr, cels);
12      }
13      return 0;
14  }
```

源代码 5-10　temperature_04-B. c

第 9 行代码:

使用 for 循环语句替换上一版本的 while 循环语句。

类似于"fahr＝fahr＋step"的表达式经常使用,因此 C 语言提供了一系列专用的复合赋值运算用于简化这类型操作,如表 5-1 所示。

使用加赋值运算符后,表达式"fahr＝fahr＋step"简化为"fahr＋＝step"。

与复合赋值运算符相对应的是简单赋值运算符"＝",我们一直在使用。

表 5-1　复合赋值运算符

运 算 符	名　　称	运　　算	等价运算
＋＝	加赋值运算符	x＋＝y	x＝x＋y
－＝	减赋值运算符	x－＝y	x＝x－y
*＝	乘赋值运算符	x*＝y	x＝x*y
/＋	除赋值运算符	x/＝y	x＝x/y
%＝	求余赋值运算符	x%＝y	x＝x%y
&＝	按位与赋值运算符	x&＝y	x＝x&y

续表

运 算 符	名　称	运　算	等价运算
|=	按位或赋值运算符	x|=y	x=x|y
^=	按位异或赋值运算符	x ^= y	x=x ^ y
>>=	右移赋值运算符	x>>=y	x=x>>y
<<=	左移赋值运算符	x<<=y	x=x<<y

源代码 5-10 和源代码 5-9 在功能上是相同的，所以程序运行后，输出结果请参考前面的图 5-19。

【练习 5-8】

假设某地区个人所得税的缴纳方式如下：

月总收入在 1600 元以下（含 1600 元）不需要缴纳个人所得税。月总收入在 1600 元以上，那么需要缴税的部分为：月总收入减去 1600，简称“应税收入”，且分级逐级计算：

- 应税收入在 500 元内（含 500 元）的部分，税率为 5%。
- 应税收入在 500～2000 元内（含 2000 元）的部分，税率为 10%。
- 应税收入 2001～5000 元内（含 5000 元）的部分，税率为 15%。
- 应税收入 5001～10000 元内（含 10000 元）的部分，税率为 20%。
- 应税收入在 10001 元以上的部分，税率为 30%。

例如，某职工当月的总收入为 7000 元，那么他应缴的个人所得税计算如下：

(1) 应税收入＝月总收入－1600＝7000－1600＝5400(元)。

(2) 500 元内的所得税＝500×5%＝25(元)。

(3) 501～2000 元内的所得税＝(2000－500)×10%＝150(元)。

(4) 2001～5000 元内的所得税＝(5000－2000)×15%＝450(元)。

(5) 5001～10000 元内的所得税＝(5400－5000)×20%＝80(元)。

(6) 应缴纳的个人所得税共计＝25＋150＋450＋80＝705(元)。

编写 C 语言程序，从键盘读入月总收入，然后计算应缴的个人所得税。月总收入和个人所得税都保留到小数点后 2 位。如果月总收入小于 0，则输出“非法数据”。程序的运行过程如图 5-20 所示。

```
请输入月总收入:7000【Enter】
收入 7000.00 元应缴税 705.00 元。
```

图 5-20　练习 5-8 的运行结果

【练习 5-9】

编写 C 语言程序，从键盘读入应缴的个人所得税，然后计算月总收入。月总收入和个人所得税都保留到小数点后 2 位。如果月总收入等于 0，则输出“收入不超过 1600 元”；如果月总收入小于 0，则输出“非法数据”。程序的运行结果如图 5-21 和图 5-22 所示。

```
请输入个人所得税:705【Enter】
所得税 705.00 元对应的收入为 7000.00 元。
```

图 5-21　练习 5-9 的运行结果(1)

```
请输入个人所得税:0【Enter】
收入不超过 1600 元。
```

图 5-22　练习 5-9 的运行结果(2)

5.5　对齐温度转换列表

1. 源代码 5-11

为了使显示的效果更为规整,从而使程序运行的结果较为美观,继续改进本程序,如源代码 5-11 所示。

```
01  #include <stdio.h>
02  int main()
03  {
04      double cels;            //Celsius, 摄氏温度
05      int fahr;               //Fahrenheit, 华氏温度
06      int lower = 0;          //温度表的下限
07      int upper = 300;        //温度表的上限
08      int step = 20;          //步长
09      for(fahr = lower; fahr <= upper; fahr += step) {
10          cels = (fahr - 32) * 5 / 9.0;
11          printf("%d\t%.2f\n", fahr, cels);
12      }
13      return 0;
14  }
```

源代码 5-11　temperature_05-A.c

第 11 行代码:

使用一个换码序列'\t'替换了原来的两个空格。换码序列'\t'称为水平制表符,简称制表符,对应于键盘上的 Tab 键(在键盘上字母键 Q 的左边)。我们一直在使用 Tab 键水平向右缩进代码,以提高源代码的可读性。

制表符的工作原理是:按下键盘上的 Tab 键或者使用函数 printf()输出换码序列'\t',其作用是把光标移动到下一个制表位,后续字符的输出就在此位置继续。

一个制表位默认是 8 个字符,C 语言的标准函数 printf()就是使用这个默认值的。Microsoft Windows 系统的"记事本"程序,也是使用这个默认值。

但不是所有的程序都一定使用这个默认值,有些程序还可以让用户自己设置这个数值的大小,比如我们在这里使用的 Dev-C++ 开发环境,默认设置的制表位是 4 个字符(这个设置只影响我们录入和编辑源代码时候的层次缩进效果,不影响 C 语言标准函数 printf()的输出效果),并且提供了让我们自定义制表位大小的功能,如图 5-23 所示。

提示: 如果需要设置 Dev-C++ 的制表位大小,那么可以选择"工具"→"编辑器选项"命令,然后在"编辑器属性"对话框中进行设置。

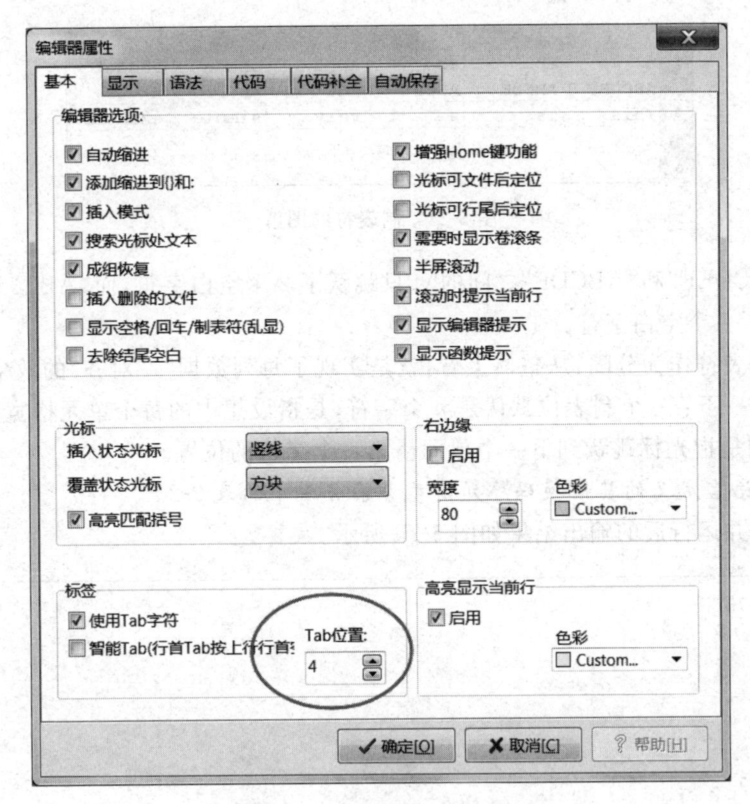

图 5-23　“编辑器属性”对话框

虽然一个制表位默认是 8 个字符,但不是说输出一个制表符就让光标向右移动 8 个字符从而空出 8 个字符的空白,事实上只是让光标直接跳到下一个制表位而已,那么光标究竟空出多少个字符的空白,是依赖于原来的字符数量和位置的。请看下面的简单例子:

```
#include <stdio.h>
int main()
{
    printf("a\tab\tabc\tabcd\tabcde\tabcdef\n");
    printf("ABCDEF\tABCDE\tABCD\tABC\tAB\tA\n");
    printf("This\tis\ta\tvery\tsimple\texample\n");
    return 0;
}
```

本例编译运行的输出结果如下所示。

```
a       ab      abc     abcd    abcde   abcdef
ABCDEF  ABCDE   ABCD    ABC     AB      A
This    is      a       very    simple  example
```

我们可以把输出屏幕设想为一个分为若干行、若干列的表格,其中每个单元格的宽度都是刚好可以容纳 8 个字符的大小,如图 5-24 所示。

可以看到,同样是输出一个换码序列'\t',但光标跳跃过的空白字符数量是不一定相同

	A	B	C	D	E	F
1	a	ab	abc	abcd	abcde	abcdef
2	ABCDEF	ABCDE	ABCD	ABC	AB	A
3	This	is	a	very	simple	example
4						
5						

图 5-24 制表符的图解

的。例如"ABCDEF"和"ABCDE"之间的'\t'只跳跃了 2 个空白字符，而"ABC"和"AB"之间的'\t'则跳跃了 5 个空白字符。

使用了制表符作为分隔，从整体上看，就是实现了每列数据"左对齐"的效果。

可以总结一下：一个制表位默认是 n 个字符，是指设想中的每个单元格宽度，而输出一个制表符'\t'则是指光标跳跃到下一个单元格第一个字符的位置。

提示：C 语言定义的其他换码序列请参考第 2 章中的表 2-2。

程序编译并运行后的输出结果如图 5-25 所示。

```
0       -17.78
20      -6.67
40      4.44
60      15.56
80      26.67
100     37.78
120     48.89
140     60.00
160     71.11
180     82.22
200     93.33
220     104.44
240     115.56
260     126.67
280     137.78
300     148.89
```

图 5-25 temperature_05-A.c 的运行结果

2. 源代码 5-12

我们继续改进本程序，以实现每列数据"右对齐"的效果，如源代码 5-12 所示。

```
01  #include <stdio.h>
02  int main()
03  {
04      double cels;            //Celsius,摄氏温度
05      int fahr;               //Fahrenheit,华氏温度
06      int lower = 0;          //温度表的下限
07      int upper = 300;        //温度表的上限
08      int step = 20;          //步长
09      for(fahr = lower;fahr <= upper;fahr += step){
10          cels = (fahr - 32) * 5 / 9.0;
11          printf("%10d%12.2f\n", fahr, cels);
12  }
```

```
13      return 0;
14  }
```

源代码 5-12 temperature_05-B. c

第 11 行代码：

函数 printf()提供了在格式说明符的两个符号“%”和“d”之间加入一个整数来指定数据显示的总宽度。如果要显示的数据的位数小于该整数，则左边使用空格填充。

这里该整数是 10，因此如果变量 fahr 的值不足 10 位，那么其左边就会使用空格补足。

函数 printf()提供了在格式说明符的两个符号“%”和“f”之间加入一个形如“*M. N*”的宽度描述来控制浮点数显示的总宽度和小数位数。这里整数 M 描述了浮点数显示的包括小数点的总宽度，N 描述了浮点数显示的小数位数，从而，$M-N-1$ 描述的就是浮点数显示的整数部分的位数。整数部分不足的位数使用空格在其前面补足，而小数部分的不足位数使用数字 0 在其后面补足。

这里，M 的值是 12，N 的值是 2，因此需要输出 9 位整数部分以及 2 位小数部分。若有不足的部分，则分别使用空格和数字 0 补足。

程序编译并运行后的输出结果如图 5-26 所示。

```
  0      -17.78
 20       -6.67
 40        4.44
 60       15.56
 80       26.67
100       37.78
120       48.89
140       60.00
160       71.11
180       82.22
200       93.33
220      104.44
240      115.56
260      126.67
280      137.78
300      148.89
```

图 5-26 temperature_05-B. c 的运行结果

【练习 5-10】

每一个 if 语句、while 循环语句、for 循环语句等复合语句，都可以当作一个普通的语句用在可以使用语句的地方，且都可以互相嵌套使用。例如，循环语句里面还可以嵌套另一个循环语句，请看下面的简单例子：

```
#include <stdio.h>
int main()
{
    int m =3;
    int n =5;
```

```
    int i;
    int j;
    for(i =0;i <m;i++){
        for(j =0;j <n;j++){
            printf("#");
        }
        printf("\n");
    }
    return 0;
}
```

这里两个 for 循环语句嵌套组成了一个“二重循环”。以此类推，还可以有“三重循环”“多重循环”等。本例编译并运行后的输出结果如下所示。

```
#####
#####
#####
```

编写 C 语言程序，输出九九乘法表，要求左对齐。程序的运行结果如图 5-27 所示。

```
1X1=1   2X1=2   3X1=3   4X1=4   5X1=5   6X1=6   7X1=7   8X1=8   9X1=9
1X2=2   2X2=4   3X2=6   4X2=8   5X2=10  6X2=12  7X2=14  8X2=16  9X2=18
1X3=3   2X3=6   3X3=9   4X3=12  5X3=15  6X3=18  7X3=21  8X3=24  9X3=27
1X4=4   2X4=8   3X4=12  4X4=16  5X4=20  6X4=24  7X4=28  8X4=32  9X4=36
1X5=5   2X5=10  3X5=15  4X5=20  5X5=25  6X5=30  7X5=35  8X5=40  9X5=45
1X6=6   2X6=12  3X6=18  4X6=24  5X6=30  6X6=36  7X6=42  8X6=48  9X6=54
1X7=7   2X7=14  3X7=21  4X7=28  5X7=35  6X7=42  7X7=49  8X7=56  9X7=63
1X8=8   2X8=16  3X8=24  4X8=32  5X8=40  6X8=48  7X8=56  8X8=64  9X8=72
1X9=9   2X9=18  3X9=27  4X9=36  5X9=45  6X9=54  7X9=63  8X9=72  9X9=81
```

图 5-27　练习 5-10 的运行结果

提示：

(1) 以嵌套方式使用两个 for 循环语句。

(2) 使用换码序列'\t'实现每列数据左对齐。

【练习 5-11】

编写 C 语言程序，输出三角形的九九乘法表，要求左对齐。程序的运行结果如图 5-28 所示。

```
1X1=1
1X2=2   2X2=4
1X3=3   2X3=6   3X3=9
1X4=4   2X4=8   3X4=12  4X4=16
1X5=5   2X5=10  3X5=15  4X5=20  5X5=25
1X6=6   2X6=12  3X6=18  4X6=24  5X6=30  6X6=36
1X7=7   2X7=14  3X7=21  4X7=28  5X7=35  6X7=42  7X7=49
1X8=8   2X8=16  3X8=24  4X8=32  5X8=40  6X8=48  7X8=56  8X8=64
1X9=9   2X9=18  3X9=27  4X9=36  5X9=45  6X9=54  7X9=63  8X9=72  9X9=81
```

图 5-28　练习 5-11 的运行结果

提示：

(1) 以嵌套方式使用两个 for 循环语句。

(2) 使用换码序列'\t'实现每列数据左对齐。

【练习 5-12】

编写 C 语言程序，从键盘读入一个整数 n，然后输出三角形的乘法表，要求右对齐。如果整数 n 不满足条件“$1 \leqslant n \leqslant 19$”，则输出“非法数据”。程序的运行结果如图 5-29 所示。

```
请输入一个整数:12【Enter】
     1   2   3   4   5   6   7   8   9  10  11  12
--------------------------------------------------
 1|  1
 2|  2   4
 3|  3   6   9
 4|  4   8  12  16
 5|  5  10  15  20  25
 6|  6  12  18  24  30  36
 7|  7  14  21  28  35  42  49
 8|  8  16  24  32  40  48  56  64
 9|  9  18  27  36  45  54  63  72  81
10| 10  20  30  40  50  60  70  80  90 100
11| 11  22  33  44  55  66  77  88  99 110 121
12| 12  24  36  48  60  72  84  96 108 120 132 144
```

图 5-29　练习 5-12 的运行结果

5.6　自定义温度转换列表

1. 源代码 5-13

我们继续改进本程序，以实现让用户从键盘输入 3 个数据（华氏温度下限、华氏温度上限和步长）来自定义温度转换列表，如源代码 5-13 所示。

```
01  #include <stdio.h>
02  int main()
03  {
04      double cels;       //Celsius, 摄氏温度
05      int fahr;          //Fahrenheit, 华氏温度
06      int lower;         //温度表的下限
07      int upper;         //温度表的上限
08      int step;          //步长
09      printf("温度表的下限和上限[华氏]:  ");
10      scanf("%d %d", &lower, &upper);
11      printf("步长:  ");
12      scanf("%d", &step);
13      if((lower >upper)||(step <=0)){
14          printf("非法数据");
15          return 1;
16      }
17      for(fahr =lower;fahr <=upper;fahr +=step){
18          cels =(fahr -32) * 5 / 9.0;
19          printf("%10d%12.2f\n", fahr, cels);
20      }
```

```
21      return 0;
22  }
```

源代码 5-13　temperature_06-A. c

第 6～8 行代码：

使用关键字 int 定义 3 个整数类型的变量 lower、upper 和 step，分别表示温度表的下限、温度表的上限以及步长大小。由于接下来需要从键盘接收用户自定义的数据，所以这里就不需要初始化这 3 个变量。

第 9～12 行代码：

从键盘分别读取温度表的下限、上限和步长到变量 lower、upper 以及 step 中。这里要求温度表的下限 lower 不超过上限 upper，并且要求步长 step 是正整数。

第 13～16 行代码：

如果温度表的下限 lower 超过上限 upper，或者步长 step 不是正数，那么就输出信息"非法数据"并使用 return 语句结束 main()函数，即结束整个程序。

程序编译并运行后的输出结果如图 5-30 所示。

```
温度表的下限和上限[华氏]:0  100【Enter】
步长:10【Enter】
        0      -17.78
       10      -12.22
       20       -6.67
       30       -1.11
       40        4.44
       50       10.00
       60       15.56
       70       21.11
       80       26.67
       90       32.22
      100       37.78
```

图 5-30　temperature_06-A. c 的运行结果

目前，本程序对用户输入数据的限制比较多，除了要求温度表的下限 lower 不超过上限 upper，还要求步长 step 是正整数，并且只能以温度递增的方式输出列表，不能以递减的方式输出。

2. 源代码 5-14

我们继续改进本程序，减少对用户输入数据的限制，如源代码 5-14 所示。

```
01  #include <stdio.h>
02  #include <math.h>
03  int main()
04  {
05      double cels;        //Celsius, 摄氏温度
06      int fahr;           //Fahrenheit, 华氏温度
```

```
07      int begin;        //温度表的起始值
08      int end;          //温度表的结束值
09      int step;         //步长
10      printf("温度表的起始值和结束值[华氏]:  ");
11      scanf("%d %d", &begin, &end);
12      printf("步长:  ");
13      scanf("%d", &step);
14      if(step ==0){
15          printf("非法数据");
16          return 1;
17      }
18      if(begin <end){
19          step =abs(step);
20      }else{
21          step =-abs(step);
22      }
23      for(fahr =begin;abs(fahr -end -step) >=abs(step);fahr +=step){
24          cels = (fahr -32) * 5 / 9.0;
25          printf("%10d%12.2f\n", fahr, cels);
26      }
27      return 0;
28  }
```

源代码 5-14　temperature_06-B.c

第 2 行代码：

在第 19 行和 21 行代码需要调用 C 语言标准库 math.h 的一个函数 abs()，所以这里先使用编译预处理指令“#include”引入相应的头文件 math.h。

第 7～8 行代码：

使用关键字 int 定义 2 个整数类型的变量 begin 和 end，分别表示温度表的起始值和结束值。这里不要求变量 begin 的值不超过 end。如果 begin 小于 end，则温度表以递增方式输出，如果 begin 大于 end，则温度表以递减方式输出。

第 14 行代码：

这里对变量 step 的唯一要求就是不能等于零，否则将导致后面的 for 循环语句进入死循环。

如果以递减方式输出温度表，那么可能一部分用户对步长 step 的理解应该是一个负数；而另一部分用户则可能认为应该是正数，以便跟递增方式一致。

为了让程序能够有最大的兼容性，这里允许用户输入正数步长或负数步长，然后我们统一取其绝对值作为步长的值。

第 19 行代码：

函数 abs()是 C 语言标准库 math.h 提供的一个常用的数学函数，其功能是对一个整数求绝对值运算。例如，abs(123)和 abs(−123)都将得到结果“123”。

这里首先使用函数 abs()对变量 step 求绝对值，然后再赋值到变量 step 保存，以保证变量 step 保存的值是正数。

第 21 行代码：

这里首先使用函数 abs()对变量 step 求绝对值，然后使用运算符“－”对该绝对值求相反数，再赋值到变量 step 中保存，以保证变量 step 保存的值是负数。

我们学过的“＋”“－”“＊”“/”“%”等运算符一般需要两个操作数才能进行运算，这些类型的运算符称为“二元运算符”，也称“双目运算符”。C 语言提供的运算符大部分都属于二元运算符。

这里用到的运算符“－”(数学上称为“负号”，用于求一个数的相反数)只需要一个操作数参与运算，称为“一元运算符”，也称“单目运算符”。

一元运算符的优先级别比较高，属于第 2 级。关于运算符的优先级请参考第 4 章的表 4-1。

第 18～22 行代码：

这是 if 语句的完整形式。

如果变量 begin 的值小于 end，那么就执行第 19 行赋值语句，使用函数 abs()对变量 step 求绝对值，然后再赋值给变量 step，以确保 step 的值是正数。

如果变量 begin 的值不小于 end，那么就执行第 21 行赋值语句，使用函数 abs()对变量 step 求绝对值，再求相反数，然后再赋值给变量 step，以确保 step 的值是负数。

虽然我们对于用户输入变量 step 的值不作要求，可以是正数也可以是负数，以让程序能够有最大的兼容性，但我们在编写代码的具体操作过程中，必须约定一种方案，比如在这个版本中，如果用户输入的 begin 值小于 end 值，即要求按照温度递增方式输出转换列表，那么必须保证 step 的值是正数。如果用户输入的 begin 值不小于 end 值，即要求按照温度递减方式输出转换列表，那么必须保证 step 的值是负数。如果变量 step 的正负值搞错了，那么接下来的 for 循环语句将会进入死循环，没有机会满足循环的终止条件。

第 23 行代码：

这里 for 循环语句的循环条件是表达式“abs(fahr-end-step)＞＝abs(step)”的值为逻辑值“真”。

我们会感觉到这个表达式不是很直观：为什么要减去变量 step 呢？因为需要抵消表达式“fahr＋＝step”中所加上变量 step 的值。下一个版本我们将会使用 while 循环语句把这个循环条件修改为更加直观的表达。

程序编译并运行后的输出结果如图 5-31 和图 5-32 所示。

```
温度表的下限和上限[华氏]:0  100【Enter】
步长:-20【Enter】
     0        -17.78
    20         -6.67
    40          4.44
    60         15.56
    80         26.67
   100         37.78
```

图 5-31　temperature_06-B.c 的运行结果(1)

```
温度表的下限和上限[华氏]:140  0【Enter】
步长:30【Enter】
    140       60.00
    110       43.33
     80       26.67
     50       10.00
     20       -6.67
```

图 5-32　temperature_06-B.c 的运行结果(2)

3. 源代码 5-15

我们继续改进本程序，如源代码 5-15 所示。

```
01 #include <stdio.h>
02 #include <math.h>
03
04 int main()
05 {
06     double cels;     //Celsius，摄氏温度
07     int fahr;        //Fahrenheit，华氏温度
08     int begin;       //温度表的起始值
09     int end;         //温度表的结束值
10     int step;        //步长
11
12     printf("温度表的起始值和结束值[华氏]:  ");
13     scanf("%d %d", &begin, &end);
14     printf("步长:");
15     scanf("%d", &step);
16     if(step ==0){
17         printf("非法数据");
18         return 1;
19     }
20     if(begin <end){
21         step =abs(step);
22     }else{
23         step =-abs(step);
24     }
25
26     fahr =begin;
27     while(1){
28         cels = (fahr -32) * 5 / 9.0;
29         printf("%10d%12.2f\n", fahr, cels);
30         if(abs(fahr -end) <abs(step)){
31             break;
32         }
33         fahr +=step;
34     }
35
```

```
36      return 0;
37  }
```

源代码 5-15　temperature_06-C.c

第 26～34 行代码：

使用 while 循环语句实现一个死循环，然后在循环体里面使用 break 语句退出循环。

这里在第 30 行先对表达式“abs(fahr－end)＜abs(step)”求值，然后通过第 33 行的语句对变量 fahr 累加变量 step 的值，这样的先后顺序处理就可以避免了上一个版本的问题，即不需要再减去变量 step 的值以抵消在表达式“fahr＋＝step”中加上 step 的效果。

另一方面的改进是，在这个版本中，我们使用了几个空行（第 3、11、25、35 行）把源代码分隔为几个部分，以提高代码的可读性。

这样分隔之后，可以容易看出本程序是由下面的 4 个逻辑部分组成的：

(1) 第 1～2 行，预编译指令，用于包含一些必要的头文件；

(2) 第 6～10 行，定义一些相关的变量；

(3) 第 12～24 行，从键盘接收一些数据到相应的变量，并检查数据的合法性；

(4) 第 26～34 行，本程序的主体功能，使用循环语句实现。

所以，为了提高源代码的可读性，我们除了可以在水平方向适当使用空格和制表符，还可以在垂直方向适当使用空行，以达到提高程序代码可读性的效果。

源代码 5-15 和源代码 5-14 在功能上是相同的，所以程序运行后输出结果请参考前面的图 5-31 和图 5-32。

【练习 5-13】

计算下面调和级数的前 n 项之和：

$$s(n) = 1 + \frac{1}{2} + \frac{1}{3} + \cdots + \frac{1}{n}$$

编写 C 语言程序，从键盘读入一个整数 n，然后计算上述调和级数的前 n 项之和，并输出结果到屏幕（保留小数点后 15 位）。如果整数 n 小于 1，则输出“非法数据”。程序的运行结果如图 5-33 所示。

```
请输入一个整数:10000【Enter】
s(10000) =9.787606036044348
```

图 5-33　练习 5-13 的运行结果

【练习 5-14】

编写 C 语言程序，从键盘读入一个整数 n，然后输出 n 个数值为 0～1 的随机数（包括 0 和 1）到屏幕上，并显示这 n 个随机数中的最小值、平均值以及最大值。随机数的显示保留到小数点后 15 位，且该列左对齐。如果整数 n 小于 1，则输出“非法数据”。程序的运行结果如图 5-34 所示。

提示：

(1) 使用 3 个函数：srand()、rand()、time()。

(2) 函数 rand()生成的随机数位于区间 [0,RAND_MAX]。

```
请输入随机数的个数:10【Enter】
第 1 个随机数:   0.307687612537004
第 2 个随机数:   0.750511185033723
第 3 个随机数:   0.634876552629170
第 4 个随机数:   0.014740440076907
第 5 个随机数:   0.261909848323008
第 6 个随机数:   0.402539139988403
第 7 个随机数:   0.707022309030427
第 8 个随机数:   0.997009186071352
第 9 个随机数:   0.869808038575396
第 10 个随机数:  0.464003418073061
最小值:          0.014740440076907
平均值:          0.541010773033845
最大值:          0.997009186071352
```

图 5-34　练习 5-14 的运行结果

【练习 5-15】

编写 C 语言程序，从键盘读入 2 个数 min 和 max（使用逗号分隔），然后输出 10 个在 min 和 max 之间的随机数 n（min≤*n*≤max）。随机数的显示保留到小数点后 8 位，且该列左对齐。如果 min 和 max 不满足条件“0≤min<max”，则输出“非法数据”。程序的运行结果如图 5-35 所示。

```
请输入随机数的范围[min, max]:12.5,  13.5【Enter】
第 1 个随机数:   12.77332377
第 2 个随机数:   13.08522294
第 3 个随机数:   13.05079806
第 4 个随机数:   13.16261788
第 5 个随机数:   13.16426588
第 6 个随机数:   12.55969420
第 7 个随机数:   13.43737602
第 8 个随机数:   13.31701102
第 9 个随机数:   12.52642903
第 10 个随机数:  12.69431135
```

图 5-35　练习 5-15 的运行结果

提示：

(1) 使用 3 个函数：srand()、rand()、time()。

(2) 函数 rand()生成的随机数位于区间 [0,RAND_MAX]。

5.7　本 章 小 结

1. 关键字

double、float。

2. 数据类型

double、float。

3. 换码序列

\t　制表符,即 Tab 键。

4. 运算符

+=　加赋值运算符。

-　相反数运算符。

5. 标准库函数

abs()　求绝对值。

sqrt()　求算术平方根。

6. 函数 printf()的格式说明符

%f　输出 float 和 double 类型的浮点数。

%.*N*f　输出 float 和 double 类型的浮点数,要求输出 *N* 位小数。

%*M*.*N*f　输出 float 和 double 类型的浮点数,要求输出 *M* 位总宽度以及 *N* 位小数。

%*M*d　以十进制形式输出 int 类型的整数,要求输出 *M* 位宽度。

7. 函数 scanf()的格式说明符

%f　输入 float 类型的浮点数。

%lf　输入 double 类型的浮点数。

第6章　阶段练习——强化训练

这一章没有介绍新的知识点，而是通过给出20道练习来强化前面的知识。其中带有符号“★”的练习题有一定的难度，可能需要一番思考才能解答出来。

学习编写计算机程序代码以及提高自己的程序设计能力，没有捷径可走。如果说有捷径，那就是“编写代码、运行代码、修改代码、完善功能……”，在这个过程中，编程水平会得到提高。

【练习6-1】

一个 n 位整数，如果等于它的 n 个数字的 n 次方之和，则该 n 位数称为 n 位水仙花数。

- 一个三位数，如果等于它的三个数字的三次方之和，则该三位数称为三位水仙花数。
- 一个四位数，如果等于它的四个数字的四次方之和，则该四位数称为四位水仙花数。

例如，153是其中一个三位水仙花数：

$$153=1^3+5^3+3^3=1+125+27$$

编写C语言程序，输出所有三位水仙花数。每行输出一个水仙花数。为方便输出，这里使用符号“^”表示指数形式。程序的运行结果如图6-1所示。

```
153 =1^3 +5^3 +3^3
370 =3^3 +7^3 +0^3
371 =3^3 +7^3 +1^3
407 =4^3 +0^3 +7^3
```

图6-1　练习6-1的运行结果

【练习6-2】

编写C语言程序，从键盘读入一个整数n，然后判断整数n是几位数，并输出到屏幕中。如果整数n小于1，则输出“非法数据”。程序的运行结果如图6-2所示。

```
请输入一个整数:135792468【Enter】
135792468是9位的整数。
```

图6-2　练习6-2的运行结果

【练习6-3】

编写C语言程序，从键盘读入一个整数n，如果整数n大于0，则输出n是正整数以及绝对值是几位数；如果整数n小于0，则输出n是负整数以及绝对值是几位数；如果整数n等于0，则输出n是整数0。程序的运行结果如图6-3～图6-5所示。

```
请输入一个整数:135792468【Enter】
135792468是正整数,其绝对值是9位的整数。
```

图 6-3　练习 6-3 的运行结果(1)

```
请输入一个整数:-13579【Enter】
-13579是负整数,其绝对值是5位的整数。
```

图 6-4　练习 6-3 的运行结果(2)

```
请输入一个整数:0【Enter】
0是整数零。
```

图 6-5　练习 6-3 的运行结果(3)

【练习 6-4】

最大公因数(Greatest Common Divisor,GCD)也称最大公约数、最大公因子,指两个或多个整数共有约数中最大的一个。整数 m 和 n 的最大公约数记为 GCD(m,n)。

最小公倍数(Least Common Multiple,LCM)是指两个或多个整数共有的倍数中除了 0 以外最小的一个。整数 m 和 n 的最小公倍数记为 LCM(m,n)。

整数 m、n、GCD(m,n)及 LCM(m,n)的关系是:

$$m \times n = \mathrm{GCD}(m,n) \times \mathrm{LCM}(m,n)$$

编写 C 语言程序,从键盘读入两个整数 m 和 n(使用空格分隔),然后输出 m 和 n 的最大公约数和最小公倍数到屏幕。要求使用"long long"类型。如果 m 小于 1 或 n 小于 1,则输出"非法数据"。程序的运行结果如图 6-6 所示。

```
请输入两个整数[m n]:32  48【Enter】
最大公约数:16
最小公倍数:96
```

图 6-6　练习 6-4 的运行结果

要求使用两种方法求最大公约数:

(1) 第一种方法使用欧几里得算法(辗转相除法)。

(2) 第二种方法使用普通的尝试法。

提示:辗转相除法求整数 m 和 n 的最大公约数,具体的算法过程为:

(1) 如果 $m<n$,则交换 m 和 n 的值。

(2) 计算 $m\%n$,余数保存到 r 中。如果 r==0,那么跳转到步骤(4)。

(3) n 的值保存到 m 中,r 的值保存到 n 中,然后跳转到步骤(2)。

(4) 算法结束,此时 n 的值就是原来两数的最大公约数。

通过 m、n、GCD(m,n)可以直接计算出 LCM(m,n)。

【练习 6-5】

编写 C 语言程序,从键盘读入一个大写英文字母,然后从该字母开始按升序输出大写形式的字母表,在输出最后一个字母 Z 后,继续从字母 A 输出,直到 26 个大写字母全部输出完毕。如果键盘读入的字符不是大写字母,则输出"非法数据"。程序的运行结果如图 6-7 所示。

```
请输入一个大写字母:F【Enter】
FGHIJKLMNOPQRSTUVWXYZABCDE
```

图 6-7 练习 6-5 的运行结果

【练习 6-6】

编写 C 语言程序,从键盘读入一个英文字母,如果是大写字母,则从该字母开始按升序输出大写形式的字母表,在输出最后一个字母 Z 后,继续从字母 A 输出,直到 26 个大写字母全部输出完毕;如果是小写字母,则从该字母开始按升序输出小写形式的字母表,在输出最后一个字母 z 后,继续从字母 a 输出,直到 26 个小写字母全部输出完毕。如果键盘读入的字符不是英文字母,则输出“非法数据”。程序的运行结果如图 6-8 和图 6-9 所示。

```
请输入一个字母:F【Enter】
FGHIJKLMNOPQRSTUVWXYZABCDE
```

图 6-8 练习 6-6 的运行结果(1)

```
请输入一个字母:f【Enter】
ghijklmnopqrstuvwxyzabcde
```

图 6-9 练习 6-6 的运行结果(2)

【练习 6-7】

编写 C 语言程序,从键盘读入一个整数 n,然后输出 n 行符号“*”到屏幕中,每行符号的数量由 1 递增到 n。如果整数 n 不满足条件“$1 \leqslant n \leqslant 80$”,则输出“非法数据”。程序的运行结果如图 6-10 和图 6-11 所示。

```
请输入一个整数:5【Enter】
*
* *
* * *
* * * *
* * * * *
```

图 6-10 练习 6-7 的运行结果(1)

```
请输入一个整数:10【Enter】
*
* *
* * *
* * * *
* * * * *
* * * * * *
* * * * * * *
* * * * * * * *
* * * * * * * * *
* * * * * * * * * *
```

图 6-11 练习 6-7 的运行结果(2)

【练习 6-8】

编写 C 语言程序，从键盘读入一个整数 n，然后输出 n 行符号“ * ”到屏幕中，每行符号的数量由 1 递增到 $2n-1$。如果整数 n 不满足条件“$1 \leqslant n \leqslant 40$”，则输出“非法数据”。程序的运行结果如图 6-12 和图 6-13 所示。

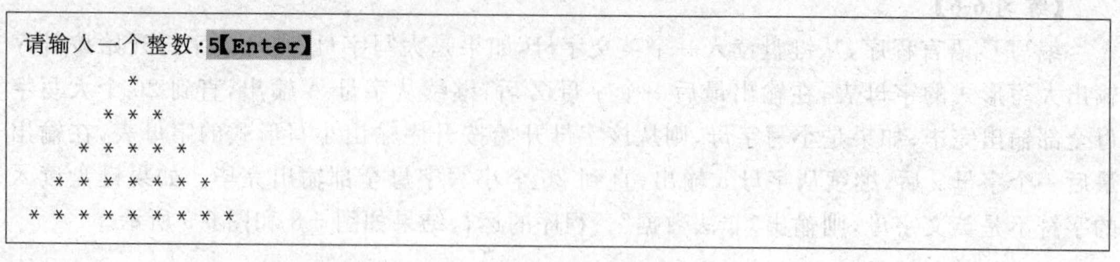

图 6-12　练习 6-8 的运行结果(1)

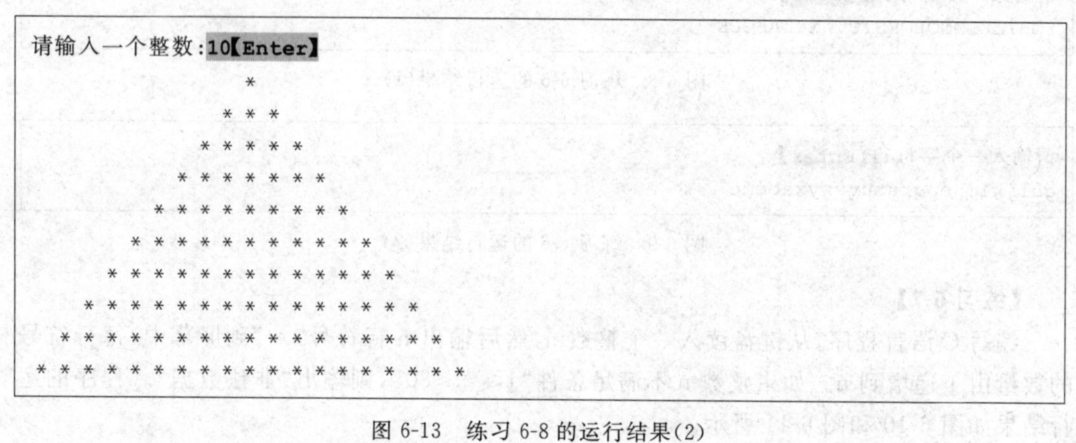

图 6-13　练习 6-8 的运行结果(2)

【练习 6-9】

正整数 *n* 的所有小于 *n* 的正因数之和如果等于 *n* 本身，则称 *n* 是完美数(Perfect Number)。例如，6 和 28 都是完美数，因为：

$$6=1+2+3$$

$$28=1+2+4+7+14$$

编写 C 语言程序，从键盘读入一个整数 n，如果 n 是完美数，则按照上述格式输出到屏幕中；如果 n 不是完美数，则输出信息“n 不是完美数”。如果整数 n 小于 1，则输出“非法数据”。程序的运行结果如图 6-14 和图 6-15 所示。

```
请输入一个整数:28【Enter】
28 =1 +2 +4 +7 +14
```

图 6-14　练习 6-9 的运行结果(1)

```
请输入一个整数:38【Enter】
38 不是完美数
```

图 6-15　练习 6-9 的运行结果(2)

【练习 6-10】

编写 C 语言程序，从键盘读入两个整数 m 和 n(使用空格分隔)，然后输出 m 和 n 之间(包括 m 和 n)的所有"完美数"到屏幕中。每行显示 1 个完美数，并统计位于区间[m,n]完美数的数量。如果整数 m 和 n 不满足条件"$1\leqslant m\leqslant n$"，则输出"非法数据"。程序的运行结果如图 6-16 所示。

```
请输入两个整数[m n]:1  10000【Enter】
6 =1 +2 +3
28 =1 +2 +4 +7 +14
496 =1 +2 +4 +8 +16 +31 +62 +124 +248
8128 =1 +2 +4 +8 +16 +32 +64 +127 +254 +508 +1016 +2032 +4064
区间[1, 10000]的完美数有 4 个。
```

图 6-16　练习 6-10 的运行结果

【练习 6-11】

编写 C 语言程序，从键盘读入两个整数 m 和 n(使用空格分隔)，然后输出 m 和 n 之间的所有素数到屏幕。每行显示 5 个素数，每列右对齐，并统计在区间[m,n]素数的数量。如果整数 m 和 n 不满足条件"$2\leqslant m\leqslant n$"，则输出"非法数据"。程序的运行结果如图 6-17 所示。

```
请输入两个整数[m n]:2  200【Enter】
         2         3         5         7        11
        13        17        19        23        29
        31        37        41        43        47
        53        59        61        67        71
        73        79        83        89        97
       101       103       107       109       113
       127       131       137       139       149
       151       157       163       167       173
       179       181       191       193       197
       199
区间[2, 200]的素数有 46 个。
```

图 6-17　练习 6-11 的运行结果

【练习 6-12】

编写 C 语言程序，从键盘读入 2 个数 m 和 n，然后模拟发红包：把总金额 m 元随机分发 n 个红包，每个红包的金额不少于 0.01 元，并显示最小红包与最大红包。红包的金额保留到小数点后 2 位，并要求该列右对齐。如果 m 和 n 不满足条件"$1\leqslant n\leqslant 100m$"，则输出"非法数据"。程序的运行结果如图 6-18 所示。

提示：

(1) 使用 3 个函数：srand()、rand()、time()。

(2) 函数 rand()生成的随机数位于区间[0,RAND_MAX]。

```
红包总金额:100【Enter】
红包个数:10【Enter】
第 1 个红包:        18.38
第 2 个红包:         7.95
第 3 个红包:         6.41
第 4 个红包:        14.45
第 5 个红包:         9.40
第 6 个红包:         2.88
第 7 个红包:         6.70
第 8 个红包:        33.01
第 9 个红包:         0.29
第 10 个红包:        0.53
最小红包:            0.29
最大红包:           33.01
```

图 6-18　练习 6-12 的运行结果

【练习 6-13】

求解下面关于 x 的不等式：

$$1+\frac{1}{2}+\frac{1}{3}+\cdots+\frac{1}{x}>n$$

编写 C 语言程序，从键盘读入一个整数 n，然后求解上面关于 x 的不等式，并输出结果到屏幕中。如果整数 n 不满足条件“$1\leqslant n\leqslant 22$”，则输出“非法数据”。程序的运行结果如图 6-19 所示。

```
请输入一个整数:10【Enter】
x≥12367
```

图 6-19　练习 6-13 的运行结果

【练习 6-14】

求解下面关于 x 的不等式：

$$n<1+\frac{1}{2}+\frac{1}{3}+\cdots+\frac{1}{x}<n+1$$

编写 C 语言程序，从键盘读入一个整数 n，然后求解上面关于 x 的不等式，并输出结果到屏幕中。如果整数 n 不满足条件“$1\leqslant n\leqslant 21$”，则输出“非法数据”。程序的运行结果如图 6-20 所示。

```
请输入一个整数:10【Enter】
12367≤x≤33616
```

图 6-20　练习 6-14 的运行结果

【练习 6-15】

编写 C 语言程序，从键盘读入一个由整数 m 和 n 组成的分数 m/n，以及需要保留的小数位数，然后把该分数转化为小数输出。最末位的数使用直接截断的方式，不需要四舍五入。每 10 个小数位为一组，使用空格分隔。如果 m 小于 0 或者 n 小于 1 或者保留的小数位数小于 0，则输出“非法数据”。程序的运行结果如图 6-21 和图 6-22 所示。

```
请输入一个分数[m/n]:22 / 7【Enter】
保留小数位数:0【Enter】
22/7 =3.
```

图 6-21　练习 6-15 的运行结果(1)

```
请输入一个分数[m/n]:123 / 456【Enter】
保留小数位数:50【Enter】
123/456 =0.2697368421 0526315789 4736842105 2631578947 3684210526
```

图 6-22　练习 6-15 的运行结果(2)

【练习 6-16★】

编写 C 语言程序，从键盘读入一个整数 n，然后统计整数 n 所对应的二进制数中“1”的数量，并输出到屏幕中。如果整数 n 小于 1，则输出“非法数据”。程序的运行结果如图 6-23 所示。

```
请输入一个整数:12345【Enter】
十进制整数 12345 对应的二进制数中有 6 个'1'。
```

图 6-23　“练习 6-16★”的运行结果

提示：

(1) 建议使用 Microsoft Windows 系统自带的“计算器”程序(切换到“程序员”模式)来验证输出结果。

(2) 例如，十进制整数 12345 对应的二进制数“11000000111001”有 6 个“1”。

【练习 6-17★】

编写 C 语言程序，从键盘读入一个个位数字不为 5 的奇数，然后计算至少有多少个连续的 1 组成的整数能被该奇数整除。如果键盘读入的整数不符合要求，则输出“非法数据”。程序的运行结果如图 6-24 和图 6-25 所示。

```
请输入一个奇数[个位不为 5]:37【Enter】
3 个 1 组成的整数可以被 37 整除。
```

图 6-24　“练习 6-17★”的运行结果(1)

```
请输入一个奇数[个位不为 5]:2019【Enter】
672 个 1 组成的整数可以被 2019 整除。
```

图 6-25　“练习 6-17★”的运行结果(2)

【练习 6-18★】

编写 C 语言程序，从键盘读入两个整数 m 和 n(使用空格分隔)，然后输出 m 和 n 之间的所有“孪生素数”(差为 2 的两个相邻素数)到屏幕中。每行显示 1 对孪生素数，并统计在区间$[m,n]$孪生素数对的数量。如果整数 m 和 n 不满足条件“$2 \leqslant m < n$”，则输出“非法数

据”。程序的运行结果如图 6-26 所示。

```
请输入两个整数[m n]:2  100【Enter】
(3,  5)
(5,  7)
(11,  13)
(17,  19)
(29,  31)
(41,  43)
(59,  61)
(71,  73)
区间[2, 100]的孪生素数有 8 对。
```

图 6-26 “练习 6-18★”的运行结果

【练习 6-19★】

分解质因数：任何一个合数都可以写成若干个质数(素数)相乘的形式。例如：

$$2000=2\times2\times2\times2\times5\times5\times5$$

$$2005=5\times401$$

$$2010=2\times3\times5\times67$$

编写 C 语言程序，从键盘读入一个整数 n，然后把 n 分解质因数，并输出到屏幕中。如果整数 n 小于 2，则输出“非法数据”。程序的运行结果如图 6-27 和图 6-28 所示。

```
请输入一个整数:2010【Enter】
2010 =2 × 3 × 5 × 67
```

图 6-27 “练习 6-19★”的运行结果(1)

```
请输入一个整数:37【Enter】
37 =37
```

图 6-28 “练习 6-19★”的运行结果(2)

【练习 6-20★】

编写 C 语言程序，从键盘读入两个整数 m 和 n(使用空格分隔)，然后对 m 和 n 之间(包括 m 和 n)的所有整数分解质因数，并输出到屏幕中。每行显示 1 个整数分解。如果整数 m 和 n 不满足条件“$2\leqslant m\leqslant n$”，则输出“非法数据”。程序的运行结果如图 6-29 所示。

```
请输入两个整数[m n]:2010  2020【Enter】
2010 =2 × 3 × 5 × 67
2011 =2011
2012 =2 × 2 × 503
2013 =3 × 11 × 61
2014 =2 × 19 × 53
2015 =5 × 13 × 31
```

图 6-29 “练习 6-20★”的运行结果

```
2016 =2 × 2 × 2 × 2 × 2 × 3 × 3 × 7
2017 =2017
2018 =2 × 1009
2019 =3 × 673
2020 =2 × 2 × 5 × 101
```

图 6-29(续)

第三部分

进 阶 学 习

本部分首先在第 7 章使用一个小例子“口算测验”介绍 C 语言的进阶内容——数组、函数和指针，然后在第 8 章再次使用这个例子介绍 C 语言的结构体，接着在第 9 章使用一个稍微复杂一点的小游戏程序“数字拼图”介绍 C 语言的二维数组，最后在第 10 章使用一个篇幅稍长、功能稍复杂一些的综合例子“学生信息管理体统”介绍 C 语言的字符串和文件处理。通过对这部分内容的学习，读者可以使用 C 语言编写功能复杂的程序。

第7章 口算测验——数组、函数、指针

本章以小学低年级学生为目标用户，使用C语言以循序渐进的方法设计一个能够进行100以内(不含100)加减法口算测验的程序。本案例代码简洁且功能实用，能够让读者在经历了入门阶段的学习之后，借助这个小案例的过渡，高效地提升自己的编程能力，达到"进阶"的目的。

7.1 加法口算测验

1. 源代码7-1

我们首先编写一个比较简单的加法口算测验程序，功能是显示一道两位数的加法题目，然后从键盘读入用户的口算结果，最后程序判断口算结果是否正确，如源代码7-1所示。

```
01  #include <stdio.h>
02
03  int main()
04  {
05      int number1 = 36;
06      int number2 = 25;
07      int input;
08
09      printf("%d + %d = ", number1, number2);
10      scanf("%d", &input);
11
12      if(input == (number1 + number2)){
13          printf("回答正确！ \n");
14      }else{
15          printf("回答错误！ \n");
16      }
17
18      return 0;
19  }
```

源代码7-1 ArithmeticTest_01-A.c

本程序使用空行作为分隔，程序结构清晰，主要分为3大部分：

(1) 第5～7行代码使用关键字int定义3个变量；

(2) 第9～10行代码使用函数printf()和scanf()配合，显示口算题目并输入计算结果；

(3) 第12～16行代码判断从键盘接收的计算结果是否正确。

本程序编译并运行后的输出结果如图7-1所示。

```
36 +25 =61【Enter】
回答正确!
```

图7-1　ArithmeticTest_01-A.c的运行结果

本程序目前只能处理一道口算题目。如果要处理更多的题目，理论上可以继续定义更多的变量，比如number3、number4等，但使用这种方法编写代码将会比较烦琐，一般我们很少使用。C语言提供了"数组"(Array)这一方便的工具用于批量处理变量，便于我们高效率地组织和处理较大规模的数据。

2. 源代码7-2

我们继续改进本程序，使用数组批量处理数据，如源代码7-2所示。

```
01  #include <stdio.h>
02
03  int main()
04  {
05      int number1[5] ={36, 23, 47, 7, 19};
06      int number2[5] ={25,  8, 29, 16, 6};
07      int input[5];
08      int i;
09
10      for(i =0;i <5;i++){
11          printf("第%d题:%d +%d =", i +1, number1[i], number2[i]);
12          scanf("%d", &input[i]);
13          if(input[i] ==(number1[i] +number2[i])){
14              printf("回答正确!  \n");
15          }else{
16              printf("回答错误!  \n");
17          }
18      }
19
20      return 0;
21  }
```

源代码7-2　ArithmeticTest_01-B.c

第5～7行代码：

第5行定义了一个int类型且可以容纳5个元素的名字为number1的数组，并同时对这5个元素进行初始化：第0个元素初始化赋值36，第1个元素初始化赋值23，第2个元素初始化赋值47，第3个元素初始化赋值7，第4个元素初始化赋值19。

第6行也类似，只是数组名由number1变为number2，并初始化不同的5个数值。

第7行定义了一个int类型的可以容纳5个元素的名字为input的数组，但没有对这

5 个元素进行初始化。数组 input 的 5 个元素打算用于保存从键盘输入的口算结果，因此这里可以不进行初始化。

提示：数组元素的编号，称为数组的下标(index)，是从 0 开始计算。

数组是一种复合数据类型，由某一种相同的数据类型组成，可以存放一组具有相同数据类型的数据。

定义一个数组并初始化赋值的格式是：

```
数据类型　数组名[元素个数 n] ={ 第 0 个元素，第 1 个元素，……，第 k 个元素 }；
```

其中，整数 k 的值应该满足“$0 \leqslant k \leqslant n-1$”。

当 k 等于 $n-1$ 的时候，称为对数组完全初始化，比如第 5 行的数组 number1 和第 6 行的数组 number2。

如果不对数组进行初始化，那么数组每个元素的值是随机的。比如第 7 行的数组 input，这时候需要省略等号和花括号。

当“$0<k<n-1$”的时候，称为对数组部分初始化。第 $k+1$ 个元素到第 $n-1$ 个元素的值将会被默认初始化为数值 0。如果需要把一个数组的所有元素都初始化为 0，那么可以利用这一特性简化代码的编写，例如：

```
int computer[5] ={ 0 };
```

这里可以显式地将对 int 类型数组 computer 的第 0 个元素初始化为 0，然后剩下的 4 个元素默认初始化为 0。

第 10～18 行代码：

这是一个典型的 for 循环语句。由于数组的下标是从 0 开始算的，因此这里循环 n 次的 for 循环，其循环控制变量 i 的取值也是从 0 到 n－1，以方便操作数组。

第 11～13 行代码：

首先使用函数 printf()输出显示数组 number1 第 i 个元素的数值、加号“＋”以及数组 number2 第 i 个元素的数值到屏幕中，然后使用函数 scanf()接收用户输入的口算结果并保存到数组 input 的第 i 个元素位置，最后计算机计算出数组 number1 第 i 个元素的数值与数组 number2 第 i 个元素的数值之和，并和数组 input 的第 i 个元素的数值进行比较是否相等。其中，$0 \leqslant i \leqslant 4$。

生活中我们比较习惯于从 1 开始数数，因此第 11 行需要输出 i 的值就改为输出 i＋1 的值，以适应我们的习惯。

一般使用一个整数作为下标来访问数组的某个指定的元素。访问数组元素的格式是：

```
数组名[下标 i]
```

按照前面定义数组的格式，下标的合法范围是 $0 \leqslant i \leqslant n-1$。

请注意第 12 行代码中的“&input[i]”，这里求变量地址运算符“&”的优先级是第 2 级，求数组下标元素运算符“[]”的优先级是第 1 级，即级别高于求变量地址运算符“&”，因此首先执行“input[i]”，求出数组 input 的第 i 个元素，然后再计算其内存地址，等价于“&(input[i])”。

提示：关于运算符的优先级别，请参考第 4 章的表 4-1。

如果不使用数组，那就需要定义若干个变量来保存数据，例如第 5 行代码：

```
05        int number1[5] ={36, 23, 47, 7, 19};
```

大致相当于定义了 5 个 int 类型的单独变量的代码，即：

```
int a =36;
int b =23;
int c =47;
int d =7;
int e =19;
```

前面我们学习过怎么处理单个变量读写的规则和方法，这里替换为数组的一个元素都是继续适用的，例如，这里对数组元素 number1[2]的使用，就跟原来使用变量 c 一样的。

很明显，管理一个数组名比管理多个单独变量名要方便和高效得多。

本程序编译并运行后的输出结果如图 7-2 所示。

```
第 1 题:36 +25 =61【Enter】
回答正确!
第 2 题:23 +8 =31【Enter】
回答正确!
第 3 题:47 +29 =66【Enter】
回答错误!
第 4 题:7 +16 =23【Enter】
回答正确!
第 5 题:19 +6 =25【Enter】
回答正确!
```

图 7-2　ArithmeticTest_01-B.c 的运行结果

至此，本程序使用数组存放口算题目和用户回答的计算结果，使用循环语句实现了 5 道加法题目的口算测验。接下来将会添加减法口算题目，实现加减法口算测验。

【练习 7-1】

编写 C 语言程序，从键盘输入 5 个整数，然后以相反的顺序输出。程序的运行结果如图 7-3 所示。

```
请输入 5 个整数:
第 1 个整数:12【Enter】
第 2 个整数:23【Enter】
第 3 个整数:34【Enter】
第 4 个整数:45【Enter】
```

图 7-3　练习 7-1 的运行结果

```
第 5 个整数:56【Enter】
输出:
第 5 个整数:56
第 4 个整数:45
第 3 个整数:34
第 2 个整数:23
第 1 个整数:12
```

图　7-3(续)

【练习 7-2】

编写 C 语言程序，从键盘输入 10 个整数，然后先输出奇数编号的整数，再输出偶数编号的整数。程序的运行结果如图 7-4 所示。

```
请输入 10 个整数:
第 01 个整数:123【Enter】
第 02 个整数:234【Enter】
第 03 个整数:345【Enter】
第 04 个整数:456【Enter】
第 05 个整数:567【Enter】
第 06 个整数:678【Enter】
第 07 个整数:789【Enter】
第 08 个整数:890【Enter】
第 09 个整数:901【Enter】
第 10 个整数:999【Enter】
输出:
第 01 个整数:123
第 03 个整数:345
第 05 个整数:567
第 07 个整数:789
第 09 个整数:901
第 02 个整数:234
第 04 个整数:456
第 06 个整数:678
第 08 个整数:890
第 10 个整数:999
```

图 7-4　练习 7-2 的运行结果

7.2　加减法口算测验

1. 源代码 7-3

我们继续修改本程序，增加一个数组用于存放运算符，如源代码 7-3 所示。由于本程序设想的目标用户是小学低年级学生，用于 100 以内的加减法口算测验，因此这里新增加的数组 opt 只存放运算符“+”和“-”。

```
01  #include <stdio.h>
02
03  int main()
04  {
05      int number1[5] ={36, 23, 47, 7, 19};
06      int number2[5] ={25,  8, 29, 16, 6};
07      char opt[5] ={'+', '-', '-', '+', '+'};
08      int input[5];
09      int i;
10
11      for(i =0;i <5;i++){
12          printf("第%d题:%d %c %d =", i +1, number1[i], opt[i], number2[i]);
13          scanf("%d", &input[i]);
14          if(opt[i] =='+'){
15              if(input[i] ==(number1[i] +number2[i])){
16                  printf("回答正确!  \n");
17              }else{
18                  printf("回答错误!  \n");
19              }
20          }else{
21              if(input[i] ==(number1[i] -number2[i])){
22                  printf("回答正确!  \n");
23              }else{
24                  printf("回答错误!  \n");
25              }
26          }
27      }
28
29      return 0;
30  }
```

源代码 7-3　ArithmeticTest_02-A. c

第 7 行代码:

定义了一个 char 类型的可以容纳 5 个元素的名字为 opt(operator 的缩写)的数组,并同时对这 5 个元素进行初始化:第 0 个元素初始化并赋值'+',第 1 个元素初始化并赋值'-',第 2 个元素初始化并赋值'-',第 3 个元素初始化并赋值'+',第 4 个元素初始化并赋值'+'。

如果不使用数组,那就需要定义 5 个单独的变量来保存运算符:

```
char a ='+';
char b ='-';
char c ='-';
char d ='+';
char e ='+';
```

第 12 行代码:

使用函数 printf()以格式说明符“%c”输出 char 类型数组 opt 的第 i 个元素 opt[i]。

第 14～26 行代码：

使用 if 语句完整形式判断 char 类型数组第 i 个元素 opt[i]是运算符'＋'还是'－'，如果是'＋'，则计算 number1[i]与 number2[i]之和；否则就计算 number1[i]与 number2[i]之差，然后再与用户的输入结果 input[i]比较是否数值相等。

本程序编译并运行后的输出结果如图 7-5 所示。

```
第 1 题:36 +25 =61【Enter】
回答正确!
第 2 题:23 -8 =31【Enter】
回答错误!
第 3 题:47 -29 =18【Enter】
回答正确!
第 4 题:7 +16 =23【Enter】
回答正确!
第 5 题:19 +6 =25【Enter】
回答正确!
```

图 7-5　ArithmeticTest_02-A. c 的运行结果

2. 源代码 7-4

本程序的加减法口算测验功能已经基本实现了。接下来我们继续改进程序，以提高源代码的可读性，如源代码 7-4 所示。

```
01 #include <stdio.h>
02 #define N 5
03
04 int main()
05 {
06     int number1[N] ={36, 23, 47, 7, 19};
07     int number2[N] ={25,  8, 29, 16, 6};
08     char opt[N] ={'+', '-', '-', '+', '+'};
09     int is_right[N] ={0};     //0:回答错误;1:回答正确
10     int input[N];
11     int i;
12
13     for(i =0;i <N;i++){
14         printf("第%d 题:%d %c %d =", i +1, number1[i], opt[i], number2[i]);
15         scanf("%d", &input[i]);
16         if(opt[i] =='+'){
17             if(input[i] ==(number1[i] +number2[i])){
18                 is_right[i] =1;
19             }
20         }else{
21             if(input[i] ==(number1[i] -number2[i])){
22                 is_right[i] =1;
23             }
24         }
```

```
25        if(is_right[i]){
26            printf("回答正确！ \n");
27        }else{
28            printf("回答错误！ \n");
29        }
30    }
31
32    return 0;
33 }
```

源代码 7-4 ArithmeticTest_02-B.c

第 2 行代码：

使用预编译指令“#define”定义一个宏(Macro)替换。宏替换的一般格式是：

```
#define  名字  替换文本
```

宏替换的工作原理和工作过程是：在编写代码的时候，可以使用某个“名字”代替“替换文本”，使程序代码阅读起来更为直观，然后在该源代码真正编译为二进制可执行代码之前，C语言编译器的预处理系统会按照原先的宏替换定义进行文本替换(也称为“宏展开”)，使用预先定义的“替换文本”替换原先的“名字”。

宏替换完成后才进入下一步的编译过程。一般来说，常用的C语言开发环境或者是普通的文本编辑器，都有一个“查找/替换”的功能菜单，其实我们也可以自己使用该菜单来完成这里的宏替换功能。当然，使用这里自动化的宏替换功能将会比使用“查找/替换”的功能菜单更加方便和高效。而且，如果以后需要把“5”改为其他文本，使用了宏替换功能后只需要修改一个地方就可以了，不需要整个源代码文件逐个找到“5”后再修改。

这里第2行语句定义了一个名字为“N”的宏替换，接下来的代码就使用这个名字“N”来代替之前的文本“5”。然后等到真正要把源代码编译为二进制可执行文件之前，C语言编译器的预处理系统会把名字“N”全部被替换为文本“5”。

提示： 按照C语言的习惯，宏替换的名字一般使用全部大写的字母，以区别于全部小写字母的变量名以及C语言本身的小写字母形式的关键字，从而提高源代码的可读性。

第 6～10 行、第 13 行代码：

使用宏名字“N”代替之前的文本“5”。

第 9 行代码：

定义了一个int类型的可以容纳N个元素的名字为is_right的数组，并把第0个元素is_right[0]初始化赋值为整数0。按照C语言的规定，余下的N－1个元素默认也初始化赋值为整数0。这里利用了C语言数组的部分初始化的特点，不用每个元素都显式初始化为整数0，简化了初始化的操作。

如果数组is_right的第i个元素赋值为1，则表示对应的第i道口算测验题目是回答正确的；反之，如果赋值为0，则表示回答错误。

现在数组is_right的每一个元素is_righit[i]都初始化为0，表示默认每一道题的回答是错误的(还没有开始测验，所以无法确定是否正确)，到时候用户如果回答正确了，才把相应的元素 is_right[i]赋值为 1；如果回答错误，就不用修改，保持原来的 0 就行了。

第 18 和 22 行代码：

如果加法口算回答正确了，就执行第 18 行代码，把数组 is_right 的相应元素 is_right[i]赋值并修改为 1；如果减法口算回答正确了，就执行第 22 行代码，把数组 is_right 的相应元素 is_right[i]赋值并修改为 1。

第 25 行代码：

不管是加法运算还是减法运算，只要数组 is_right 的元素 is_right[i]的值为 1，同时也表示是逻辑值"真"，那么就输出信息"回答正确"；如果为 0 就输出信息"回答错误"。

源代码 7-4 和源代码 7-3 在功能上是相同的，所以本程序运行后输出结果请参考前面的图 7-5。

【练习 7-3】

编写 C 语言程序，从键盘读取不超过 10 个字符，然后逆序输出。程序的运行结果如图 7-6～图 7-8 所示。

```
输入:hello【Enter】
输出:olleh
```

图 7-6　练习 7-3 的运行结果(1)

```
输入:helloworld【Enter】
输出:dlrowolleh
```

图 7-7　练习 7-3 的运行结果(2)

```
输入:helloworldhowareyou【Enter】
输出:dlrowolleh
```

图 7-8　练习 7-3 的运行结果(3)

【练习 7-4】

编写 C 语言程序，从键盘读取日期，然后输出该日期是一年中的第几天。假定年份是平年，即 2 月有 28 天。如果输入的日期不存在，则输出"非法日期"。程序的运行结果如图 7-9 所示。

```
请输入日期(月-日):3-1【Enter】
3月1日是平年的第60天。
```

图 7-9　练习 7-4 的运行结果

提示：

(1) 1 月 1 日是平年的第 1 天。

(2) 12 月 31 日是平年的第 365 天。

(3) 4 月 31 日、6 月 31 日等都是非法日期。

7.3 成绩汇总输出

1. 源代码 7-5

作为测验,有时候是不需要每作答一道口算题目就立即给出批改结果。我们接着修改程序,最后才一次性输出成绩汇总表,如源代码 7-5 所示。

```
01 #include <stdio.h>
02 #define N 5
03
04 int main()
05 {
06     int number1[N] ={36, 23, 47, 7, 19};
07     int number2[N] ={25,  8, 29, 16, 6};
08     char opt[N] ={'+', '-', '-', '+', '+'};
09     int is_right[N] ={0};     //0:回答错误;1:回答正确
10     int input[N];
11     int counter =0;
12     int i;
13
14     for(i =0;i <N;i++){
15         printf("第%d题:%d %c %d =", i +1, number1[i], opt[i], number2[i]);
16         scanf("%d", &input[i]);
17     }
18
19     printf("\n成绩汇总:  \n");
20     for(i =0;i <N;i++){
21         printf("%d %c %d =", number1[i], opt[i], number2[i]);
22         printf("%d", input[i]);
23         if(opt[i] =='+'){
24             if(input[i] == (number1[i] +number2[i])){
25                 is_right[i] =1;
26             }
27         }else{
28             if(input[i] == (number1[i] -number2[i])){
29                 is_right[i] =1;
30             }
31         }
32         if(is_right[i]){
33             printf("\n");
34             counter++;
35         }else{
36             printf(" [答案:  ");
37             if(opt[i] =='+'){
38                 printf("%d]\n", number1[i] +number2[i]);
39             }else{
40                 printf("%d]\n", number1[i] -number2[i]);
41             }
```

```
42          }
43      }
44      printf("题目总数:%d\n答对数量:%d\n", N, counter);
45      printf("正确率:%.2f%%\n", counter * 100.0 / N);
46
47      return 0;
48  }
```

源代码 7-5　ArithmeticTest_03-A.c

第 11 行代码：

使用关键字 int 定义一个变量 counter 并初始化为 0，用于保存作答正确的口算题目数量。

第 20～43 行代码：

使用 for 循环语句输出 N 道口算题目，以及用户的作答。如果答错了，还要输出正确答案。

第 21～22 行代码：

输出第 i 道测验题目以及用户的回答。

第 23～31 行代码：

这个用于判断用户第 i 道测验题目的回答是否正确的 if 语句，原先在 7.2 节的例子中是位于第一个 for 循环语句里面，每读入一个回答，就立刻使用该 if 语句判断一次。现在不需要在输入回答后立即给出答案判断，因此这个 if 语句被移动到这里。

第 33～34 行代码：

如果用户第 i 道测验题目的回答是正确的，那么只需要直接输出换行符，以及把记录回答正确题目数量的计数器 counter 累加 1。

第 36～41 行代码：

如果用户第 i 道测验题目的回答是错误的，那么输出正确答案和换行符在题目后面。

第 44～45 行代码：

统计并输出题目的总数 N，答对的数量为 counter，正确率百分比为(counter/N)×100％。

由于 counter 和 N 都是整数，两个整数相除，结果只能是整数，因此这里首先使用 counter 与 100.0 相乘，利用隐式类型转换为浮点数，最后再除以 N，这样就可以得到浮点数结果。

C 语言的函数 printf()使用符号“％”用于格式说明符，需要结合后面的字符才能确定具体格式的含义。如果要输出符号“％”本身，就需要输出连续两个百分号“％％”，这样在屏幕上就显示一个百分号“％”。

本程序编译并运行后的输出结果如图 7-10 所示。

```
第 1 题:36 + 25 = 61【Enter】
第 2 题:23 - 8 = 31【Enter】
第 3 题:47 - 29 = 18【Enter】
```

图 7-10　ArithmeticTest_03-A.c 的运行结果

```
第 4 题:7 +16 =23【Enter】
第 5 题:19 +6 =25【Enter】

成绩汇总:
36 +25 =61
23 -8 =31 [答案:15]
47 -29 =18
7 +16 =23
19 +6 =25
题目总数:5
答对数量:4
正确率:80.00%
```

图 7-10(续)

本程序在功能上已经达到了预定的目标,但在输出风格上还有改进的空间。由于本程序的目标是 100 以内的加减法口算题目测验,因此参加运算的整数有一位数,也有两位数,所以每一列的数据是否能够对齐,就关系到整个汇总输出的美观程度了。

2. 源代码 7-6

我们继续修改程序,使得输出的结果能够实现每列数据“右对齐”,如源代码 7-6 所示。

```
01  #include <stdio.h>
02  #define N 5
03
04  int main()
05  {
06      int number1[N] ={36, 23, 47, 7, 19};
07      int number2[N] ={25,  8, 29, 16, 6};
08      char opt[N] ={'+', '-', '-', '+', '+'};
09      int is_right[N] ={0};     //0:回答错误;1:回答正确
10      int input[N];
11      int counter =0;
12      int i;
13
14      for(i =0;i <N;i++){
15          printf("第%02d题:%2d %c %2d =", i +1, number1[i], opt[i], number2[i]);
16          scanf("%d", &input[i]);
17      }
18
19      printf("\n成绩汇总:  \n");
20      for(i =0;i <N;i++){
21          printf("%2d %c %2d =", number1[i], opt[i], number2[i]);
22          printf("%2d", input[i]);
23          if(opt[i] =='+'){
24              if(input[i] ==(number1[i] +number2[i])){
25                  is_right[i] =1;
26              }
27          }else{
```

```
28              if(input[i] ==(number1[i] -number2[i])){
29                  is_right[i] =1;
30              }
31          }
32          if(is_right[i]){
33              printf("\n");
34              counter++;
35          }else{
36              printf(" [答案: ");
37              if(opt[i] =='+'){
38                  printf("%2d]\n", number1[i] +number2[i]);
39              }else{
40                  printf("%2d]\n", number1[i] -number2[i]);
41              }
42          }
43      }
44      printf("题目总数:%6d\n 答对数量:%6d\n", N, counter);
45      printf("正确率:%7.2f%%\n", counter * 100.0 / N);
46
47      return 0;
48  }
```

源代码 7-6 ArithmeticTest_03-B. c

第 15 行代码：

使用格式说明符“%02d”输出 i + 1 的值。“%02d”表示以两位宽度输出十进制整数。如果不足两位则在左边填充 0。

提示：如果格式说明符是“%2d”，则表示以两位宽度输出十进制整数。如果不足两位则在左边填充空格。

第 15、21、22、38、40 行代码：

使用格式说明符“%2d”输出 number1[i]、number2[i]以及 input[i]的值，如果不足两位则在左边填充空格。

第 44 行代码：

使用格式说明符“%6d”输出 N 和 counter 的值，如果不足 6 位则在左边填充空格。

第 45 行代码：

使用格式说明符“%7.2f”输出表达式“counter * 100.0 / N”的值，浮点数的值输出总长度包括小数点一共是 7 位，其中整数位数 4 位，小数位数 2 位。整数位数不足 4 位则在左边填充空格。

提示：第 44 和 45 行的格式说明符“%6d”和“%7.2f”的数值 6 和 7 其实是一个经验值。如果需要，也可以修改为“%7d”和“%8.2f”，显示效果是整体往右边平移一个字符。也可以修改为“%5d”和“%6.2f”，显示效果是整体往左边平移一个字符。只要实现了“右对齐”并且整体效果比较美观就可以了。

本程序编译并运行后的输出结果如图 7-11 所示。

```
第 01 题:36 +25 =61【Enter】
第 02 题:23 - 8 =31【Enter】
第 03 题:47 -29 =18【Enter】
第 04 题: 7 +16 =23【Enter】
第 05 题:19 + 6 =25【Enter】

成绩汇总:
36 +25 =61
23 - 8 =31 [答案:15]
47 -29 =18
 7 +16 =23
19 + 6 =25
题目总数:     5
答对数量:     4
正确率:  80.00%
```

图 7-11　ArithmeticTest_03-B.c 的运行结果

我们对比图 7-11 和图 7-10 的输出显示效果,差别是比较明显的,目前程序的显示效果达到了我们预定的目标。现在的测验题库是固定的,因此,接下来我们继续改进程序,实现随机生成题库的功能。

【练习 7-5】

约瑟夫问题(Josephus Problem),又称约瑟夫环,即: *n* 个人围成一圈,对其顺时针编号为 1～*n*,然后从第 1 个人开始顺时针方向报数,第 1 个人报数 1,第 2 个人报数 2,依次类推,凡报数 *k* 的人则出列,接着下一个人重新从 1 开始报数,如此反复。

例如,$n=8$,$k=3$,则出列的顺序是: 3、6、1、5、2、8、4、7。

编写 C 语言程序,从键盘读入两个整数 n 和 k(使用空格分隔),然后输出出列的顺序到屏幕中(右对齐)。如果 n 不满足条件"$1\leqslant n\leqslant 100$"或 k 不满足条件"$k\geqslant 1$",则输出"非法数据"。程序的运行结果如图 7-12 所示。

```
请输入两个整数[n k]:10 3【Enter】
第 001 个出列:  3
第 002 个出列:  6
第 003 个出列:  9
第 004 个出列:  2
第 005 个出列:  7
第 006 个出列:  1
第 007 个出列:  8
第 008 个出列:  5
第 009 个出列: 10
第 010 个出列:  4
```

图 7-12　练习 7-5 的运行结果

【练习 7-6】

列队顺逆报数: *n* 个人排成一列,从左到右对其编号为 1～*n*,然后从第 1 个人开始从左到右报数，第1个人报数1，第2个人报数2，依次类推，凡报数 k 的人则出列，然后下一个人重新从1开始报数，直至报数到最右边的人。接着从最右边的人开始从右到左报数，第1个人报数1，第2个人报数2，依次类推，凡报数 k 的人则出列，然后下一个人重新从1开始报数，直至报数到最左边的人。如此反复顺逆报数，直至队列中剩下 $k-1$ 个人。

例如，$n=8$，$k=3$，则出列的顺序是：3、6、5、1、7、2；未出列的是：4、8。

编写C语言程序，从键盘读入两个整数n和k(使用空格分隔)，然后输出出列的顺序到屏幕中(右对齐)。如果n不满足条件"$1\leqslant n\leqslant 100$"或k不满足条件"$1\leqslant k\leqslant n$，则输出"非法数据"。程序的运行结果如图7-13所示。

```
请输入两个整数[n k]:10 3【Enter】
第 01 个出列: 3
第 02 个出列: 6
第 03 个出列: 9
第 04 个出列: 7
第 05 个出列: 2
第 06 个出列: 5
第 07 个出列: 4
第 08 个出列:10
最后未出列的编号:1   8
```

图7-13　练习7-6的运行结果

7.4　随机生成题库

前面的章节已经学习了如何生成随机数，在本节使用随机数生成器稍有不同的是，现在要把生成的随机数赋值给int类型数组的元素，而不是赋值给单个的int类型变量。仅此而已！

我们继续修改程序，增加随机生成题库的功能，如源代码7-7所示。

```
01  #include <stdio.h>
02  #include <stdlib.h>
03  #include <time.h>
04  #define N 5
05
06  int main()
07  {
08      int number1[N];
09      int number2[N];
10      char opt[N];
11      int is_right[N] ={0};      //0:回答错误;1:回答正确
12      int input[N];
13      int counter =0;
14      int temp;
```

```
15      int i;
16
17      srand(time(NULL));
18      for(i =0;i <N;i++){
19          number1[i] =rand() %100;
20          if(rand() %2 ==0){
21              opt[i] ='+';
22              number2[i] =rand() %(100 -number1[i]);
23          }else{
24              opt[i] ='-';
25              number2[i] =rand() %100;
26              if(number1[i] <number2[i]){
27                  temp =number1[i];
28                  number1[i] =number2[i];
29                  number2[i] =temp;
30              }
31          }
32      }
33
34      for(i =0;i <N;i++){
35          printf("第%02d题:%2d %c %2d =", i +1, number1[i], opt[i], number2[i]);
36          scanf("%d", &input[i]);
37      }
38
39      printf("\n成绩汇总: \n");
40      for(i =0;i <N;i++){
41          printf("%2d %c %2d =", number1[i], opt[i], number2[i]);
42          printf("%2d", input[i]);
43          if(opt[i] =='+'){
44              if(input[i] ==(number1[i] +number2[i])){
45                  is_right[i] =1;
46              }
47          }else{
48              if(input[i] ==(number1[i] -number2[i])){
49                  is_right[i] =1;
50              }
51          }
52          if(is_right[i]){
53              printf("\n");
54              counter++;
55          }else{
56              printf(" [答案: ");
57              if(opt[i] =='+'){
58                  printf("%2d]\n", number1[i] +number2[i]);
59              }else{
60                  printf("%2d]\n", number1[i] -number2[i]);
61              }
62          }
63      }
```

```
64      printf("题目总数: %6d\n答对数量: %6d\n", N, counter);
65      printf("正确率: %7.2f%%\n", counter * 100.0 / N);
66
67      return 0;
68  }
```

源代码 7-7　ArithmeticTest_04.c

第 8～10 行代码：

由于接下来会生成随机数并赋值到数组 number1、number2、opt 的所有元素，所以这里只定义 3 个数组，不需要初始化数组。

第 19 行代码：

使用函数 rand()生成的随机数除以 100 求余数，余数的范围是 0～99，这样就保证 number1 是一个 100 以内的数。

第 20 行代码：

函数 rand()只能直接生成随机整数，并不能随机生成运算符“＋”或“－”。这里使用了一个常见的技巧：使用函数 rand()生成随机数并除以 2 求余数，那么余数只能是 0 或 1，然后使用 if 语句的完整形式匹配两种运算符“＋”和“－”。

第 21～22 行代码：

如果随机产生的运算符是“＋”，即做加法运算，那么 number2[i]的合理范围是 0 到“99－number1[i]”，才能保证 number1[i]与 number2[i]之和仍然是 100 以内的数。所以这里使用函数 rand()生成的随机数除以“100－number1[i]”求余数，余数的范围是 0 到“99－number1[i]”。

第 24～30 行代码：

如果随机产生的运算符是“－”，即做减法运算，那么 number2[i]的合理范围也是 0～99。这里考虑到，我们的口算测验程序预设的目标用户是小学低年级学生，他们还没有学习负数，因此这里要保证 number1[i]不小于 number2[i]，以避免两数相减得到负数。

第 26～30 行代码用于确保 number1[i]不小于 number2[i]。

如果 number1[i]小于 number2[i]，则通过使用一个临时变量 temp(在第 14 行定义)作为中转，交换两个变量 number1[i]和 number2[i]的值。

本程序编译并运行后的输出结果如图 7-14 所示。

```
第 01 题:44 +32 =76【Enter】
第 02 题:87 -28 =59【Enter】
第 03 题:43 + 9 =52【Enter】
第 04 题:98 -56 =42【Enter】
第 05 题:58 +18 =66【Enter】
```

图 7-14　ArithmeticTest_04.c 的运行结果

```
成绩汇总:
44 +32 =76
87 -28 =59
43 + 9 =52
98 -56 =42
58 +18 =66 [答案:76]
题目总数:     5
答对数量:     4
正确率:  80.00%
```

图 7-14(续)

至此,我们已经循序渐进地完成了这个代码简洁且功能实用的小案例。同时,我们也看到,进入本阶段的学习,本书案例单个源代码文件的行数越来越多,从而,我们阅读和理解源代码的难度也越来越大。此时,"函数"将是我们解决这一问题的重要手段。

C语言提供了"函数"这一工具方便我们组织源代码。使用函数来编写源代码,以函数为模块来组织程序的结构,可以大大降低整个源代码文件的复杂度,减轻我们阅读和理解源代码的难度,降低程序出错的概率,减少不必要的调试时间。

【练习 7-7】

编写C语言程序,从键盘读入某比赛的10个评委给出的评分,分值是0~100的整数(包含0和100)。然后输出这10个评分中的最高评分。

如果输入的评分超出0~100的范围,则重新输入该评分。如果有多个最高评分,则输出其中一个最高评分。程序的运行结果如图7-15所示。

```
请输入10个评分:
第01个评分:85【Enter】
第02个评分:78【Enter】
第03个评分:89【Enter】
第04个评分:88【Enter】
第05个评分:92【Enter】
第06个评分:84【Enter】
第07个评分:78【Enter】
第08个评分:86【Enter】
第09个评分:92【Enter】
第10个评分:92【Enter】
最高评分:
第05个评分:92
```

图 7-15　练习 7-7 的运行结果

【练习 7-8】

编写C语言程序,从键盘读入某比赛的10个评委给出的评分,分值是0~100的整数(包含0和100),然后输出这10个评分中的最高评分。

如果输入的评分超出0~100的范围,则重新输入该评分。如果有多个最高评分,则输出所有的最高评分。程序的运行结果如图 7-16 所示。

```
请输入 10 个评分:
第 01 个评分:85【Enter】
第 02 个评分:78【Enter】
第 03 个评分:89【Enter】
第 04 个评分:88【Enter】
第 05 个评分:92【Enter】
第 06 个评分:84【Enter】
第 07 个评分:78【Enter】
第 08 个评分:86【Enter】
第 09 个评分:92【Enter】
第 10 个评分:92【Enter】
最高评分:
第 05 个评分:92
第 09 个评分:92
第 10 个评分:92
```

图 7-16　练习 7-8 的运行结果

【练习 7-9】

编写 C 语言程序,从键盘读入某比赛的 10 个评委给出的评分,分值是 0～100 的整数(包含 0 和 100)。然后输出这 10 个评分,并标注出一个最大值和一个最小值。最后计算除去一个最大值和一个最小值后剩余 8 个评分的平均值,保留 1 位小数。

如果输入的评分超出 0～100 的范围,则重新输入该评分。如果有多个最大值或最小值,则只标注其中一个。程序的运行结果如图 7-17 和图 7-18 所示。

```
请输入 10 个评分:
第 01 个评分:85【Enter】
第 02 个评分:78【Enter】
第 03 个评分:89【Enter】
第 04 个评分:88【Enter】
第 05 个评分:92【Enter】
第 06 个评分:84【Enter】
第 07 个评分:78【Enter】
第 08 个评分:86【Enter】
第 09 个评分:92【Enter】
第 10 个评分:92【Enter】
输出:
第 01 个评分: 85
第 02 个评分: 78, 最低分
第 03 个评分: 89
```

图 7-17　练习 7-9 的运行结果(1)

```
第 04 个评分: 88
第 05 个评分: 92, 最高分
第 06 个评分: 84
第 07 个评分: 78
第 08 个评分: 86
第 09 个评分: 92
第 10 个评分: 92
平均分:86.8
```

图 7-17(续)

```
请输入 10 个评分:
第 01 个评分:85【Enter】
第 02 个评分:85【Enter】
第 03 个评分:85【Enter】
第 04 个评分:85【Enter】
第 05 个评分:85【Enter】
第 06 个评分:85【Enter】
第 07 个评分:85【Enter】
第 08 个评分:85【Enter】
第 09 个评分:85【Enter】
第 10 个评分:85【Enter】
输出:
第 01 个评分: 85, 最低分
第 02 个评分: 85, 最高分
第 03 个评分: 85
第 04 个评分: 85
第 05 个评分: 85
第 06 个评分: 85
第 07 个评分: 85
第 08 个评分: 85
第 09 个评分: 85
第 10 个评分: 85
平均分:85.0
```

图 7-18　练习 7-9 的运行结果(2)

【练习 7-10】

编写 C 语言程序,随机产生 10 个评委的评分,分值要求是 0～100 的整数(包含 0 和 100)。然后输出这 10 个评分,并标注出一个最大值和一个最小值。最后计算除去一个最大值和一个最小值后剩余 8 个评分的平均值,保留 1 位小数。

如果有多个最大值或最小值,则只标注其中一个。程序的运行结果如图 7-19 所示。

```
第 01 个评分: 67
第 02 个评分: 24
第 03 个评分: 17
```

图 7-19　练习 7-10 的运行结果

```
第 04 个评分: 58
第 05 个评分: 65
第 06 个评分:  3, 最低分
第 07 个评分: 46
第 08 个评分: 37
第 09 个评分: 99, 最高分
第 10 个评分: 56
平均分:46.3
```

图　7-19(续)

7.5　使用函数重构代码

代码重构是指在不改变软件系统外部行为的前提下,改善它的内部结构,通过调整程序代码改善软件的质量、性能,使其程序的设计模式和架构更趋合理,提高软件的扩展性和维护性。

为提高读者的学习效率以及取得更好的学习效果,我们重复使用这个“口算测验”案例,不增加、不修改以及不删除任何功能,使读者能够以参照对比的方式,学习使用函数这一强大工具来组织程序结构,提高源代码的质量。

一个 C 程序(Program)由若干个函数(Function)构成,每个函数由多条语句(Statement)组成。C 程序的运行是首先调用整个程序的入口函数,也就是 main()函数,然后由 main()函数根据需要再调用其他函数执行特定的功能。

通过使用函数,我们可以把一个大型的任务分解为若干个小的任务,然后编写相应的函数来实现每一个小任务的功能,达到化繁为简的效果。同时,也可以利用别人已经编写好的函数来完成相应的任务,以避免重复操作。比如我们使用过的 printf()、scanf()、abs()、sqrt()、srand()、rand()、time()等函数就是 C 语言的标准库提供的函数: 因为这些功能太常用了,所以 C 语言预先实现了这些“函数”以备使用。

库(Library)是由一系列函数组成的程序集合,ANSI C 标准提供了 15 个标准库给我们使用,求算术平方根函数 sqrt()就是属于其中的标准数学函数库 math. h。

提示: ANSI C 标准提供的 15 个标准库请参考第 2 章的表 2-3。

函数的概念有些抽象。下面我们借助一个计算两个整数之和的简单例子来学习如何使用函数,即如何定义函数、声明函数和调用函数。计算两个整数之和的程序代码如下所示。

```
#include <stdio.h>

int main()
{
    int number1 =520;
    int number2 =1314;
    int sum;
```

```
    sum = number1 + number2;
    printf("%d + %d = %d\n", number1, number2, sum);

    return 0;
}
```

现在我们可以定义一个函数,接收两个整数类型的变量作为参数,然后计算这两个整数的和,最后把计算的结果返回给本函数的调用者。使用函数重构代码如下:

```
01  #include <stdio.h>
02
03  int add(int number1, int number2);        //函数声明
04
05  int main()
06  {
07      int number1 = 520;
08      int number2 = 1314;
09      int sum;
10
11      sum = add(number1, number2);          //函数调用
12      printf("%d + %d = %d\n", number1, number2, sum);
13
14      return 0;
15  }
16
17  int add(int number1, int number2)          //函数定义
18  {
19      int sum;
20      sum = number1 + number2;
21      return sum;
22  }
```

第 17~22 行代码:

定义一个名字为 add 的函数,该函数接收两个 int 类型的变量或常量并分别保存到 int 类型变量 number1 和 number2 中,然后计算 number1 和 number2 的和并保存到 int 类型的变量 sum 中,最后使用 return 语句把变量 sum 的值返回给函数 add()的调用者。本例中,函数 add()的调用者是 main()函数。

第 19~21 行放置在花括号内的语句,称为"函数体"(Function Body)。

第 17 行代码:

在函数名字 add 前面使用关键字 int 规定了函数 add()使用 return 语句返回数据的数据类型。如果 return 后面的变量或常量的类型跟这里要求的 int 类型不一致,比如说是 double 类型,那么将会自动进行隐式类型转换,把 double 类型的数据转换为 int 类型。

在函数名字 add 后面的圆括号里面的部分"int number1, int number2"称为"参数列表"。这里定义了两个参数变量 number1 和 number2,这两个参数变量在这里称为函数 add()的"形式参数",在不引起歧义的情况下可以简称为"参数"。

第 21 行代码：

使用关键字 return 和变量 sum 组成了 return 语句，其作用是结束该语句所在的函数，并把关键字 return 后面的 sum 复制返回给该函数的调用者。本例子中是把函数 add()中第 19 行定义的变量 sum 的值赋值并保存到 main()函数中第 9 行定义的 sum 变量。

提示： C 语言规定，一个函数可以调用另一个函数，这是通常的做法。但是在一个函数里面不能再定义另一个函数。因此，包括入口函数 main()在内的所有函数的定义都是并列关系。C 语言还规定，每个函数里面定义的变量，只能在该函数里面使用(读取或者修改该变量)，不能在该函数的外面使用，也不能在其他函数里面使用。所以，在函数 add()里面(形式参数也算是在函数里面)定义的 3 个变量 number1、number2 和 sum 不会跟 main()函数里面相同名字的 3 个变量发生冲突。

第 11 行代码：

在 main()函数中调用在第 17～22 行已经定义的函数 add()。在调用函数 add()的时候，函数的圆括里面放置的两个变量 number1 和 number2 称为“实际参数”，在不引起歧义的情况下可以简称为“参数”。

函数 add()被调用过程可以分为 3 个步骤。

(1) 传递参数：把 main()函数在第 7 行和第 8 行定义的两个 int 类型变量 number1 和 number2 的值作为实际参数去调用函数 add()，即把这两个实际参数的值分别复制到对应的形式参数中，这些形式参数已经在第 17 行定义。这个步骤相当于执行如下的 2 个赋值语句：

```
number1 =number1;
number2 =number2;
```

其中，赋值运算符左边的变量 number1 和 number2 是在函数 add()里面定义的形式参数，赋值运算符右边的变量 number1 和 number2 是在 main()函数里面定义的作为实际参数的变量。当然了，这两行代码是不能直接编译成功的，只是概念上“相当于”这样的一个赋值过程而已。

(2) 执行函数体：跳转到被调用函数 add()的第一行语句继续执行，本例是跳转到第 19 行代码。

(3) 返回数据：执行 return 语句结束该函数，并把 return 后面的变量 sum 的值复制返回给函数 add()的调用者，本例是返回给第 11 行的变量 sum 保存。这个步骤也相当于执行 1 个赋值语句：

```
sum =sum;
```

其中，赋值运算符左边的变量 sum 是在 main()函数里面定义的一个普通变量，赋值运算符右边的变量 sum 是在函数 add()里面定义的一个普通变量。同样，这行代码也是不能直接编译成功的，只是概念上“相当于”这样的一个赋值过程而已。

第 3 行代码：

这是函数声明，也称为“函数原型”(Function Prototype)声明：指出函数的返回类型、函数名字以及形式参数的列表。函数原型不包括任何语句,仅提供函数调用的基本信息。

C 语言规定,使用变量之前必须先定义变量,调用函数之前必须先定义函数或声明函数。这个例子中函数 add()在第 17 行才开始定义,但在第 11 行就已经调用函数 add(),属于违规了。使用函数原型可以解决这个问题。

定义函数的一般格式是:

```
数据类型  函数名字(数据类型 1  形式参数 1, 数据类型 2  形式参数 2, ……)
{
   //函数体
}
```

如果函数不需要返回数据到该函数的调用者,那么函数名字前面的数据类型位置可以使用关键字 void 来明确指出这一点,并且在函数体中也不需要强制一定使用 return 语句返回数据。这时函数体里面的 return 语句是可选的。一般是配合 if 语句根据需要执行不附带变量或常量的单独 return 语句"return;"来提前结束该函数。如果函数体没有 return 语句,则执行完函数体的最后一条语句就自动结束该函数。例如:

```
void add(int number1, int number2)
{
    int sum;
    sum =number1 +number2;
    printf("%d +%d =%d\n", number1, number2, sum);
}
```

对应的函数原型是:

```
void add(int number1, int number2);
```

对应的函数调用是:

```
int number1 =520;
int number2 =1314;
add(number1, number2);
```

调用函数的一般格式是:

```
某个变量 =函数名字(实际参数 1, 实际参数 2, ……);
```

如果定义该函数的时候使用关键字 void 作为返回类型,或者该函数的调用者放弃使用其返回值,那么调用函数的格式是:

```
函数名字(实际参数 1, 实际参数 2, ……);
```

事实上,我们经常使用的 C 标准库函数 printf(),其返回值是 int 类型,该返回值表示函数 printf()成功输出到屏幕中的字符数量。例如：

```
int m;
int n;
m =printf("hello");       //m 赋值为 5,一个英文字符使用一个字节的存储容量来存放
n =printf("你好");        //n 赋值为 4,因为一个中文字符占用两个英文字符的存储容量
```

但是，我们通常都是放弃使用函数 printf()的返回值的。

至此，我们已经初步掌握了如何声明函数、定义函数以及调用函数，接着就可以开始代码重构的工作了。由于代码重构后其功能没有发生改变，因此为了节省篇幅，这里就不重复介绍学过的知识点，只介绍跟函数相关的知识点，同时也不重复列出代码重构后程序编译运行的结果。请大家再次复习前面的源代码 7-1～源代码 7-7，反复比较重构前与重构后代码的差异，以达到高效率掌握使用函数组织程序结构的效果。

【练习 7-11】

(1) 编写一个 C 语言函数，函数名是 get_max，返回值是 int 类型，参数列表有 2 个 int 类型变量 x 和 y 作为形式参数。

函数 get_max()的功能是按照给定的整数 x 和 y 比较两者中的最大值，并返回该最大值。函数 get_max()不允许从键盘读取数据，也不允许输出数据到屏幕中。

函数 get_max()对应的函数原型如下：

```
int get_max(int x, int y);
```

(2) 编写 main()函数并调用函数 get_max()进行测试。程序的运行结果如图 7-20 所示。

提示：可以参考练习 3-5。

```
第 1 个整数:12【Enter】
第 2 个整数:34【Enter】
12 和 34 之中的最大值是:34
```

图 7-20　练习 7-11 的运行结果

【练习 7-12】

(1) 编写一个 C 语言函数，函数名是 print_day，返回值是 void 类型，即不需要返回值，参数列表有一个 int 类型变量 day 作为形式参数。

函数 print_day()的功能是根据给定的整数变量 day，如果 day 的值为 0～6，则相应输出“星期天”至“星期六”到屏幕中。如果 day 的值不是 0～6，则输出“非法数据”。函数 print_day()不允许从键盘读取数据。

函数 print_day()对应的函数原型如下：

```
void print_day(int day);
```

(2) 编写 main()函数并调用函数 print_day ()进行测试。程序的运行结果如图 7-21 所示。

提示：可以参考练习 3-7。

```
请输入一个整数:2【Enter】
星期二
```

图 7-21 练习 7-12 的运行结果

7.5.1 加法口算测验

1. 源代码 7-8

源代码 7-1 使用函数进行代码重构后,如源代码 7-8 所示。

```
01  #include <stdio.h>
02
03  int get_input(int number1, int number2);
04  void check_answer(int number1, int number2, int input);
05
06  int main()
07  {
08      int number1 =36;
09      int number2 =25;
10      int input;
11
12      input =get_input(number1, number2);
13      check_answer(number1, number2, input);
14
15      return 0;
16  }
17
18  int get_input(int number1, int number2)
19  {
20      int input;
21      printf("%d +%d =", number1, number2);
22      scanf("%d", &input);
23      return input;
24  }
25
26  void check_answer(int number1, int number2, int input)
27  {
28      if(input ==(number1 +number2)){
29          printf("回答正确! \n");
30      }else{
31          printf("回答错误! \n");
32      }
33  }
```

源代码 7-8 ArithmeticTest_11-A. c

第 18～24 行代码:

定义一个名字为 get_input 的函数,返回值是 int 类型,参数列表有两个 int 类型的变量

number1 和 number2 作为形式参数。

函数 get_input()的功能是显示两个整数变量 number1 和 number2 的值到屏幕中，并从键盘读取用户输入的整数保存到变量 input 中。

第 3 行代码：

函数 get_input()对应的函数原型声明。

第 12 行代码：

使用 main()函数定义的 int 类型变量 number1 和 number2 作为实际参数调用函数 get_input()。函数 get_input()执行完毕后，其返回值赋值给 main()函数定义的 int 类型变量 input 保存。

第 26～33 行代码：

定义一个名字为 check_answer 的函数，返回值是 void 类型(即不需要返回值)，参数列表有 3 个 int 类型的变量 number1、number2 和 input 作为形式参数。

函数 check_answer()的功能是比较 number1 与 number2 的和是否等于 input，如果相等，则输出信息“回答正确！”；如果不相等，则输出信息“回答错误！”。

第 4 行代码：

函数 check_answer()对应的函数原型声明。

第 13 行代码：

使用 main()函数定义的 int 类型变量 number1、number2 和 input 作为实际参数调用函数 check_answer()。函数 check_answer()执行完毕后，不需要传回返回值。

提示：变量名和函数名的命名原则如下。

- 变量一般是描述事物的名称，因此变量的名字建议使用“名词”或“定语_名词”的形式命名。
- 函数一般是描述一个计算过程或一系列的动作，因此函数的名字建议使用“动词”或“动词_宾语”的形式命名。

从源代码 7-8 可以看出，使用函数这个工具重构后的代码的可读性和逻辑性得到了明显增强，这就是函数的威力。

2. 源代码 7-9

初步掌握了函数的使用方法后，我们继续使用函数这个工具重构源代码 7-2，代码重构后，如源代码 7-9 所示。

```
01  #include <stdio.h>
02
03  int get_input(int number1, int number2);
04  void check_answer(int number1, int number2, int input);
05
06  int main()
07  {
08      int number1[5] = {36, 23, 47, 7, 19};
09      int number2[5] = {25,  8, 29, 16, 6};
10      int input[5];
11      int i;
```

```
12
13      for(i=0;i<5;i++){
14          printf("第%d题:", i+1);
15          input[i]=get_input(number1[i], number2[i]);
16          check_answer(number1[i], number2[i], input[i]);
17      }
18
19      return 0;
20  }
21
22  int get_input(int number1, int number2)
23  {
24      int input;
25      printf("%d+%d=", number1, number2);
26      scanf("%d", &input);
27      return input;
28  }
29
30  void check_answer(int number1, int number2, int input)
31  {
32      if(input==(number1+number2)){
33          printf("回答正确！ \n");
34      }else{
35          printf("回答错误！ \n");
36      }
37  }
```

源代码 7-9 ArithmeticTest_11-B. c

第 15 行代码:

使用 number1[i]和 number2[i]作为实际参数调用函数 get_input()。函数 get_input()执行完毕后,其返回值赋值给 input[i]保存。

number1[i]、number2[i]以及 input[i]分别是 int 类型数组 number1、number2 以及 input 的第 i 个元素,即都是相当于单个的 int 类型变量。所以,这行代码其实跟源代码 7-8 的第 12 行代码是没有本质区别的。

第 16 行代码:

使用 number1[i]、number2[i]以及 input[i]作为实际参数调用函数 check_answer()。函数 check_answer()执行完毕后,不需要传回返回值。

number1[i]、number2[i]以及 input[i]分别是 int 类型数组 number1、number2 以及 input 的第 i 个元素,即都是相当于单个的 int 类型变量。所以,这行代码也跟源代码 7-8 的第 13 行代码是没有本质区别的。

在源代码 7-8 中,我们定义的两个函数 get_input()和 check_answer()都是针对一道口算测验题的,而本例中使用 for 循环语句可以处理 5 道口算测验题,但我们不需要重新设计或修改这两个函数,就可以完成处理 5 道口算测验题的新任务。这充分体现了使用函数作为模块来组织程序结构的优点。一个设计合理的函数,应该具有足够的通用性,从而达到“一次编写并重复使用”的目的。

【练习 7-13】

(1) 参考练习 4-11 中斐波那契数列的定义，编写一个 C 语言函数，函数名字是 fib，返回值是“long long”类型，参数列表有一个 int 类型变量 n 作为形式参数。

函数 fib()的功能是按照给定的整数 n 计算斐波那契数列的第 n 项，并把该项的数值返回。如果整数 n 不满足条件“$1 \leqslant n \leqslant 93$”，则函数 fib()返回值是$-1$。函数 fib()不允许从键盘读取数据，也不允许输出数据到屏幕。

函数 fib()对应的函数原型如下：

```
long long fib(int n);
```

(2) 编写 main()函数并调用函数 fib()进行测试。程序的运行结果如图 7-22 所示。

```
请输入一个整数:90【Enter】
斐波那契数列的第 90 项是:1779979416004714189
```

图 7-22　练习 7-13 的运行结果

提示：可以参考练习 4-17 和练习 4-18。

【练习 7-14】

(1) 编写一个 C 语言函数，函数名字是 divide，返回值是 void 类型，即不需要返回值，参数列表有 3 个 int 类型变量 m、n 和 scale 作为形式参数。

函数 divide()的功能是把分数 m/n 转化为小数输出，即计算 m 除以 n 的商，并输出商到屏幕中(只输出商，不输出 m 或 n 等无关的内容)。计算结果保留到小数点后 scale 位，最末位的数使用直接截断的方式，不需要四舍五入。每 10 个小数位为一组，使用空格分隔。

函数 divide()对应的函数原型如下：

```
void divide(int m, int n, int scale);
```

(2) 编写 main()函数，从键盘读取整数 m、n 和 scale 并调用函数 divide()进行测试。如果 m 小于 0 或者 n 小于 1 或者 scale 小于 0，则输出“非法数据”。程序的运行结果如图 7-23 所示。

```
请输入一个分数[m/n]:123 / 456【Enter】
保留小数位数:50【Enter】
123/456 =0.2697368421 0526315789 4736842105 2631578947 3684210526
```

图 7-23　练习 7-14 的运行结果

提示：可以参考练习 6-15。

7.5.2　加减法口算测验

由于源代码 7-3 和源代码 7-4 的功能比较接近，为节约篇幅，这里只介绍源代码 7-4 的重构，重构后如源代码 7-10 所示。

```
01  #include <stdio.h>
02  #define N 5
03
04  int get_input(int number1, char opt, int number2);
05  int check_answer(int number1, char opt, int number2, int input);
06
07  int main()
08  {
09      int number1[N] ={36, 23, 47, 7, 19};
10      int number2[N] ={25,  8, 29, 16, 6};
11      char opt[N] ={'+', '-', '-', '+', '+'};
12      int is_right[N];     //0:回答错误;1:回答正确
13      int input[N];
14      int i;
15
16      for(i =0;i <5;i++){
17          printf("第%d题:", i +1);
18          input[i] =get_input(number1[i], opt[i], number2[i]);
19          is_right[i] =check_answer(number1[i], opt[i], number2[i], input[i]);
20          if(is_right[i]){
21              printf("回答正确!  \n");
22          }else{
23              printf("回答错误!  \n");
24          }
25      }
26
27      return 0;
28  }
29
30  int get_input(int number1, char opt, int number2)
31  {
32      int input;
33      printf("%d %c %d =  ", number1, opt, number2);
34      scanf("%d", &input);
35      return input;
36  }
37
38  int check_answer(int number1, char opt, int number2, int input)
39  {
40      int is_right =0;     //0:回答错误;1:回答正确
41      if(opt =='+'){
42          if(input == (number1 +number2)){
43              is_right =1;
44          }
45      }else{
46          if(input == (number1 -number2)){
47              is_right =1;
48          }
49      }
```

```
50      return is_right;
51  }
```

源代码 7-10　ArithmeticTest_12-B.c

第 30 行代码：

跟源代码 7-9 相比，这里增加了一个 char 类型的数组 opt 用于存放运算符号，在处理第 i 道口算测验题的时候，也需要把数组 opt 的第 i 个元素 opt[i]作为实际参数传递给函数 get_input()，因此这里定义函数 get_input()的参数列表也需要增加一个形式参数"char opt"，用于接收相应的实际参数 opt[i]。

按照口算测验题的习惯，运算符应该在两个整数之间，因此这里的函数 get_input()的参数列表中，我们也把形式参数"char opt"排列在中间位置。

第 38 行代码：

跟源代码 7-9 相比，这里增加了一个 char 类型的数组 opt 用于存放运算符号，在处理第 i 道口算测验题的时候，也需要把数组 opt 的第 i 个元素 opt[i]作为实际参数传递给函数 check_answer()，因此这里定义函数 check_answer()的参数列表也需要增加一个形式参数"char opt"，用于接收相应的实际参数 opt[i]。

按照口算测验题的习惯，运算符应该在两个整数之间，因此这里函数 check_answer()的参数列表中，我们也把形式参数"char opt"排列在 number1 和 number2 之间的位置。

另外，我们不希望在函数 check_answer()中输出信息到屏幕而破坏了程序输出的一致性。因此，在函数 check_answer()中只需要返回一个整数类型的返回值，让函数 check_answer()的调用者根据这个返回值来决定是否输出信息到屏幕以及如何输出信息到屏幕中。函数 check_answer()的函数体不需要直接输出信息到屏幕中。

所以这里定义函数 check_answer()的返回类型也由原来的 void 修改为 int，同时在第 40 行定义一个 int 类型的变量 is_right 用于保存返回值，并在第 50 行使用 return 语句结束函数然后返回变量 is_right 的值。

第 4～5 行代码：

函数 get_input()和 check_answer()的接口信息已经发生改变，因此这里对应的函数原型声明也需要一致改变。

第 18～19 行代码：

函数 get_input()和 check_answer()的接口信息已经发生改变，因此这里作为函数调用的实际参数列表也需要相应的改变。

相比于源代码 7-9，本例增加了减法口算测验的功能。由于使用了函数来组织程序的结构，因此对代码的改动是相当小的，或者说，即使有改动，也是相当容易实施的。也就是说，使用函数来组织程序的结构，程序的可扩展性一般是比较好的。

【练习 7-15】

某学校使用等级制评定学生的成绩，原来的百分制按照如下规则转换为等级制：95 分及以上评为 A，85 分及以上评为 B，70 分及以上评为 C，60 分及以上评为 D，60 分以下评为 E。

(1) 编写一个 C 语言函数，函数名字是 to_grade，返回值是 char 类型，参数列表有一个

int类型变量score作为形式参数。

函数to_grade()的功能是按照给定的百分制整数分数score计算出相应的等级,并把该等级返回。如果整数变量score不满足条件“0≤score≤100”,则函数to_grade()返回值是' '(即空格)。函数to_grade()不允许从键盘读取数据,也不允许输出数据到屏幕中。

函数to_grade()对应的函数原型如下:

```
char to_grade(int score);
```

(2) 编写main()函数,调用函数to_grade()进行测试。程序的运行结果如图7-24所示。

```
请输入一个整数成绩:80【Enter】
百分制的80分对应于等级制的C
```

图7-24　练习7-15的运行结果

提示:可以参考练习3-8。

【练习7-16】

(1) 参考练习3-10中平年及闰年的判断标准,编写一个C语言函数,函数名字是is_leap,返回值是int类型,参数列表有一个int类型变量year作为形式参数。

函数is_leap()的功能是根据给定的year值来判断该年份是平年或闰年,如果是闰年则返回整数1,即逻辑值“真”;如果是平年则返回整数0,即逻辑值“假”。函数is_leap()不允许从键盘读取数据,也不允许输出数据到屏幕中。

函数is_leap()对应的函数原型如下:

```
int is_leap(int year);
```

(2) 编写main()函数,从键盘读入一个代表年份的整数year,并调用函数is_leap()对年份year进行测试,如果是平年,则输出该年份有365天;如果是闰年,则输出该年份有366天。

如果键盘输入的年份year不满足条件“1800≤year≤9999”,则输出“非法数据”。程序的运行结果如图7-25所示。

```
请输入年份:2020【Enter】
2020年有366天。
```

图7-25　练习7-16的运行结果

提示:可以参考练习3-10。

7.5.3 成绩汇总输出

由于源代码7-5和源代码7-6的功能比较接近,为节约篇幅,这里只介绍源代码7-6的重构,重构后如源代码7-11所示。

```
01  #include <stdio.h>
02  #define N 5
03
04  int get_input(int number1, char opt, int number2);
05  int summary(int number1, char opt, int number2, int input);
06  int check_answer(int number1, char opt, int number2, int input);
07
08  int main()
09  {
10      int number1[N] ={36, 23, 47, 7, 19};
11      int number2[N] ={25,  8, 29, 16, 6};
12      char opt[N] ={'+', '-', '-', '+', '+'};
13      int input[N];
14      int counter =0;
15      int i;
16
17      for(i =0;i <N;i++){
18          printf("第%02d题:  ", i +1);
19          input[i] =get_input(number1[i], opt[i], number2[i]);
20      }
21
22      printf("\n成绩汇总:  \n");
23      for(i =0;i <N;i++){
24          counter +=summary(number1[i], opt[i], number2[i], input[i]);
25      }
26      printf("题目总数:%6d\n答对数量:%6d\n", N, counter);
27      printf("正确率:%7.2f%%\n", counter * 100.0 / N);
28
29      return 0;
30  }
31
32  int get_input(int number1, char opt, int number2)
33  {
34      int input;
35      printf("%2d %c %2d =  ", number1, opt, number2);
36      scanf("%d", &input);
37      return input;
38  }
39
40  int summary(int number1, char opt, int number2, int input)
41  {
42      int is_right =0;    //0:回答错误;1:回答正确
43      printf("%2d %c %2d =", number1, opt, number2);
44      printf("%2d", input);
45      is_right =check_answer(number1, opt, number2, input);
46      if(is_right){
47          printf("\n");
48      }else{
```

```
49          printf(" [答案: ");
50          if(opt =='+'){
51              printf("%2d]\n", number1 +number2);
52          }else{
53              printf("%2d]\n", number1 -number2);
54          }
55      }
56      return is_right;
57  }
58
59  int check_answer(int number1, char opt, int number2, int input)
60  {
61      int is_right =0;     //0:回答错误;1:回答正确
62      if(opt =='+'){
63          if(input ==(number1 +number2)){
64              is_right =1;
65          }
66      }else{
67          if(input ==(number1 -number2)){
68              is_right =1;
69          }
70      }
71      return is_right;
72  }
```

源代码 7-11　ArithmeticTest_13-B. c

第 40～57 行代码:

定义一个名字为 summary 的函数,返回值是 int 类型,参数列表是"int number1, char opt, int number2, int input"。

在第 42 行定义一个 int 类型的变量 is_right,然后在第 45 行调用函数 check_answer(),函数 check_answer()执行完毕后把返回值赋值到变量 is_right,最后在第 56 行使用 return 语句结束函数 summary()并返回变量 is_right 的值。

第 24 行代码:

调用函数 summary(),函数 summary()执行完毕后把返回值赋值累加到整数类型的变量 counter 中保存。由于变量 counter 在第 14 行定义的时候已经同时被初始化为整数 0,因此变量 counter 能够正确保存口算测验回答正确的题目数量。

相比于源代码 7-10,本例增加了输出成绩汇总表的功能。由于使用了函数来组织程序的结构,因此对代码的改动是相当小的,只需要增加相应的函数 summary()来实现输出成绩汇总表的功能,而对原来定义好的函数 get_input()和 check_answer()则不需要任何改动。

一个设计良好的函数,应该只做最小的功能子集,这样才能使得函数具有更好的通用性。一般来说,要想使函数的通用性好,就应该遵守"小而精"的设计原则,不能让一个函数具有很多和很杂的功能。例如,函数 check_answer()只做一个事情,就是判断用户的回答是否正确并用返回值返回该函数的调用者即可。至于判断完后是否需要输出结果以及如何输出结果,就与函数 check_answer()无关了。这样的设计,就会让函数 check_answer()的通用性非常好，编写和测试通过后，函数check_answer()可以一直使用。

【练习7-17】

(1) 编写一个C语言函数，函数名字是print_number，返回值是int类型，参数列表有一个int类型变量n作为形式参数。

函数print_number()的功能是根据给定的n值按照从小到大的顺序输出前n个正整数到屏幕中(不输出2的倍数、3的倍数以及5的倍数)，每个数使用空格分隔，同时统计所输出整数的个数并作为返回值返回。函数print_number()不允许从键盘读取数据。

函数print_number()对应的函数原型如下：

```
int print_number(int n);
```

(2) 编写main()函数，从键盘读入一个整数n，并调用函数print_number()输出满足条件的整数到屏幕中。最后接收函数print_number()的返回值并输出满足条件的整数的个数。

如果键盘输入的整数n小于1，则输出“非法数据”。程序的运行过程如图7-26所示。

提示：可以参考练习3-13。

```
请输入一个整数:59【Enter】
1 7 11 13 17 19 23 29 31 37 41 43 47 49 53 59
满足条件的整数一共有16个。
```

图7-26 练习7-17的运行结果

【练习7-18】

(1) 编写一个C语言函数，函数名字是print_fib，返回值是int类型，参数列表有2个“long long”类型变量m和n作为形式参数。

函数print_fib()的功能是根据给定的m值和n值计算并输出斐波那契数列中数值介于m与n之间(包含m与n)的项，项与项之间用空格分隔，同时统计所输出项的数量并作为返回值返回。函数print_fib()不允许从键盘读取数据。

函数print_fib()对应的函数原型如下：

```
int print_fib(long long m, long long n);
```

(2) 编写main()函数，从键盘读入2个整数m和n，并调用函数print_fib()输出满足条件的项到屏幕中。最后接收函数print_fib()的返回值并输出满足条件的项的数量。

如果键盘输入的整数m、n不满足条件“$0 \leqslant m < n$”，则输出“非法数据”。程序的运行结果如图7-27所示。

提示：可以参考练习4-12。

```
请输入整数m和n:123456789012 1234567890123【Enter】
139583862445 225851433717 365435296162 591286729879 956722026041
斐波那契数列在区间[123456789012, 1234567890123]一共有5项。
```

图7-27 练习7-18的运行结果

7.5.4 随机生成题库

1. 源代码 7-12

源代码 7-7 使用函数进行代码重构后，如源代码 7-12 所示。

```
001 #include <stdio.h>
002 #include <stdlib.h>
003 #include <time.h>
004 #define N 5
005 
006 int get_input(int number1, char opt, int number2);
007 int summary(int number1, char opt, int number2, int input);
008 int check_answer(int number1, char opt, int number2, int input);
009 int get_rand_number(int min, int max);
010 char get_rand_opt();
011 void swap(int * x, int * y);
012 
013 int main()
014 {
015     int number1[N];
016     int number2[N];
017     char opt[N];
018     int input[N];
019     int counter = 0;
020     int i;
021 
022     srand(time(NULL));
023     for(i = 0;i < N;i++){
024         number1[i] = get_rand_number(0, 99);
025         opt[i] = get_rand_opt();
026         if(opt[i] == '+'){
027             number2[i] = get_rand_number(0, 99 - number1[i]);
028         }else{
029             number2[i] = get_rand_number(0, 99);
030             if(number1[i] < number2[i]){
031                 swap(&number1[i], &number2[i]);
032             }
033         }
034     }
035 
036     for(i = 0;i < N;i++){
037         printf("第%02d题：  ", i + 1);
038         input[i] = get_input(number1[i], opt[i], number2[i]);
039     }
040 
041     printf("\n成绩汇总：  \n");
042     for(i = 0;i < N;i++){
043         counter += summary(number1[i], opt[i], number2[i], input[i]);
```

```
044     }
045     printf("题目总数:%6d\n答对数量:%6d\n", N, counter);
046     printf("正确率:%7.2f%%\n", counter * 100.0 / N);
047
048     return 0;
049 }
050
051 int get_input(int number1, char opt, int number2)
052 {
053     int input;
054     printf("%2d %c %2d =   ", number1, opt, number2);
055     scanf("%d", &input);
056     return input;
057 }
058
059 int summary(int number1, char opt, int number2, int input)
060 {
061     int is_right =0;     //0:回答错误,1:回答正确
062     printf("%2d %c %2d =   ", number1, opt, number2);
063     printf("%2d", input);
064     is_right =check_answer(number1, opt, number2, input);
065     if(is_right){
066         printf("\n");
067     }else{
068         printf(" [答案:  ");
069         if(opt =='+'){
070             printf("%2d]\n", number1 +number2);
071         }else{
072             printf("%2d]\n", number1 -number2);
073         }
074     }
075     return is_right;
076 }
077
078 int check_answer(int number1, char opt, int number2, int input)
079 {
080     int is_right =0;     //0:回答错误;1:回答正确
081     if(opt =='+'){
082         if(input ==(number1 +number2)){
083             is_right =1;
084         }
085     }else{
086         if(input ==(number1 -number2)){
087             is_right =1;
088         }
089     }
090     return is_right;
091 }
092
```

```
093  int get_rand_number(int min, int max)
094  {
095      int n =rand() % (max -min +1) +min;
096      return n;
097  }
098
099  char get_rand_opt()
100  {
101      char opt;
102      if(rand() %2 ==0){
103          opt ='+';
104      }else{
105          opt ='-';
106      }
107      return opt;
108  }
109
110  void swap(int * x, int * y)
111  {
112      int temp;
113      temp = * x;
114      * x = * y;
115      * y =temp;
116  }
```

源代码 7-12　ArithmeticTest_14-A. c

第 93～97 行代码：

定义一个名字为 get_rand_number 的函数，返回值是 int 类型，参数列表有两个 int 类型的变量 min 和 max 作为形式参数。

函数 get_rand_number()的功能是根据给定的参数 min 和 max 生成一个在 min 和 max 之间(包括 min 和 max)的随机整数并使用该整数作为返回值返回。min 和 max 需要满足条件“0≤min≤max”。

函数 get_rand_number()设计为可以接收两个参数 min 和 max，目的是让该函数有更好的通用性。除了可以在本例中使用，以后还可以重复使用在其他程序中。

第 9 行代码：

这是函数 get_rand_number()对应的函数原型声明。

第 24、27 和 29 行代码：

调用函数 get_rand_number()，返回值分别赋值并保存到 number1[i]和 number2[i]中。

第 99～108 行代码：

定义一个名字为 get_rand_opt 的函数，返回值是 char 类型，不需要传递参数，所以这里参数列表是空的。

如果参数列表为空，也可以使用关键字 void 明确指出。例如：

```
char get_rand_opt(void){
    //函数体
}
```

函数 get_rand_opt()也有比较广泛的通用性，除了可以在本例中使用，以后还可以重复用在其他程序中。

第 10 行代码：

函数 get_rand_opt()对应的函数原型声明。

第 25 行代码：

调用函数 get_rand_opt()，返回值赋值并保存到 opt[i]中。

第 110～116 行代码：

定义一个名字为 swap 的函数，返回值是 void 类型(即不需要返回值)，参数列表有两个"int　*"类型的变量 x 和 y 作为形式参数。

swap 的字面意义是"交换"的意思。编写这个 swap 函数，目的是要实现这样的功能：使用形式参数 x 和 y 接收两个整数变量，然后交换这两个变量的值，但是返回值只能返回一个值，不能返回两个值，所以需要直接修改所接收的两个整数变量，从而达到交换两个变量值的效果。

第 11 行代码：

函数 swap()对应的函数原型声明。

第 31 行代码：

使用 &number1[i]和 &number2[i]作为实际参数调用函数 swap()，交换两个变量 number1[i]和 number2 的值。

现在我们有疑问的是，为什么定义和调用函数 swap()需要使用符号"*"和"&"？

如果不编写函数 swap()，可以直接在 main()函数中交换两个变量的值，例如：

```
#include <stdio.h>

int main()
{
    int m =123;
    int n =456;
    int t;

    t =m;
    m =n;
    n =t;
    printf("交换后:m =%d, n =%d\n", m, n);

    return 0;
}
```

那么，从下面的输出结果可以知道，变量 m 和 n 的值已经交换成功了。

```
交换后:m =456, n =123
```

现在我们将其改造为一个不使用符号“*”的函数版本来比较一下：

```
#include <stdio.h>

void swap(int x, int y);

int main()
{
    int m =123;
    int n =456;

    printf("调用 swap()前:m =%d, n =%d\n", m, n);
    swap(m, n);
    printf("调用 swap()后:m =%d, n =%d\n", m, n);

    return 0;
}

void swap(int x, int y)
{
    int temp;
    temp =x;
    x =y;
    y =temp;
    printf("调用 swap()中:x =%d, y =%d\n", x, y);
}
```

程序编译并运行后，输出如下结果：

```
调用 swap()前:m =123, n =456
调用 swap()中:x =456, y =123
调用 swap()后:m =123, n =456
```

从输出结果我们可以看到，在函数 swap()里面对变量 x 和 y 的内容修改，实质上是对函数 swap()中定义的变量 x 和 y(即形式参数 x 和 y)的修改，并不是对 main()函数中定义的作为实际参数的变量 m 和 n 修改，因此没有达到交换 main()函数中 m 和 n 这两个变量的值的目的。

所以，这是一个打算定义和使用函数 swap()来交换两个变量值的失败的例子。

为了解决类似这样的问题，C 语言提供了一个强大的工具——“指针”(Pointer)。指针是一种复合数据类型，可以直接获得变量所关联的内存空间的地址，具有直接访问存储在对应内存空间中数据的能力。

指针概念十分简单且使用灵活，可以完成很多复杂的任务。使用指针类型在函数中传递参数，就可以解决这种需要在一个函数里面去修改另一个函数的变量值的问题。

可以使用运算符“&”求某个变量的地址编号。运算符“&”称为“求变量地址运算符”。在使用函数 scanf()时，附加在变量名前的符号“&”就是“求变量地址运算符”。

计算机的内存是以字节为单位进行管理的。为方便管理，一般采用的方法是对内存的每一个字节分配一个整数的编号，且编号从 0 开始，这些编号称为内存的地址。

假设某计算机的内存容量是 4GB，即一共有 $4\times2^{30}=4294967296$ 字节的内存。那么分配给这些内存每一个字节的编号是从 0 开始一直到 4294967295（即 $4\times2^{30}-1$）。

在大多数情况下，我们不必知道具体的地址编号。如果需要，也可以打印出变量的地址编号，例如：

```
#include <stdio.h>

int main()
{
    int a = 123;
    printf("变量 a 的地址十进制是%d\n", &a);
    printf("变量 a 的地址十六进制是%X\n", &a);
    printf("变量 a 的地址是%p", &a);

    return 0;
}
```

程序编译并运行后，输出如下结果：

```
变量 a 的地址十进制是 2686652
变量 a 的地址十六进制是 28FEBC
变量 a 的地址是 0028FEBC
```

这里的表达式“&a”是使用求变量地址运算符“&”求出变量 a 的地址编号，并返回该编号作为表达式“&a”的计算结果。该结果是一个整数，因此可以使用函数 printf()以格式说明符“%d”和“%X”的形式输出该整数（建议参考第 4 章的练习 4-1）。

函数 printf()也支持使用格式说明符“%p”专门输出地址类型的整数（例如表达式“&a”的计算结果），“%p”跟“%X”一样，使用大写字母并以十六进制形式输出整数，不同的是，“%p”会使用前导 0 补足左边不足的位数。

在不引起歧义的情况下，我们通常把“变量 a 的首地址”简称为“变量 a 的地址”。

在这个例子中，定义 int 类型变量 a 的时候，系统分配了 4 个字节的内存空间给变量 a，即 sizeof(int)或者 sizeof(a)的值是 4。这里的输出信息“变量 a 的地址是 0028FEBC”表达的意思是：int 类型的变量 a，分配的内存空间是 4 个字节，其第 1 个字节的地址编号（即首地址）是 0028FEBC，剩下的 3 个字节的地址编号分别是 0028FEBD、0028FEBE 和 0028FEBF。

提示：由于每个计算机系统一般都会存在差异，所以读者运行本例后得到的变量 a 的地址数值可能跟这里的值不同，这是正常现象。

虽然表达式“&a”所求出的变量 a 的地址编号看起来是一个整数，但这个地址编号的类型不是整数类型，而是地址类型，或者说是指针类型，因此如果需要保存到 int 类型中，就需要使用显式的类型转换。例如：

```
int a = 123;
int n = (int) &a;
printf("n = %d", n);
```

这样转换不但麻烦，而且不太合理。因此，C语言使用符号"*"附加在原有的数据类型关键字后面构成复合数据类型，即"指针"类型。然后使用指针类型定义指针类型的变量(简称指针变量)，用于保存和处理关于变量地址的信息。例如：

```
int a =123;
int * p =&a;
```

我们可以这样理解和描述"int * p=&a;"语句：定义一个类型为"int *"、名字为p的指针变量并初始化为&a。

更为详细的描述是：我们定义了一个名为p的指针变量，这个指针变量可以保存某个int类型变量的地址，在这里，初始化这个变量p来保存int类型变量a的地址。

当一个指针变量保存某变量的地址时，我们就说这个指针指向了某变量。因此，在这里可以更形象更简洁地描述为：定义一个可以指向int类型变量的指针p，并指向变量a。

提示：定义指针变量的时候，符号"*"的左右两边必须至少一边留有空白，不能两边都没有空白。例如"int*   p""int   *p"和"int   *   p"这3种写法都是合法的，"int*p"是不合要求的。本书采用符号"*"左右两边都留有空白的写法。

定义指针类型变量并初始化赋值的一般格式是：

```
数据类型 * 指针变量 =& 其他变量;
```

例如：

```
double b =1.23;
double * p =&b;
```

我们可以这样理解和描述"double * p=&b;"语句：定义一个类型为"double *"、名字为p的指针变量并初始化为&b。

或者更形象的说法是：定义一个可以指向double类型变量的指针p，并指向变量b。

定义了指针变量后，就可以使用一元运算符"*"获取指针变量所指向对象的值，然后就可以像使用普通变量名一样使用该值进行读写操作。例如：

```
double b =1.23;
double * p =&b;
*p =4.56;        //等价于"b =4.56;"
```

这里定义一个可以指向double类型变量的指针p，并指向变量b。然后，使用"*p"获取指针变量p所指向的对象b的值，并把该值修改为4.56。

也就是说，如果定义一个可以指向double类型变量的指针p，并指向变量b后，那么接下来在应该使用变量b的地方，就可以使用"*p"替代b。

引用指针变量所指向对象的值的一般格式是：

```
*指针变量
```

有了关于指针的基本知识后，我们可以继续看下面这个使用指针变量的一个小例子：

```
#include <stdio.h>

int main()
{
    int a =123;
    double b =1.23;
    char c ='H';
    int * p1 =&a;
    double * p2 =&b;
    char * p3 =&c;

    * p1 =456;          //等价于"a =456;"
    * p2 =4.56;         //等价于"b =4.56;"
    * p3 ='K';          //等价于"c ='K';"
    printf("a 的地址:%p,a =%d\n", &a, a);
    printf("b 的地址:%p,b =%f\n", &b, b);
    printf("c 的地址:%p,c ='%c'\n\n", &c, c);

    printf("p1 的地址:%p,p1 =%p, * p1 =%d\n", &p1, p1, * p1);
    printf("p2 的地址:%p,p2 =%p, * p2 =%f\n", &p2, p2, * p2);
    printf("p3 的地址:%p,p3 =%p, * p3 ='%c'\n\n", &p3, p3, * p3);

    printf("sizeof(int) =%d, sizeof(a) =%d\n", sizeof(int), sizeof(a));
    printf("sizeof(double) =%d, sizeof(b) =%d\n", sizeof(double), sizeof(b));
    printf("sizeof(char) =%d, sizeof(c) =%d\n\n", sizeof(char), sizeof(c));

    printf("sizeof(int * ) =%d, sizeof(p1) =%d\n", sizeof(int * ), sizeof(p1));
    printf("sizeof(double * ) =%d, sizeof(p2) =%d\n", sizeof(double * ), sizeof(p2));
    printf("sizeof(char * ) =%d, sizeof(p3) =%d\n", sizeof(char * ), sizeof(p3));

    return 0;
}
```

Dev-C++ 的编译器可以工作在 32 位和 64 位两种模式，如图 7-28 所示。

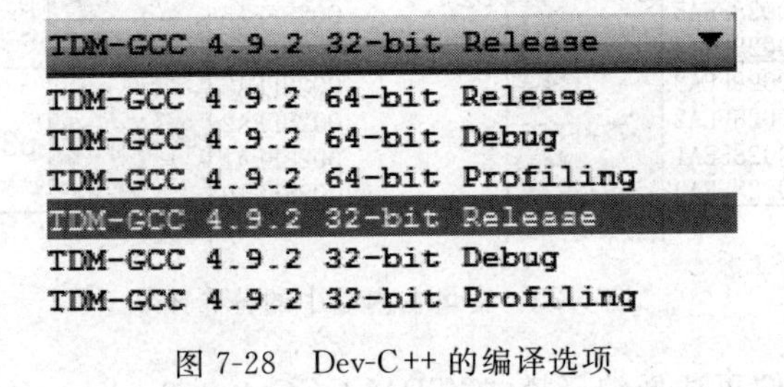

图 7-28　Dev-C++ 的编译选项

我们首先选择编译模式"TDM-GCC 4.9.2 32-bit Release"，然后再编译和运行程序，最后可以看到本例的输出结果如下所示。

```
a 的地址:0028FEBC,a =456
b 的地址:0028FEB0,b =4.560000
c 的地址:0028FEAF,c ='K'

p1 的地址:0028FEA8,p1 =0028FEBC, *p1 =456
p2 的地址:0028FEA4,p2 =0028FEB0, *p2 =4.560000
p3 的地址:0028FEA0,p3 =0028FEAF, *p3 ='K'

sizeof(int) =4, sizeof(a) =4
sizeof(double) =8, sizeof(b) =8
sizeof(char) =1, sizeof(c) =1

sizeof(int *) =4, sizeof(p1) =4
sizeof(double *) =4, sizeof(p2) =4
sizeof(char *) =4, sizeof(p3) =4
```

在 32 位模式下我们可以看到,不管是指向哪种数据类型变量的指针,该指针变量本身都是 4 字节(32 位)的长度。

另外,我们可以使用图 7-29 来展示各个变量在内存中的分布和相互关系。

地址	值	变量	值	变量
⋮	⋮		⋮	
0028FEBF 0028FEBE 0028FEBD 0028FEBC	123	a	456	a
⋮	⋮		⋮	
0028FEB7 0028FEB6 0028FEB5 0028FEB4 0028FEB3 0028FEB2 0028FEB1 0028FEB0	1.23	b	4.56	b
0028FEAF	'K'	c	'H'	c
0028FEAE 0028FEAD 0028FEAC 0028FEA8	0028FEBC	p1	0028FEBC	p1
0028FEA7 0028FEA6 0028FEA5 0028FEA4	0028FEB0	p2	0028FEB0	p2
0028FEA3 0028FEA2 0028FEA1 0028FEA0	0028FEAF	p3	0028FEAF	p3
	⋮		⋮	

图 7-29 变量在内存中的分布图

为了加以比较,我们再选择编译模式“TDM-GCC 4.9.2 64-bit Release”,然后编译和运行程序,最后可以看到本例的输出结果如下所示。

```
a 的地址:000000000022FE4C,a =456
b 的地址:000000000022FE40,b =4.560000
c 的地址:000000000022FE3F,c ='K'

p1 的地址:000000000022FE30,p1 =000000000022FE4C, * p1 =456
p2 的地址:000000000022FE28,p2 =000000000022FE40, * p2 =4.560000
p3 的地址:000000000022FE20,p3 =000000000022FE3F, * p3 ='K'

sizeof(int) =4, sizeof(a) =4
sizeof(double) =8, sizeof(b) =8
sizeof(char) =1, sizeof(c) =1

sizeof(int * ) =8, sizeof(p1) =8
sizeof(double * ) =8, sizeof(p2) =8
sizeof(char * ) =8, sizeof(p3) =8
```

在 64 位模式下我们可以看到,不管是指向哪种数据类型变量的指针,该指针变量本身都是 8 字节(64 位)的长度。

有了指针这种复合数据类型,现在可以把前面使用函数交换两个变量的值的失败例子修改为可以正确工作的版本:

```
#include <stdio.h>

void swap(int * x, int * y);

int main()
{
    int m =123;
    int n =456;

    printf("调用 swap()前:m =%d, n =%d\n", m, n);
    swap(&m, &n);
    printf("调用 swap()后:m =%d, n =%d\n", m, n);

    return 0;
}

void swap(int * x, int * y)
{
    int temp;
    temp = * x;
    * x = * y;
    * y =temp;
    printf("调用 swap()中:x =%d, y =%d\n", * x, * y);
}
```

本例编译运行后的输出结果如下：

```
调用 swap()前:m =123, n =456
调用 swap()中:x =456, y =123
调用 swap()后:m =456, n =123
```

从输出结果可以看到，现在这个版本使用函数 swap()成功交换了两个变量的值。

这个成功的版本调用函数 swap()的传递参数过程，相当于执行两个赋值语句：

```
int * x =&m;
int * y =&n;
```

其中，赋值运算符“=”左边的指针变量 x 和 y 是在函数 swap()中定义，右边的变量 m 和 n 是在 main()函数中定义。

虽然在函数 swap()中不能直接访问和修改 main()函数中定义的变量 m 和 n，但通过求出变量 m 和 n 的地址并复制给函数 swap()的指针变量 x 和 y，然后就可以通过使用“* x”和“* y”以间接访问方式实现了修改 main()函数的变量 m 和 n 的值，并把这两个变量的值交换。

至此，前面我们曾经提出的疑问“为什么定义和调用函数 swap()需要使用符号‘*’”和‘&’”，已经获得了完满的解答。

2. 源代码 7-13

我们继续修改程序，在源代码 7-12 的基础上增加函数 init_test()，如源代码 7-13 所示。

```
001  #include <stdio.h>
002  #include <stdlib.h>
003  #include <time.h>
004  #define N 5
005
006  void init_test(int * number1, char * opt, int * number2);
007  int get_input(int number1, char opt, int number2);
008  int summary(int number1, char opt, int number2, int input);
009  int check_answer(int number1, char opt, int number2, int input);
010  int get_rand_number(int min, int max);
011  char get_rand_opt();
012  void swap(int * x, int * y);
013
014  int main()
015  {
016      int number1[N];
017      int number2[N];
018      char opt[N];
019      int input[N];
020      int counter =0;
021      int i;
022
```

```
023     srand(time(NULL));
024     for(i =0;i <N;i++){
025         init_test(&number1[i], &opt[i], &number2[i]);
026     }
027
028     for(i =0;i <N;i++){
029         printf("第%02d题:  ", i +1);
030         input[i] =get_input(number1[i], opt[i], number2[i]);
031     }
032
033     printf("\n成绩汇总: \n");
034     for(i =0;i <N;i++){
035         counter +=summary(number1[i], opt[i], number2[i], input[i]);
036     }
037     printf("题目总数: %6d\n答对数量: %6d\n", N, counter);
038     printf("正确率: %7.2f%%\n", counter * 100.0 / N);
039
040     return 0;
041 }
042
043 void init_test(int * number1, char * opt, int * number2)
044 {
045     * number1 =get_rand_number(0, 99);
046     * opt =get_rand_opt();
047     if(* opt =='+'){
048         * number2 =get_rand_number(0, 99 - * number1);
049     }else{
050         * number2 =get_rand_number(0, 99);
051         if(* number1 < * number2){
052             swap(number1, number2);
053         }
054     }
055 }
056
057 int get_input(int number1, char opt, int number2)
058 {
059     int input;
060     printf("%2d %c %2d =  ", number1, opt, number2);
061     scanf("%d", &input);
062     return input;
063 }
064
065 int summary(int number1, char opt, int number2, int input)
066 {
067     int is_right =0;     //0:回答错误,1:回答正确
068     printf("%2d %c %2d =  ", number1, opt, number2);
069     printf("%2d", input);
070     is_right =check_answer(number1, opt, number2, input);
071     if(is_right){
```

```
072            printf("\n");
073        }else{
074            printf(" [答案: ");
075            if(opt == '+'){
076                printf("%2d]\n", number1 +number2);
077            }else{
078                printf("%2d]\n", number1 -number2);
079            }
080        }
081        return is_right;
082    }
083
084    int check_answer(int number1, char opt, int number2, int input)
085    {
086        int is_right =0;     //0:回答错误;1:回答正确
087        if(opt == '+'){
088            if(input == (number1 +number2)){
089                is_right =1;
090            }
091        }else{
092            if(input == (number1 -number2)){
093                is_right =1;
094            }
095        }
096        return is_right;
097    }
098
099    int get_rand_number(int min, int max)
100    {
101        int n =rand() % (max -min +1) +min;
102        return n;
103    }
104
105    char get_rand_opt()
106    {
107        char opt;
108        if(rand() %2 ==0){
109            opt = '+';
110        }else{
111            opt = '-';
112        }
113        return opt;
114    }
115
116    void swap(int * x, int * y)
117    {
118        int temp;
119        temp = * x;
120        * x = * y;
121        * y =temp;
122    }
```

源代码 7-13　ArithmeticTest_14-B. c

第43～55行代码：

定义一个名字为init_test的函数，返回值是void类型(即不需要返回值)，参数列表有3个指针类型的变量作为形式参数。

第52行代码：

这里作为实际参数调用函数swap()的变量number1和number2，在函数init_test()的参数列表中已经定义为int类型的指针，因此不再需要使用运算符"&"求地址。

第6行代码：

这是函数init_test()对应的函数原型声明。

第25行代码：

使用&number1[i]、&opt[i]和&number2[i]作为实际参数调用函数init_test()。

求变量地址运算符"&"的优先级是第2级，求数组指定下标元素运算符"[]"的优先级是第1级，即级别高于求变量地址运算符"&"，因此表达式"&number1[i]"等价于"&(number1[i])"。

提示：关于运算符的优先级别，请参考第4章的表4-1。

目前，我们的程序经过代码重构后，结构已经比较合理，可扩展性良好，整个程序的可读性也大大提高。main()函数通过直接调用3个函数来完成主要的功能，这3个函数又通过调用其余的4个函数来完成功能。main()函数很清晰地向我们展示出程序的结构，它是由以下几个部分组成：

(1) 第16～21行代码，定义了数组类型的变量和普通的变量。

(2) 第23～26行代码，使用for循环语句循环N次，每次调用函数init_test()随机生成一道口算测验题。

(3) 第28～31行代码，使用for循环语句循环N次，每次调用函数get_input()显示一道口算题并接收用户的回答结果。

(4) 第33～38行代码，使用for循环语句循环N次，每次调用函数summary()汇总输出一道口算题并批改答案，最后统计输出正确率等信息。

后面的三部分在功能上比较独立，我们可以继续改进程序，把这三部分都分别封装为函数，让main()函数的结构更加简洁清晰。

【练习7-19】

(1) 编写一个C语言函数，函数名字是reverse，返回值是void类型，即不需要返回值，参数列表有一个指向"long long"类型的指针变量n作为形式参数。

函数reverse()的功能是根据给定指针变量n所指向的整数计算其对应的逆序整数并保存覆盖原来的值。函数reverse()不允许从键盘读取数据，也不允许输出数据到屏幕中。

函数reverse()对应的函数原型如下：

```
void reverse(long long * n);
```

(2) 编写main()函数，从键盘读入一个整数n，并调用函数reverse()把n的值修改为其对应的逆序整数，最后计算新n值的2倍并输出结果到屏幕中。

如果键盘输入的n小于1，则输出"非法数据"。程序的运行结果如图7-30所示。

```
请输入一个整数:12345678901234567 8【Enter】
876543210987654321 * 2 =1753086421975308642
```

图 7-30　练习 7-19 的运行结果

提示：可以参考练习 4-9 和练习 4-10。

【练习 7-20】

(1) 参考练习 3-17 中质数的定义，编写一个 C 语言函数，函数名字是 is_prime，返回值是 int 类型，参数列表有一个 int 类型变量 n 作为形式参数。

函数 is_prime()的功能是根据给定的 n 值来判断 n 是素数或者合数，如果是素数则返回整数 1，即逻辑值“真”，如果是合数则返回整数 0，即逻辑值“假”。is_prime()不允许从键盘读取数据，也不允许输出数据到屏幕中。

函数 is_prime()对应的函数原型如下：

```
int is_prime(int n);
```

(2) 编写 main()函数，从键盘读入一个整数 n，调用函数 is_prime()对整数 n 进行测试，并输出测试结果到屏幕中。

如果键盘输入的整数小于 2，则输出“非法数据”。程序的运行结果如图 7-31 所示。

```
请输入一个整数:31【Enter】
31 是素数。
```

图 7-31　练习 7-20 的运行结果

提示：可以参考练习 3-17 和练习 6-11。

7.5.5　传递数组到函数

接 7.5.4 小节，如果要把 main()函数后面的 3 个部分都分别封装为函数，那么先要解决的一个技术问题就是，如何在函数的参数列表中把需要使用到的数组作为实际参数传递到函数中。

到目前为止，我们在参数列表中传递的实际参数都是基本数据类型的变量。数组是一种复合数据类型，有其特殊性，所以，在真正继续改进代码之前，我们先研究数组变量作为参数传递的格式要求。

C 语言规定，数组的名字同时也是一个指向该数组首地址的指针。数组的首地址，也是数组第 0 个元素的首地址。

既然数组名本身就是指针，那么把数组名这个指针赋值给另一个相同类型的指针变量的时候，就不需要像普通的基本类型变量一样需要使用求地址运算符“&”了，直接使用数组名即可。例如：

```
int a[5] ={10, 20, 30, 40, 50};
int * p =a;              //这里使用数组名 a,不是使用 &a
printf("%d", *p);     //这里输出数组 a 第 0 个元素 a[0]的值,即 10
```

```
p++;                    //即 p =p +1,指向数组 a 的下一个元素,而不是把地址编号加 1
printf("%d", *p);       //这里输出数组 a 第 1 个元素 a[1]的值,即 20
```

同时,C 语言又规定,指针也可以像数组一样使用下标来访问数据。指针当前指向的地址,就相当于数组的首地址。例如:

```
int a[5] ={10, 20, 30, 40, 50};
int * p =a;             //这里使用数组名 a,不是使用 &a
printf("%d", p[2]);     //这里输出数组 a 第 2 个元素 a[2]的值,即 30
```

虽然数组的名字同时也是指针,但只是指针常量,而不是指针变量。既然是常量,那么其值在定义的时候就会初始化确定下来,以后就不能使用赋值运算符去改变它的值。例如:

```
int a[5] ={10, 20, 30, 40, 50};
int b[5];
b =a;     //这行语句会编译失败并有出错提示信息"[Error] invalid initializer"
```

这里最后一行语句"b=a;"打算复制数组 a 到数组 b 中,是不符合 C 语言语法要求的。数组名 b 是指针常量,不是指针变量,因此不允许放置在赋值运算符的左边修改其值。如果修改为"int b[5]=a;"也一样不符合要求。

但语句"int a[5]={10, 20, 30, 40, 50};"是合法的,因为赋值运算符右边的部分"{10, 20, 30, 40, 50}"只是要求把 5 个整数放置到数组 a 的相应元素的位置去保存,而不是去修改数组 a 的首地址。

而通常我们使用的指针是指针变量,一般来说,变量可以随时以及反复使用赋值运算符去修改它的值。例如:

```
int a[5] ={10, 20, 30, 40, 50};
int b[5] ={11, 22, 33, 44, 55};
int * p =a;             //这里使用数组名 a,不是使用 &a
printf("%d", p[2]);     //这里输出数组 a 第 2 个元素 a[2]的值,即 30
p =b;                   //这里使用数组名 b,不是使用 &a
printf("%d", p[2]);     //这里输出数组 b 第 2 个元素 b[2]的值,即 33
```

这里,指针变量 p 一开始时候指向数组 a,然后使用赋值语句"p=b"修改为指向数组 b。

在了解这些关于数组和指针的关系之后,我们继续看下面的例子:

```
#include <stdio.h>
#define N 5
int main()
{
    int a[N] ={10, 20, 30, 40, 50};
    int b[N] ={11, 22, 33, 44, 55};
    int * p =a;
    int i;
```

```
    for(i =0;i <N;i++){
        if(p[i] %3 ==0){
            p[i] =p[i] * 10;
        }
        printf("a[%d] =%d\n", i, p[i]);
    }
    printf("\n");

    p =b;
    for(i =0;i <N;i++){
        if(p[i] %3 ==0){
            p[i] =p[i] * 10;
        }
        printf("b[%d] =%d\n", i, p[i]);
    }
    printf("\n");

    for(i =0;i <N;i++){
        printf("a[%d] =%d\tb[%d] =%d\n", i, a[i], i, b[i]);
    }

    return 0;
}
```

在这个例子中，我们首先定义了都有 N 个元素的 int 类型的两个数组 a 和 b，以及一个可以指向 int 类型变量的指针 p，并初始化为指向数组 a。

然后使用 for 循环语句循环 N 次，使用指针名字 p 以下标方式访问数组 a 的各个元素并输出到屏幕中，如果某个元素是 3 的倍数，则把该元素修改为原来的 10 倍大小。

接着使用赋值语句“p＝b;”把指针 p 修改为指向数组 b，再使用 for 循环语句循环 N 次，使用指针名字 p 以下标方式访问数组 b 的各个元素并输出到屏幕中，如果某个元素是 3 的倍数，则把该元素修改为原来的 10 倍大小。

最后使用 for 循环语句循环 N 次，按照数组的常规方法使用数组名 a 和 b 访问各个元素并输出到屏幕，以跟前面使用指针的方法做一个比较。虽然方法不同，但输出结果是一样的。

程序编译及运行后输出的结果如下：

```
a[0] =10
a[1] =20
a[2] =300
a[3] =40
a[4] =50

b[0] =11
b[1] =22
b[2] =330
b[3] =44
```

```
b[4] =55

a[0] =10      b[0] =11
a[1] =20      b[1] =22
a[2] =300     b[2] =330
a[3] =40      b[3] =44
a[4] =50      b[4] =55
```

现在,我们接着修改为使用函数的版本:

```
#include <stdio.h>

void print_array(int * p);

int main()
{
    int a[5] ={10, 20, 30, 40, 50};
    int b[5] ={11, 22, 33, 44, 55};
    int i;

    print_array(a);
    print_array(b);

    for(i =0;i <5;i++){
        printf("a[%d] =%d\tb[%d] =%d\n", i, a[i], i, b[i]);
    }

    return 0;
}

void print_array(int * p)
{
    int i;
    for(i =0;i <5;i++){
        if(p[i] %3 ==0){
            p[i] =p[i] * 10;
        }
        printf("b[%d] =%d\n", i, p[i]);
    }
    printf("\n");
}
```

这里定义一个名字为 print_array 的函数,返回值是 void 类型(即不需要返回值),形式参数是可以指向 int 类型变量的指针 p。然后分别以数组名 a 和 b 作为实际参数调用函数 print_array()。

这个使用函数重构的版本跟上一个不用函数的版本在功能上是一样的,因此程序运行后的输出结果也一样,这里就不重复展示输出结果了。

函数 print_array()使用指针类型的变量 p 作为形式参数,接收 main()函数中的实际参数数组 a 和 b 的首地址，然后在函数 print_array()中使用指针变量名 p 以下标的方式访问数组。除了完成打印输出数组各个元素的值的任务之外，还轻松地实现了修改数组某些元素的目的。使用语句“print_array(a);”调用函数 print_array()传递参数的过程等价于如下的赋值语句：

```
int * p =a;
```

虽然不能在函数 print_array()中直接使用数组名 a 来访问数组 a 的元素，但经过传递参数，即相当于执行这个等价语句之后，在函数 print_array()中就可以使用指针 p 来间接访问数组 a，也包括了可以修改数组 a 各个元素的值。

现在我们继续看函数 print_array()的函数原型：

```
void print_array(int * p);
```

如果单从函数原型来看，形式参数同样是“int * p”，那么实际参数既可以是某个单个 int 类型变量的地址，也可以是某个 int 类型的数组名。具体是哪种情况，取决于函数体里面对指针 p 的使用。

如果在函数体里面，指针 p 只访问一个 int 类型的数据，那么表示该形式参数需要接收一个单个的 int 类型变量的地址。例如前面遇到的函数原型“void swap(int * m, int * n);”，指针 m 和 n 需要分别接收一个 int 类型变量的地址，而不是 int 类型数组。当然，也可以接受一个数组并且只使用其第 0 个元素，诸如这些特殊的情况就另当别论了。

如果在函数体里面指针 p 需要访问一系列的 int 类型数据，那么表示该形式参数需要接收一个 int 类型的数组。例如这里的函数原型“void print_array(int * p);”。

针对这些情况，为提高源代码的可读性，C 语言规定，如果需要接收的参数是数组，那么参数列表“int * p”可以改写为“int p[]”，让我们不需要查看函数体的具体实现就可以知道所需要传递的参数是 int 类型数组，而不是单个 int 类型变量的地址。

所以，为提高源代码的可读性，我们继续改写这个例子。

```
#include <stdio.h>

void print_array(int p[]);

int main()
{
    int a[5] ={10, 20, 30, 40, 50};
    int b[5] ={11, 22, 33, 44, 55};
    int i;

    print_array(a);
    print_array(b);

    for(i =0;i <5;i++){
        printf("a[%d] =%d\tb[%d] =%d\n", i, a[i], i, b[i]);
```

```
    }

    return 0;
}

void print_array(int p[])
{
    int i;
    for(i =0;i <5;i++){
        if(p[i] %3 ==0){
            p[i] =p[i] * 10;
        }
        printf("b[%d] =%d\n", i, p[i]);
    }
    printf("\n");
}
```

概括地说：如果需要传递一个 int 类型变量的地址，就使用诸如“int * p”的形式参数格式；如果需要传递一个数组，为提高源代码可读性，就使用诸如“int p[]”的形式参数格式。其他基本数据类型也适用这个原则。

至此，我们已经掌握了使用数组作为实际参数传递给函数的形式参数，然后就可以在函数里面对数组的各个元素进行操作，也包括了可以修改各个元素的值。因此，就可以继续修改代码，把源代码 7-13 中 main()函数后面的 3 个部分都分别封装为函数，然后传递 main()函数的数组到函数中去操作，如源代码 7-14 所示。

```
001  #include <stdio.h>
002  #include <stdlib.h>
003  #include <time.h>
004  #define N 5
005
006  void init_test(int number1[], char opt[], int number2[], int n);
007  void get_input(int number1[], char opt[], int number2[], int input[], int n);
008  void summary(int number1[], char opt[], int number2[], int input[], int n);
009  int check_answer(int number1, char opt, int number2, int input);
010  int get_rand_number(int min, int max);
011  char get_rand_opt();
012  void swap(int * x, int * y);
013
014  int main()
015  {
016      int number1[N];
017      int number2[N];
018      char opt[N];
019      int input[N];
020
021      init_test(number1, opt, number2, N);
022      get_input(number1, opt, number2, input, N);
023      summary(number1, opt, number2, input, N);
```

```
024
025     return 0;
026 }
027
028 void init_test(int number1[], char opt[], int number2[], int n)
029 {
030     int i;
031     srand(time(NULL));
032     for(i =0;i <N;i++){
033         number1[i] =get_rand_number(0, 99);
034         opt[i] =get_rand_opt();
035         if(opt[i] =='+'){
036             number2[i] =get_rand_number(0, 99 -number1[i]);
037         }else{
038             number2[i] =get_rand_number(0, 99);
039             if(number1[i] <number2[i]){
040                 swap(&number1[i], &number2[i]);
041             }
042         }
043     }
044 }
045
046 void get_input(int number1[], char opt[], int number2[], int input[], int n)
047 {
048     int i;
049     for(i =0;i <n;i++){
050         printf("第%02d题:  ", i +1);
051         printf("%2d %c %2d =", number1[i], opt[i], number2[i]);
052         scanf("%d", &input[i]);
053     }
054 }
055
056 void summary(int number1[], char opt[], int number2[], int input[], int n)
057 {
058     int is_right =0;    //0:回答错误;1:回答正确
059     int counter =0;
060     int i;
061     printf("\n成绩汇总:  \n");
062     for(i =0;i <n;i++){
063         printf("%2d %c %2d =", number1[i], opt[i], number2[i]);
064         printf("%2d", input[i]);
065         is_right =check_answer(number1[i], opt[i], number2[i], input[i]);
066         if(is_right){
067             printf("\n");
068             counter++;
069         }else{
070             printf(" [答案:  ");
071             if(opt[i] =='+'){
072                 printf("%2d]\n", number1[i] +number2[i]);
```

```
073                }else{
074                    printf("%2d]\n", number1[i] -number2[i]);
075                }
076            }
077        }
078        printf("题目总数:%6d\n答对数量:%6d\n", N, counter);
079        printf("正确率:%7.2f%%\n", counter * 100.0 / N);
080    }
081
082    int check_answer(int number1, char opt, int number2, int input)
083    {
084        int is_right =0;     //0:回答错误;1:回答正确
085        if(opt =='+'){
086            if(input ==(number1 +number2)){
087                is_right =1;
088            }
089        }else{
090            if(input ==(number1 -number2)){
091                is_right =1;
092            }
093        }
094        return is_right;
095    }
096
097    int get_rand_number(int min, int max)
098    {
099        int n =rand() %(max -min +1) +min;
100        return n;
101    }
102
103    char get_rand_opt()
104    {
105        char opt;
106        if(rand() %2 ==0){
107            opt ='+';
108        }else{
109            opt ='-';
110        }
111        return opt;
112    }
113
114    void swap(int * x, int * y)
115    {
116        int temp;
117        temp = * x;
118        * x = * y;
119        * y =temp;
120    }
```

源代码 7-14　ArithmeticTest_15. c

第28、46、56行代码：

改用数组风格的形式参数格式重写3个函数的参数列表。由于使用指针方式传递数组的方式是可以在函数里修改数组的数值，因此现在也不需要通过返回值的方式去修改数据了，返回值类型改为void。

同时，增加一个形式参数“int n”，用于接收数组的元素个数。由于4个数组的元素个数是相同的，因此这里只需要增加1个形式参数就够，不需要4个。

这里定义的宏替换名字“N”是可以在函数里面直接使用的。但是考虑到整个程序组织结构的合理性，就不建议在函数里面直接使用这个宏替换的名字“N”。我们设计函数的基本要求之一是各个函数的耦合性要尽量小，即尽量保持函数各自的独立性，避免互相关联。

因此，对于数组元素个数来说，使用一个形式参数专门处理比直接使用宏替换名字要好。

第6～8行代码：

3个函数的函数原型声明也做出一致的修改。

第21～23行代码：

按照新接口要求，传递数组名作为实际参数调用3个函数来实现main()函数的主要功能。

至此，我们已经完成了使用函数对案例“口算测验”进行代码重构的任务。建议读者反复比较重构前后代码的差异，研究代码重构前后细节的变化以及体会其中的奥妙之处，以取得更好的学习效果。

【练习7-21】

(1) 编写2个C语言函数，即input_numbers()和print_reversed_numbers()，分别对应的函数原型如下：

```
void input_numbers(int number[], int n);
void print_reversed_numbers(int number[], int n);
```

函数input_numbers()的功能是输出提示信息并读取键盘输入的n个整数，再保存到数组number中。

函数print_reversed_numbers()的功能是以逆序输出数组number的n个整数到屏幕中。

(2) 编写main()函数，先后调用函数input_numbers()和print_reversed_numbers()，读取键盘输入的n个整数并保存到数组number中，再以逆序输出数组number的n个整数到屏幕。程序的运行结果如图7-32所示。

```
请输入5个整数:
第1个整数:12【Enter】
第2个整数:23【Enter】
第3个整数:34【Enter】
```

图7-32 练习7-21的运行结果

提示：可以参考练习7-1。

```
第 4 个整数:45【Enter】
第 5 个整数:56【Enter】
输出:
第 5 个整数:56
第 4 个整数:45
第 3 个整数:34
第 2 个整数:23
第 1 个整数:12
```

图　7-32(续)

【练习 7-22】

(1) 编写 4 个 C 语言函数 input_numbers()、print_numbers()、reverse()和 swap()，分别对应的函数原型如下：

```
void input_numbers(int number[], int n);
void print_numbers(int number[], int n);
void reverse(int number[], int n);
void swap(int * x, int * y);
```

函数 input_numbers()的功能是输出提示信息并读取键盘输入的 n 个整数，再保存到数组 number 中。该函数可以直接使用练习 7-21 中已经编写的函数 input_numbers()。

函数 print_numbers()的功能是按照下标递增的顺序输出数组 number 的 n 个整数到屏幕中。

函数 reverse()的功能是把数组 number 的 n 个元素逆序存放，即把原来第 0 个元素放置在第 n－1 个元素的位置，把原来第 1 个元素放置在第 n－2 个元素的位置……直到把原来第 n－1 个元素放置在第 0 个元素的位置。

函数 swap()的功能是交换两个指针变量 x 和 y 所指向变量的值。该函数可以直接使用源代码 7-12 中已经编写的函数 swap()。

(2) 编写 main()函数，先调用函数 input_numbers()读取键盘输入的 n 个整数并保存到数组 number 中，再调用函数 print_numbers()按照下标递增的顺序输出数组 number 的 n 个整数到屏幕中，接着调用函数 reverse()把数组 number 的 n 个整数逆序存放，最后再次调用函数 print_numbers()按照下标递增的顺序输出数组 number 的 n 个整数到屏幕中。程序的运行过程如图 7-33 所示。

```
请输入 5 个整数:
第 1 个整数:12【Enter】
第 2 个整数:23【Enter】
第 3 个整数:34【Enter】
第 4 个整数:45【Enter】
第 5 个整数:56【Enter】
```

图 7-33　练习 7-22 的运行结果

提示：可以参考练习 7-1 和练习 7-21。

```
输出:
第 1 个整数:12
第 2 个整数:23
第 3 个整数:34
第 4 个整数:45
第 5 个整数:56
输出:
第 1 个整数:56
第 2 个整数:45
第 3 个整数:34
第 4 个整数:23
第 5 个整数:12
```

图 7-33(续)

7.6 本章小结

1. 关键字

void。

2. 数组

定义数组,定义数组并初始化,访问数组元素。

3. 函数

函数的定义,函数的调用,函数的原型声明。

4. 指针

定义指针,定义指针并初始化,引用指针所指向对象的内容。

5. 运算符

* 引用指针所指对象的内容。

6. 预编译指令

#define 定义宏替换。

7. 函数 printf()的格式说明符

%0Md 以 M 位十进制形式输出 int 类型的整数,若位数不足则用 0 补足。

%p 按照%X 的格式输出十六进制形式的地址,并使用前导 0 补足不足的位数。

%% 输出一个百分号“%”。

第8章 更优雅的口算测验——结构体

8.1 使用结构体重构代码

在7.5节中，我们已经使用函数对案例“口算测验”进行代码重构，但是还存在一个明显的不足之处，就是函数的参数列表这个接口不够优雅。可以想象，如果需要传递更多的数组到函数中，那么参数列表将会越来越臃肿。导致这种状况的原因是数组被设计为纵向管理数据的形式，如图8-1所示。

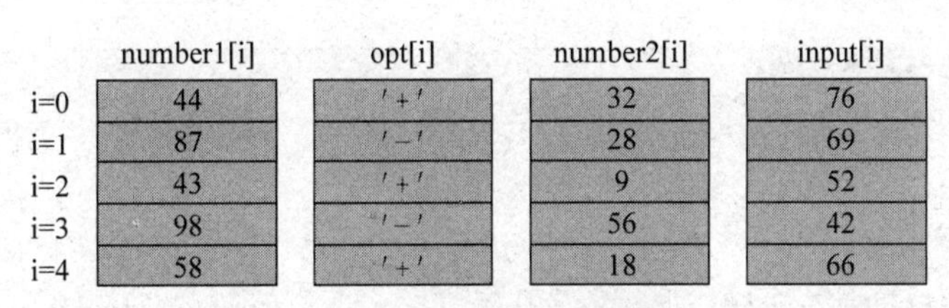

图8-1 纵向管理数据示意图

横向管理数据方式的示意图如图8-2所示。如果采用横向管理数据的方式，那么函数的参数列表只需要两个参数就够了，一个是数组名test，另一个是数组元素的个数“int n”。

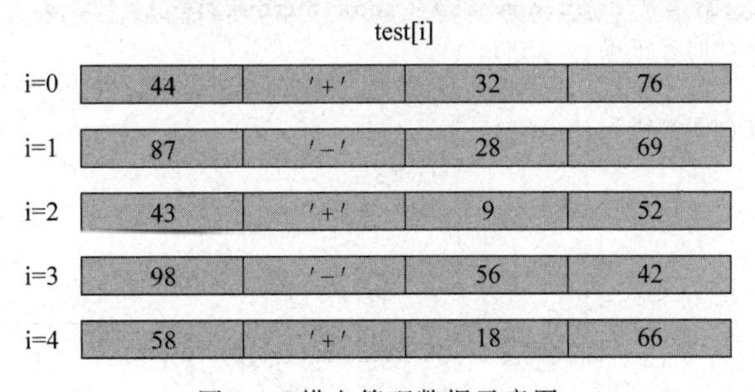

图8-2 横向管理数据示意图

要实现这种横向的数据管理方式，关键在于需要使用一种工具把由若干个数据组成的一行数据“封装”(打包)为一个整体，然后作为数组的一个元素来存放。n行数据就存放于n个数组元素。

需要注意的是，这里所说的横向与纵向，是指逻辑上的一种数据结构的概念，而不是内存中的物理存储结构。

C语言提供关键字 struct 用于实现一种复合数据类型"结构体"(Structure),也简称为"结构"。结构体跟数组都是擅长处理批量数据的复合数据类型,但两者的侧重点不一样。数组要处理的对象必须是相同的数据类型的一批数据,而结构体则可以允许处理不同类型的一批数据并封装为一个整体。

基于结构体的性质特点,结构体是非常适合作为这样的一种工具:把数据类型相同或不同的若干个数据组成的一行数据"封装"(打包)为一个整体,从而实现横向管理数据的模式。

本节将使用结构体对案例"口算测验"进行代码重构来学习和使用C语言结构体这一有力的工具。

8.1.1 加法口算测验

1. 源代码8-1

源代码7-1使用结构体重构后的代码如源代码8-1所示。

```
01  #include <stdio.h>
02
03  int main()
04  {
05      struct arithmetic{
06          int number1;
07          int number2;
08          int input;
09      };
10      struct arithmetic test = {36, 25};
11
12      printf("%d + %d =  ", test.number1, test.number2);
13      scanf("%d", &test.input);
14
15      if(test.input == (test.number1 + test.number2)){
16          printf("回答正确!  \n");
17      }else{
18          printf("回答错误!  \n");
19      }
20
21      return 0;
22  }
```

源代码8-1 ArithmeticTest_21-A.c

第5~9行代码:

定义一个结构体类型(Structure Type),结构体名字(Structure Name)是 arithmetic,有3个成员(Member),这3个成员都是 int 类型。

定义一个结构体类型的格式是:

```
struct  结构体名字 {
    第1个成员;
```

```
    第 2 个成员;
      ⋮
    第 n 个成员;
};
```

结构体的每个成员可以有各不相同的数据类型,不像数组需要同一数据类型。

提示:按照 C 语言的习惯,结构体的名字一般习惯使用全小写方式,例如 arithmetic。

第 10 行代码:

定义一个结构体名字为 arithmetic 的类型的变量 test,并对结构体的成员进行"部分初始化",成员变量 number1 初始化为 36,成员变量 number2 初始化为 25。没有对成员变量 input 初始化。

定义一个结构体类型变量的格式是:

```
struct  结构体名字  变量名字;
```

定义一个结构体类型变量并初始化的格式是:

```
struct  结构体名字  变量名字 ={ 数据 1, 数据 2, …, 数据 k };
```

如果 k 等于 n,那么称为"完全初始化";如果 k 小于 n,则称为"部分初始化"。

提示:结构体是一种复合数据类型,一旦定义了这种新的数据类型之后,就可以像基本数据类型 int、char、float、double 等一样在后面附带变量名,就可以定义出该类型对应的变量。

但 C 语言规定,关键字 struct 加上结构体组合在一起作为一个整体的"struct 结构体名字"才能当作一种新类型,然后再在该新类型后面附带变量名定义变量。例如:

```
struct arithmetic test;        //定义类型为"struct arithmetic"的变量 test
```

如果缺少关键字 struct,比如"arithmetic test",则是违反 C 语言语法规定的。

第 12 行和第 15 行代码:

使用结构成员运算符"."访问结构体类型变量的成员 number1、number2 和 input。

访问结构体变量的成员的格式是:

```
结构体变量名字.成员
```

第 13 行代码:

表达式"&test.input"等价于"&(test.input)"。

求变量地址运算符"&"的优先级是第 2 级。结构成员运算符"."的优先级与求数组下标元素运算符"[]"相同,都是第 1 级,即级别高于求变量地址运算符"&",因此首先执行"test.input",求出结构变量 test 的成员 input,然后再计算其内存地址,所以等价于"&(test.input)"。

提示：关于运算符的优先级别，请参考第 4 章中的表 4-1。

本例子使用结构体类型封装了原来单独定义的 3 个变量 number1、number2 以及 input，并定义了一个结构体变量 test。在原来需要使用变量名 number1、number2 以及 input 的地方，现在需要使用结构变量名 test 作为前缀，通过结构成员运算符“.”去访问结构体的各个成员变量。

整个程序的代码量看起来多了一些，但带来的好处是，整个程序的数据结构显得更加合理，可扩展性也更好。

2. 源代码 8-2

源代码 7-2 使用结构体进行重构后，如源代码 8-2 所示。

```
01 #include <stdio.h>
02
03 int main()
04 {
05     struct arithmetic{
06         int number1;
07         int number2;
08         int input;
09     };
10     struct arithmetic test[5] ={
11         {36, 25},
12         {23,  8},
13         {47, 29},
14         { 7, 16},
15         {19,  6}
16     };
17     int i;
18
19     for(i =0;i <5;i++){
20         printf("第%d题:%d +%d =", i +1, test[i].number1, test[i].number2);
21         scanf("%d", &test[i].input);
22         if(test[i].input ==(test[i].number1 +test[i].number2)){
23             printf("回答正确！ \n");
24         }else{
25             printf("回答错误！ \n");
26         }
27     }
28
29     return 0;
30 }
```

源代码 8-2 ArithmeticTest_21-B. c

第 10～16 行代码：

定义一个类型为“struct arithmetic”、元素个数为 5 的数组 test，并对数组的元素进行初始化。数组 test 的每个元素都是有 3 个成员的结构类型，初始化时只对前两个成员 numbe1 和 number2 初始化，成员 input 没有被初始化。

第 20、22 行代码：

表达式“test[i]. number1”等价于“(test[i]). number1”；表达式“test[i]. number2”等价于“(test[i]). number2”；表达式“test[i]. input”等价于“(test[i]). input”。

数组下标元素运算符“[]”的优先级和结构成员运算符“.”的优先级相同，都是第 1 级。连续两个相邻的同级别运算符，应该先计算哪一个运算，需要取决于其结合性。如果是左结合，那么应该先计算左边的运算符；如果是右结合，那么应该先计算右边的运算符。

参考第 4 章的表 4-1，可以知道第 1 级运算符的结合性是“从左至右”，即左结合，因此这里先求数组下标元素，求出的元素是结构类型，再使用结构成员运算符“.”访问结构的各个成员。

第 21 行代码：

表达式“&test[i]. input”等价于“&(test[i]. input)”。

求数组下标元素运算符“[]”的优先级和结构成员运算符“.”的优先级相同，都是第 1 级。求地址运算符“&”的优先级是第 2 级，低于前两个运算符的级别，因此这里先求数组 test 的第 i 个元素 test[i]，求出的元素 test[i]是结构类型，再使用结构成员运算符“.”访问结构的成员 input，最后求该成员 input 的地址。

本例使用结构体类型封装了原来单独定义的 3 个变量 number1、number2 以及 input，然后使用该结构体类型定义一个具有 5 个元素的结构数组 test。原来需要使用 3 个数组，现在使用一个数组就可以了，实现了由纵向管理数据方式到横向管理数据方式的转变。

【练习 8-1】

参考练习 5-2，并定义如下的结构体。

```
struct point{
    double x;            //点的 x 坐标
    double y;            //点的 y 坐标
};
```

编写 C 语言程序，从键盘读入点 *P*1 和 *P*2 的坐标保存到“struct point”类型的变量，然后计算 *P*1 到 *P*2 的距离，并输出结果到屏幕中。要求所有功能在 main()函数中实现，不需要自定义其他函数。程序的运行结果如图 8-3 所示。

```
点 P1 的坐标[格式:x,   y]:1.2,  3.4【Enter】
点 P2 的坐标[格式:x,   y]:5.6,  7.8【Enter】
P1(1.200000, 3.400000)到 P2(5.600000, 7.800000)的距离:6.222540
```

图 8-3　练习 8-1 的运行结果

8.1.2　加减法口算测验

源代码 7-4 使用结构体进行重构后，如源代码 8-3 所示。

```
01  #include <stdio.h>
02  #define N 5
03
04  int main()
05  {
```

```
06      struct arithmetic{
07          int number1;
08          int number2;
09          char opt;
10          int is_right;     //0:回答错误;1:回答正确
11          int input;
12      };
13      typedef struct arithmetic Arithmetic;
14      Arithmetic test[N] ={
15          {36, 25, '+', 0},
16          {23,  8, '-', 0},
17          {47, 29, '-', 0},
18          { 7, 16, '+', 0},
19          {19,  6, '+', 0}
20      };
21      int i;
22
23      for(i =0;i <N;i++){
24          printf("第%d题:%d %c %d =", i +1, test[i].number1, test[i].opt, test
            [i].number2);
25          scanf("%d", &test[i].input);
26          if(test[i].opt =='+'){
27              if(test[i].input ==(test[i].number1 +test[i].number2)){
28                  test[i].is_right =1;
29              }
30          }else{
31              if(test[i].input ==(test[i].number1 -test[i].number2)){
32                  test[i].is_right =1;
33              }
34          }
35          if(test[i].is_right){
36              printf("回答正确!  \n");
37          }else{
38              printf("回答错误!  \n");
39          }
40      }
41
42      return 0;
43  }
```

源代码 8-3　ArithmeticTest_22-B.c

第 9～10 行代码：

增加 2 个成员到结构体 arithmetic 中。

第 13 行代码：

使用关键字 typedef 定义类型“struct arithmetic”的同义词(别名)为 Arithmetic。接下来在应该使用类型“struct arithmetic”的地方就可以直接使用其同义词 Arithmetic 来代替，从而提高源代码的可读性。例如：

```
typedef char Byte;              //定义类型 char 的同义词为 Byte
typedef long long LongInt;      //定义类型"long long"的同义词 LongInt
```

提示：按照 C 语言的习惯，结构体的名字一般习惯使用全小写方式，例如 arighmetic。而类型的同义词则习惯使用首字母大写的方式，例如 Arighmetic。

第 14～20 行代码：

定义一个类型为 Arithmetic 且元素个数为 5 的数组 test，并对数组的元素进行初始化。数组 test 的每个元素都是有 5 个成员的结构类型，初始化时候只对前 4 个成员 numbel、number2、opt 和 is_right 初始化，成员 input 没有被初始化。

第 24、26、35 行代码：

表达式 test[i]. opt 等价于(test[i]). opt。

表达式 test[i]. is_right 等价于(test[i]). is_right。

由于使用了结构体类型，因此本例需要增加变量时就直接修改结构体，即增加结构体成员就可以了。使用结构体类型使本程序代码具有良好的可扩展性。

【练习 8-2】

参考练习 5-3 中三角形半周长的定义，现有结构体定义如下：

```
struct point{
    double x;           //点的 x 坐标
    double y;           //点的 y 坐标
};
typedef struct point Point;
```

编写 C 语言程序，从键盘读入三角形 3 个顶点 *P*1、*P*2 和 *P*3 的坐标并保存到 Point 类型的变量中，然后计算三角形的面积，并输出结果到屏幕中。要求所有功能在 main()函数中实现，不需要自定义其他函数。程序的运行结果如图 8-4 所示。

```
顶点 P1 的坐标[格式:x,  y]:1.2,  3.4【Enter】
顶点 P2 的坐标[格式:x,  y]:4.2,  3.4【Enter】
顶点 P3 的坐标[格式:x,  y]:4.2,  8.4【Enter】
三角形的面积:7.500000
```

图 8-4　练习 8-2 的运行结果

提示：可以参考练习 5-3。

8.1.3　成绩汇总输出

源代码 7-6 使用结构体进行重构后，如源代码 8-4 所示。

```
01  #include <stdio.h>
02  #define N 5
03
04  int main()
```

```
05  {
06      struct arithmetic{
07          int number1;
08          int number2;
09          char opt;
10          int is_right;     //0:回答错误;1:回答正确
11          int input;
12      };
13      typedef struct arithmetic Arithmetic;
14      Arithmetic test[N] ={
15          {36, 25, '+', 0},
16          {23,  8, '-', 0},
17          {47, 29, '-', 0},
18          { 7, 16, '+', 0},
19          {19,  6, '+', 0}
20      };
21      int counter =0;
22      int i;
23
24      for(i =0;i <N;i++){
25          printf ("第%02d题: %2d %c %2d =", i +1, test[i].number1, test[i].opt,
                  test[i].number2);
26          scanf("%d", &test[i].input);
27      }
28
29      printf("\n成绩汇总: \n");
30      for(i =0;i <N;i++){
31          printf("%2d %c %2d =", test[i].number1, test[i].opt, test[i].number2);
32          printf("%2d", test[i].input);
33          if(test[i].opt =='+'){
34              if(test[i].input ==(test[i].number1 +test[i].number2)){
35                  test[i].is_right =1;
36              }
37          }else{
38              if(test[i].input ==(test[i].number1 -test[i].number2)){
39                  test[i].is_right =1;
40              }
41          }
42          if(test[i].is_right){
43              printf("\n");
44              counter++;
45          }else{
46              printf(" [答案: ");
47              if(test[i].opt =='+'){
48                  printf("%2d]\n", test[i].number1 +test[i].number2);
49              }else{
50                  printf("%2d]\n", test[i].number1 -test[i].number2);
51              }
52          }
```

```
53      }
54      printf("题目总数:%6d\n答对数量:%6d\n", N, counter);
55      printf("正确率:%7.2f%%\n", counter * 100.0 / N);
56
57      return 0;
58  }
```

源代码 8-4　ArithmeticTest_23-B.c

对比代码重构前后的程序源代码,我们可以发现,本例不需要引入新知识点。在定义了结构体类型并使用该结构体定义数组 test 之后,需要使用某个结构体成员,则只需先使用数组下标访问数组 test 的第 i 个元素 test[i],然后再使用结构成员运算符“.”引用结构体相应的成员变量即可。结构体这一工具功能强大,但使用方法简单明了,适当使用结构体,可以让程序代码逻辑更加清晰。

【练习 8-3】

下面参考练习 3-18 的“鸡兔同笼”问题,定义结构体如下:

```
struct animal{
    int chick;          //鸡的数量
    int rabbit;         //兔的数量
};
typedef struct animal Animal;
```

编写 C 语言程序,从键盘读入代表头的总数量的整数 head 以及代表腿的总数量的整数 leg,然后计算鸡和兔的数量并保存到 Animal 类型的变量中,最后输出结果到屏幕中。如果有多个解,则只需要输出一个解即可;如果无解,则输出“本题无解”;如果 head 小于 2 或 leg 小于 6,则输出“非法数据”。这里约定鸡和兔的数量都是不少于一只。要求所有功能在 main()函数中实现,不需要自定义其他函数。程序的运行结果如图 8-5 所示。

```
鸡兔同笼,头的总数:35【Enter】
鸡兔同笼,腿的总数:94【Enter】
鸡:23只,兔:12只。
```

图 8-5　练习 8-3 的运行结果

8.1.4　随机生成题库

源代码 7-7 使用结构体进行重构后,如源代码 8-5 所示。

```
01  #include <stdio.h>
02  #include <stdlib.h>
03  #include <time.h>
04  #define N 5
05
06  int main()
07  {
```

```
08      struct arithmetic{
09          int number1;
10          int number2;
11          char opt;
12          int is_right;
13          int input;
14      };
15      typedef struct arithmetic Arithmetic;
16      Arithmetic test[N];
17      int counter =0;
18      int temp;
19      int i;
20
21      srand(time(NULL));
22      for(i =0;i <N;i++){
23          test[i].number1 =rand() %100;
24          if(rand() %2 ==0){
25              test[i].opt ='+';
26              test[i].number2 =rand() %(100 -test[i].number1);
27          }else{
28              test[i].opt ='-';
29              test[i].number2 =rand() %100;
30              if(test[i].number1 <test[i].number2){
31                  temp =test[i].number1;
32                  test[i].number1 =test[i].number2;
33                  test[i].number2 =temp;
34              }
35          }
36          test[i].is_right =0;
37      }
38
39      for(i =0;i <N;i++){
40          printf ("第%02d题:%2d %c %2d =", i +1, test[i].number1, test[i].opt,
                test[i].number2);
41          scanf("%d", &test[i].input);
42      }
43
44      printf("\n成绩汇总: \n");
45      for(i =0;i <N;i++){
46          printf("%2d %c %2d =", test[i].number1, test[i].opt, test[i].number2);
47          printf("%2d", test[i].input);
48          if(test[i].opt =='+'){
49              if(test[i].input ==(test[i].number1 +test[i].number2)){
50                  test[i].is_right =1;
51              }
52          }else{
53              if(test[i].input ==(test[i].number1 -test[i].number2)){
54                  test[i].is_right =1;
55              }
```

```
56          }
57          if(test[i].is_right){
58              printf("\n");
59              counter++;
60          }else{
61              printf(" [答案: ");
62              if(test[i].opt =='+'){
63                  printf("%2d]\n", test[i].number1 +test[i].number2);
64              }else{
65                  printf("%2d]\n", test[i].number1 -test[i].number2);
66              }
67          }
68      }
69      printf("题目总数: %6d\n 答对数量: %6d\n", N, counter);
70      printf("正确率: %7.2f%%\n", counter * 100.0 / N);
71
72      return 0;
73  }
```

源代码 8-5 ArithmeticTest_24.c

第 16 行代码：

定义一个类型为 Arithmetic、元素个数为 5 的数组 test，不对数组的元素初始化。然后在第 21～37 行代码中产生随机数据，赋值到数组 test 的各个元素中。

第 36 行代码：

对结构数组 test 的第 i 个元素 test[i]的成员 is_right 初始化为 0。

对比代码重构前后的程序源代码可以发现，在定义了结构体类型并使用该结构体定义数组 test 之后，需要使用某个结构体成员，则只需先使用数组下标访问数组 test 的第 i 个元素 test[i]，然后再使用结构成员运算符“.”引用结构体相应的成员变量即可。

应用结构体后，原来需要使用 5 个数组，现在使用一个数组就可以了，实现了由纵向管理数据方式到横向管理数据方式的转变，为接下来再次使用函数进行代码重构做好了准备。

【练习 8-4】

平面直角坐标系中，如果点 M 是以点 $A(x_1,y_1)$ 和点 $B(x_2,y_2)$ 为端点的线段 AB 的中点，则点 M 的坐标 (x_3,y_3) 可以通过如下公式求得：

$$x_3=\frac{1}{2}(x_1+x_2)$$

$$y_3=\frac{1}{2}(y_1+y_2)$$

现有结构体定义如下：

```
struct point{
    double x;           //点的 x 坐标
    double y;           //点的 y 坐标
};
typedef struct point Point;
```

编写C语言程序，从键盘读入点 A 和点 B 的坐标并保存到 Point 类型的变量中，然后计算线段 AB 的中点 M 的坐标并保存到 Point 类型的变量，最后输出结果到屏幕中。要求所有功能在 main()函数中实现，不需要自定义其他函数。程序的运行结果如图 8-6 所示。

```
点 A 的坐标[格式:x,  y]:1.2,  3.4【Enter】
点 B 的坐标[格式:x,  y]:5.6,  7.8【Enter】
线段 AB 的两个端点:A(1.200000, 3.400000)、B(5.600000, 7.800000)
线段 AB 的中点:M(3.400000, 5.600000)
```

图 8-6 练习 8-4 的运行结果

【练习 8-5】

现有结构体定义如下：

```
struct date{
    int month;      //月
    int day;        //日
};
typedef struct date Date;
```

编写C语言程序，从键盘读入一个整数 n，然后计算一年中的第 n 天是几月几日，并保存到 Date 类型的变量中，最后输出结果到屏幕中。假定年份是平年，即 2 月有 28 天。要求所有功能在 main()函数中实现，不需要自定义其他函数。如果整数 n 不满足条件"$1 \leqslant n \leqslant 365$"，则输出"非法数据"。程序的运行结果如图 8-7 所示。

```
请输入一个整数:60【Enter】
平年的第 60 天是 3 月 1 日。
```

图 8-7 练习 8-5 的运行结果

提示：可以参考练习 7-4。

8.2 使用结构体和函数重构代码

我们已经掌握了如何使用关键字 struct 定义结构体和如何访问结构变量的成员，以及能够把结构体应用到数组，使用结构数组实现了由纵向管理数据方式到横向管理数据方式的转变。

现在我们继续使用函数对代码进行重构，让程序模块的逻辑更加清晰，让程序结构具有更好的可扩展性，让源代码的可读性进一步提升。

8.2.1 加法口算测验

1. 源代码 8-6

源代码 8-1 使用函数进行重构后，如源代码 8-6 所示。

提示：源代码 8-6 还可以看作是由源代码 7-8 使用结构体进行重构而来的，或者是由源代码 7-1 使用结构体和函数进行重构而来的。为了统一起见，我们这里选取其中一种叙述方式贯穿始终，不再赘述其他等价的说法。

```
01  #include <stdio.h>
02
03  struct arithmetic{
04      int number1;
05      int number2;
06      int input;
07  };
08
09  void get_input(struct arithmetic * test);
10  void check_answer(struct arithmetic test);
11
12  int main()
13  {
14      struct arithmetic test = {36, 25};
15
16      get_input(&test);
17      check_answer(test);
18
19      return 0;
20  }
21
22  void get_input(struct arithmetic * test)
23  {
24      printf("%d + %d = ", test->number1, test->number2);
25      scanf("%d", &test->input);
26  }
27
28  void check_answer(struct arithmetic test)
29  {
30      if(test.input == (test.number1 + test.number2)){
31          printf("回答正确！\n");
32      }else{
33          printf("回答错误！\n");
34      }
35  }
```

源代码 8-6　ArithmeticTest_31-A. c

第 28～35 行代码：

定义一个名字为 check_answer 的函数，返回值是 void 类型(即不需要返回值)，参数列表有一个"struct arithmetic"类型的结构变量 test 作为形式参数。

第 30 行使用结构成员运算符"."访问结构变量 test 的 3 个成员：test. number1、test. number2 以及 test. input。

第 10 行代码：

函数 check_answer()对应的函数原型声明。

第 17 行代码：

使用 main()函数定义的“struct arithmetic”类型的结构变量 test 作为实际参数调用函数 check_answer()。函数 check_answer()执行完毕后，不需要传回返回值。

传递参数的过程等价于以下的赋值语句：

```
struct arithmetic test =test;
```

其中，赋值运算符“=”左边是函数 check_answer()的形式参数，右边是 main()函数中定义的结构变量 test。这个赋值语句的效果是复制一个结构变量。

把一个数组赋值给另一个数组，是不符合 C 语言语法的。结构变量则类似于基本类型的变量(比如 int 类型的变量)，是可以赋值给另一个类型相同的结构变量的。例如：

```
#include <stdio.h>

int main()
{
    struct arithmetic{
        int number1;
        int number2;
        int sum;
    };
    struct arithmetic test ={36, 25};
    struct arithmetic exam =test;

    exam.number1 =47;
    test.sum=test.number1 +test.number2;          //test.sum =36 +25;
    exam.sum=exam.number1 +exam.number2;          //exam.sum =47 +25;
    printf("sum of test =%d\n", test.sum);        //sum of test =61
    printf("sum of exam =%d\n", exam.sum);        //sum of exam =72

    return 0;
}
```

这里的两个结构变量 test 和 exam 各自具有自己的内存空间，所以把结构变量 exam 的成员 number1 修改为 47，并不会影响到结构变量 test 的成员 number1 的值(该值依然是 36)。

除了在初始化时可以把一个结构变量复制给类型相同的另一个结构变量外，也可以在任何需要的时候使用赋值运算符“=”复制结构变量。例如，以下语句：

```
struct arithmetic exam =test;
```

也可以写为：

```
struct arithmetic exam;
exam =test;
```

把一个结构变量复制给类型相同的另一个结构变量，实质上就是复制结构变量的所有成员。除此之外，结构变量的其他方面特点就非常类似于 int 等基本类型的变量，例如赋值、函数参数传递等。

第 22～26 行代码：

定义一个名字为 get_input 的函数，返回值是 void 类型(即不需要返回值)，参数列表有一个“struct arithmetic *”类型的指针变量 test 作为形式参数。

第 9 行代码：

函数 get_input()对应的函数原型声明。

第 16 行代码：

使用 main()函数定义的“struct arithmetic”类型的结构变量 test 的地址“&test”作为实际参数调用函数 get_input()，函数 get_input()执行完毕后，不需要传回返回值。

传递参数的过程等价于以下的赋值语句：

```
struct arithmetic * test =&test;
```

其中，赋值运算符“＝”左边是函数 check_answer()的形式参数，右边是 main()函数中定义的结构变量 test 的地址。这个赋值语句的效果是复制一个结构变量的地址。

数组名本身是一个指向该数组首地址的指针常量，在需要获取数组的首地址的时候，不需要再使用求地址运算符“&”，直接使用数组名即可。在这方面，结构变量不像数组，而是类似于基本类型的变量。结构变量本身不是指针，因此需要求结构变量的首地址的时候，就需要像基本类型的变量一样，使用求地址运算符“&”求出其首地址。

定义了指向结构类型“struct arithmetic”变量的指针变量 test 之后，访问结构体成员的方式跟其他指针变量是一致的，即需要首先使用一元运算符“*”获取指针变量所指向对象的值，然后就可以像使用普通的结构变量名一样通过结构成员运算符“.”来访问结构体的各个成员。请看下面的例子：

```
#include <stdio.h>

int main()
{
    struct arithmetic{
        int number1;
        int number2;
        int sum;
    };
    struct arithmetic test ={36, 25};
    struct arithmetic * p =&test;

    (* p).number1 =47;                          //test.number1 =47;
```

```
    (*p).sum = (*p).number1 + (*p).number2;     //test.sum = 47 + 25;
    printf("sum of test = %d\n", test.sum);     //sum of test = 72
    printf("sum of *p = %d\n", (*p).sum);       //sum of *p = 72

    return 0;
}
```

这里,定义 p 为指向结构体类型"struct arithmetic"变量的指针,并初始化它指向结构变量 test。然后使用一元运算符"*"获取指针变量 p 所指向对象的值"*p",再使用结构成员运算符"."来访问结构体成员 number1,并赋值为 47。

由于指针变量 p 指向结构变量 test,因此赋值语句"(*p).number1 = 47;"实际上是修改了结构变量 test 的成员 number1 的值,即由原来的 36 修改为 47。

表达式"(*p).number1"里面的圆括号是必需的,因为结构成员运算符"."的优先级是第 1 级,求指针所指内容的一元运算符"*"的优先级是第 2 级,即低于结构成员运算符".",因此必须加上圆括号,才能表示首先是计算"*p"。

不加圆括号的表达式"*p.number1"则等价于"*(p.number1)",但不是我们这里所需要的。

提示:关于运算符的优先级别,请参考第 4 章的表 4-1。

如果定义了指向结构体变量的指针变量,那么访问其数据成员的格式是:

```
(*指向结构变量的指针名字).成员
```

这种访问操作使用的频率非常高,因此 C 语言规定了一种简化的语法:

```
指向结构变量的指针名字->成员
```

其中运算符"->"称为间接成员运算符,或称为箭头运算符,其优先级是第 1 级,即是最高级。运算符"->"由半角的减号"-"和大于号">"组成。

表达式"(*p).number1"可以使用间接成员运算符简化为"p->number1"。刚才的例子可以修改为使用间接成员运算符的版本:

```
#include <stdio.h>

int main()
{
    struct arithmetic{
        int number1;
        int number2;
        int sum;
    };
    struct arithmetic test = {36, 25};
    struct arithmetic * p = &test;

    p->number1 = 47;                             //test.number1 = 47;
```

```
    p->sum =p->number1 +p->number2;              //test.sum =47 +25;
    printf("sum of test =%d\n", test.sum);       //sum of test =72
    printf("sum of *p =%d\n", p->sum);           //sum of *p =72

    return 0;
}
```

如果需要使用指针变量来访问结构体成员，那么我们可以看到，使用间接成员运算符“->”可以显著提高源代码的可读性。

第 24 行代码：

表达式“test-> number1”和“test-> number2”分别等价于“(*test). number1”和“(*test). number2”。

第 25 行代码：

表达式“&test-> input”等价于“&(test-> input)”，即是“&((*test). input)”。求地址运算符“&”的优先级是第 2 级，间接成员运算符“->”的优先级是第 1 级，高于求地址运算符“&”，因此先计算表达式“test-> input”，然后再求成员 input 的地址。

在函数传递参数方面，结构体类型变量不像数组默认是传地址(指针)，而是像基本变量那样，默认是传一个复制的值。函数 get_input()要求能够对参数列表传递过来的结构变量 test 的成员变量的值进行更改，并持续保持到函数调用结束返回到 main()函数，如果继续使用默认的传一个复制的值就不能实现这种效果。仿照第 7 章 7.5.4 小节中的 swap()函数，使用指向结构体类型的指针变量作为形式参数，函数 get_input()实现了对传递过来的参数的有效修改。

在源代码 7-8 中，函数 get_input()的原型为：

```
int get_input(int number1, int number2);
```

现在，函数 get_input()的参数列表改为只有一个结构类型指针的形式参数：

```
void get_input(struct arithmetic * test);
```

由于使用指针作为形式参数，就可以实现在函数 get_input()里面对结构成员 input 进行修改，所以就不需要 int 类型的返回值，可以改为 void 类型返回值。

函数 check_answer()和 get_input()分别使用了结构变量和指向结构变量的指针作为形式参数，使得函数的接口简单明了，大大隐藏了源代码的复杂性，有效提高了源代码的可读性。

2. 源代码 8-7

我们继续使用结构体和函数来完善程序功能。对源代码 8-2 使用函数进行重构后，如源代码 8-7 所示。

```
01  #include <stdio.h>
02
```

```
03  struct arithmetic{
04      int number1;
05      int number2;
06      int input;
07  };
08
09  void get_input(struct arithmetic * test);
10  void check_answer(struct arithmetic test);
11
12  int main()
13  {
14      struct arithmetic test[5] ={
15          {36, 25},
16          {23,  8},
17          {47, 29},
18          { 7, 16},
19          {19,  6}
20      };
21      int i;
22
23      for(i =0;i <5;i++){
24          printf("第%d题:  ", i +1);
25          get_input(&test[i]);
26          check_answer(test[i]);
27      }
28
29      return 0;
30  }
31
32  void get_input(struct arithmetic * test)
33  {
34      printf("%d +%d =  ", test->number1, test->number2);
35      scanf("%d", &test->input);
36  }
37
38  void check_answer(struct arithmetic test)
39  {
40      if(test.input ==(test.number1 +test.number2)){
41          printf("回答正确! \n");
42      }else{
43          printf("回答错误! \n");
44      }
45  }
```

源代码 8-7　ArithmeticTest_31-B. c

第 14～20 行代码:

定义一个类型为“struct arithmetic”且元素个数为 5 的数组 test,并对数组的元素进行初始化。数组 test 的每个元素都是有 3 个成员的结构类型，初始化时只对前两个成员 numbel 和 number2 初始化，成员 input 没有被初始化。

第 25～26 行代码：

表达式“&test[i]”等价于“&(test[i])”。

函数 get_input()和 check_answer()原先都是设计为处理一个结构变量，现在定义了具有 5 个元素的结构数组，因此就可以使用循环语句进行 5 次循环，每次循环中让函数 get_input()和 check_answer()处理一个结构变量。

我们不需要重新设计或修改这两个函数，就可以完成处理 5 道口算测验题目的新任务。这充分体现了使用函数作为模块来组织程序结构的优点。一个设计合理的函数，应该具有足够的通用性，从而做到“一次编写，到处调用”。

【练习 8-6】

(1) 参考练习 8-2 中定义的结构体，编写 2 个 C 语言函数 input_point()和 distance()，分别对应的函数原型如下：

```
void input_point(Point * a, Point * b);
double distance(Point a, Point b);
```

函数 input_point()的功能是输出提示信息并从键盘读入 2 个点的坐标，再分别保存到指针 a 和 b 所指向的 Point 类型的变量中。

函数 distance()的功能是计算点 a 到点 b 的距离，并作为返回值返回。该函数不允许从键盘读取数据，也不允许输出数据到屏幕中。

(2) 编写 main()函数，先后调用函数 input_point()和 distance()，从键盘输入点 $P1$ 和 $P2$ 的坐标并保存到 Point 类型的变量中，然后计算 $P1$ 到 $P2$ 的距离，并输出结果到屏幕中。程序的运行结果如图 8-8 所示。

```
点 P1 的坐标[格式:x,  y]:1.2,  3.4【Enter】
点 P2 的坐标[格式:x,  y]:5.6,  7.8【Enter】
P1(1.200000, 3.400000)到 P2(5.600000, 7.800000)的距离:6.222540
```

图 8-8　练习 8-6 的运行结果

提示： 可以参考练习 5-2、练习 8-1 和练习 8-2。

8.2.2　加减法口算测验

源代码 8-3 使用函数进行重构后，如源代码 8-8 所示。

```
01  #include <stdio.h>
02  #define N 5
03
04  struct arithmetic{
05      int number1;
06      int number2;
```

```
07      char opt;
08      int input;
09  };
10  typedef struct arithmetic Arithmetic;
11
12  void get_input(Arithmetic * test);
13  void check_answer(Arithmetic test);
14
15  int main()
16  {
17      Arithmetic test[N] ={
18          {36, 25, '+'},
19          {23,  8, '-'},
20          {47, 29, '-'},
21          { 7, 16, '+'},
22          {19,  6, '+'}
23      };
24      int i;
25
26      for(i =0;i <N;i++){
27          printf("第%d题:  ", i +1);
28          get_input(&test[i]);
29          check_answer(test[i]);
30      }
31
32      return 0;
33  }
34
35  void get_input(Arithmetic * test)
36  {
37      printf("%d %c %d =  ", test->number1, test->opt, test->number2);
38      scanf("%d", &test->input);
39  }
40
41  void check_answer(Arithmetic test)
42  {
43      int is_right =0;     //0:回答错误;1:回答正确
44      if(test.opt =='+'){
45          if(test.input ==(test.number1 +test.number2)){
46              is_right =1;
47          }
48      }else{
49          if(test.input ==(test.number1 -test.number2)){
50              is_right =1;
51          }
```

```
52      }
53      if(is_right){
54          printf("回答正确！ \n");
55      }else{
56          printf("回答错误！ \n");
57      }
58  }
```

源代码 8-8　ArithmeticTest_32-B.c

第 17～23 行代码：

定义一个类型为 Arithmetic 且元素个数为 5 的数组 test，并对数组的元素进行初始化。数组 test 的每个元素都是有 4 个成员的结构类型，初始化时只对前 3 个成员 number1、number2 和 opt 初始化，成员 input 没有被初始化。

第 43 行代码：

在函数 check_answer()中定义一个 int 类型的变量 is_right，并初始化为整数 0。变量 is_right 保存了用户输入结果正确与否的信息，整数 0 表示回答错误，整数 1 表示回答正确。

在函数 check_answer()中根据变量 is_right 的数值直接输出信息“回答正确”或“回答错误”，以后也不需要使用 is_right 的值了，因此这里重复使用变量 is_right 临时保存每一个口算题目回答正确与否的信息，不需要为每一个题目都设置独立的变量。所以，结构体 arithmetic 也不需要设置成员 is_right。

相比于源代码 8-7，本例增加了减法口算测验的功能。由于使用了函数来组织程序的结构，因此对代码的改动是相当小的，或者说即使有改动，也是相当容易实施的。同时，由于使用了结构体类型及其指针作为函数的形式参数，因此本例需要增加变量时就直接修改结构体，即增加结构体成员就可以了。

使用结构体和函数来组织程序的结构，使本程序的代码具有良好的可扩展性。

【练习 8-7】

参考练习 8-2 中定义的结构体。

(1) 编写 2 个 C 语言函数，即函数 input_point()和 distance()，分别对应的函数原型如下：

```
void input_point(Point * a, Point * b, Point * c);
double distance(Point a, Point b);
```

函数 input_point()的功能是输出提示信息并从键盘读入 3 个点的坐标，再分别保存到指针 a、b 和 c 所指向的 Point 类型的变量中。

函数 distance()的功能是计算点 a 到点 b 的距离，并作为返回值返回。该函数不允许从键盘读取数据，也不允许输出数据到屏幕中。这里可以直接使用练习 8-6 中已经编写的函数 distance()。

(2) 编写 main()函数，先后调用函数 input_point()和 distance()，从键盘输入三角形的 3 个顶点 $P1$、$P2$ 和 $P3$ 的坐标保存到 Point 类型的变量，然后计算三角形的面积，并输出结果到屏幕中。运行过程如图 8-9 所示。

提示：可以参考练习 5-3、练习 8-1 和练习 8-2。

```
顶点 P1 的坐标[格式:x,  y]:1.2,  3.4【Enter】
顶点 P2 的坐标[格式:x,  y]:4.2,  3.4【Enter】
顶点 P3 的坐标[格式:x,  y]:4.2,  8.4【Enter】
三角形的面积:7.500000
```

图 8-9　练习 8-7 的运行结果

8.2.3 成绩汇总输出

源代码 8-4 使用函数进行重构后，如源代码 8-9 所示。

```
01  #include <stdio.h>
02  #define N 5
03
04  struct arithmetic{
05      int number1;
06      int number2;
07      char opt;
08      int input;
09  };
10  typedef struct arithmetic Arithmetic;
11
12  void get_input(Arithmetic * test);
13  int summary(Arithmetic test);
14  int check_answer(Arithmetic test);
15
16  int main()
17  {
18      Arithmetic test[N] = {
19          {36, 25, '+'},
20          {23,  8, '-'},
21          {47, 29, '-'},
22          { 7, 16, '+'},
23          {19,  6, '+'}
24      };
25      int counter = 0;
26      int i;
27
28      for(i = 0;i < N;i++){
29          printf("第%02d题:  ", i + 1);
30          get_input(&test[i]);
31      }
32
33      printf("\n成绩汇总: \n");
```

```
34      for(i =0;i <N;i++){
35          counter +=summary(test[i]);
36      }
37      printf("题目总数:%6d\n 答对数量:%6d\n", N, counter);
38      printf("正确率:%7.2f%%\n", counter * 100.0 / N);
39
40      return 0;
41  }
42
43  void get_input(Arithmetic * test)
44  {
45      printf("%2d %c %2d =  ", test->number1, test->opt, test->number2);
46      scanf("%d", &test->input);
47  }
48
49  int summary(Arithmetic test)
50  {
51      int is_right;
52      printf("%2d %c %2d =  ", test.number1, test.opt, test.number2);
53      printf("%2d", test.input);
54      is_right =check_answer(test);
55      if(is_right){
56          printf("\n");
57      }else{
58          printf(" [答案:  ");
59          if(test.opt =='+'){
60              printf("%2d]\n", test.number1 +test.number2);
61          }else{
62              printf("%2d]\n", test.number1 -test.number2);
63          }
64      }
65      return is_right;
66  }
67
68  int check_answer(Arithmetic test)
69  {
70      int is_right =0;     //0:回答错误;1:回答正确
71      if(test.opt =='+'){
72          if(test.input ==(test.number1 +test.number2)){
73              is_right =1;
74          }
75      }else{
76          if(test.input ==(test.number1 -test.number2)){
77              is_right =1;
78          }
79      }
80      return is_right;
81  }
```

源代码 8-9　ArithmeticTest_33-B. c

第68～81行代码：

定义一个名字为check_answer的函数，返回值是int类型，参数列表有一个“struct arithmetic”类型的结构变量test作为形式参数。

在源代码8-8中，函数check_answer()的返回类型是void，即不需要返回值，因此在函数check_answer()里面已经把是否回答正确的信息直接输出到屏幕中了。现在这里修改为不要直接在函数中输出结果到屏幕中，而是返回一个在第70行定义的逻辑值is_right。

如果把函数check_answer()的参数列表修改为指针类型“Arithmetic * test”，那么就可以直接把是否回答正确的结果信息保存到结构变量中。这里没有使用这种方案，而是把是否回答正确的结果信息以逻辑值的形式作为函数返回值直接返回。

第14行代码：

这是函数check_answer()对应的函数原型声明。

第54行代码：

函数summary()使用结构变量test作为实际参数调用函数check_answer()，并把返回值赋值到函数summary()的int类型变量is_right中保存。

第49～66行代码：

定义一个名字为summary的函数，返回值是int类型，参数列表有一个“struct arithmetic”类型的结构变量test作为形式参数。

函数summary()使用结构变量test作为实际参数调用函数check_answer()，并把返回值赋值到函数summary()的int类型变量is_right中保存，最后把is_right作为返回值返回给函数summary()的调用者。

如果把函数summary()的参数列表修改为指针类型“Arithmetic * test”，那么就可以直接把是否回答正确的结果信息保存到结构变量中。这里没有使用这种方案，而是把是否回答正确的结果信息以逻辑值的形式作为函数返回值直接返回。

第13行代码：

这是函数summary()对应的函数原型声明。

第35行代码：

main()函数使用结构变量test[i]作为实际参数调用函数check_summary()，并把返回值累加到int类型的变量counter中。

【练习8-8】

(1) 参考练习3-18中的“鸡兔同笼”问题，并完成本练习。参考练习8-3中定义的结构体编写一个C语言函数chick_and_rabbit()，对应的函数原型如下：

```
Animal chick_and_rabbit(int head, int leg);
```

函数chick_and_rabbit()的功能是根据鸡和兔两者头的总数head和腿的总数leg来计算鸡和兔的数量，然后保存到Animal类型的变量中并作为返回值。如果有多个解，则只需要求出一个解。如果无解，则鸡和兔的数量都赋值为整数“－1”。该函数不允许从键盘读取数据，也不允许输出数据到屏幕中。

(2) 编写main()函数，从键盘读入代表头的总数量的整数head以及代表腿的总数量的整数 leg,然后调用函数 chick_and_rabbit()计算鸡和兔的数量,最后输出结果到屏幕中。如果无解,则输出“本题无解”。如果 head 小于 2 或 leg 小于 6,则输出“非法数据”。这里约定鸡和兔的数量都是不少于一只。程序的运行结果如图 8-10 所示。

```
鸡兔同笼,头的总数:35【Enter】
鸡兔同笼,腿的总数:94【Enter】
鸡:23 只,兔:12 只。
```

图 8-10　练习 8-8 的运行结果

提示:可以参考练习 3-18 和练习 8-3。

8.2.4　随机生成题库

源代码 8-5 使用函数进行重构后,如源代码 8-10 所示。

```
001  #include <stdio.h>
002  #include <stdlib.h>
003  #include <time.h>
004  #define N 5
005
006  struct arithmetic{
007      int number1;
008      int number2;
009      char opt;
010      int input;
011  };
012  typedef struct arithmetic Arithmetic;
013
014  void init_test(Arithmetic * test);
015  void get_input(Arithmetic * test);
016  int summary(Arithmetic test);
017  int check_answer(Arithmetic test);
018  int get_rand_number(int min, int max);
019  char get_rand_opt();
020  void swap(int * x, int * y);
021
022  int main()
023  {
024      Arithmetic test[N];
025      int counter =0;
026      int i;
027
028      srand(time(NULL));
029      for(i =0;i <N;i++){
030          init_test(&test[i]);
031      }
032
033      for(i =0;i <N;i++){
```

```
034            printf("第%02d题:  ", i +1);
035            get_input(&test[i]);
036        }
037
038        printf("\n成绩汇总:  \n");
039        for(i =0;i <N;i++){
040            counter +=summary(test[i]);
041        }
042        printf("题目总数:%6d\n答对数量:%6d\n", N, counter);
043        printf("正确率:%7.2f%%\n", counter * 100.0 / N);
044
045        return 0;
046    }
047
048    void init_test(Arithmetic * test)
049    {
050        test->number1 =get_rand_number(0, 99);
051        test->opt =get_rand_opt();
052        if(test->opt =='+'){
053            test->number2 =get_rand_number(0, 99 -test->number1);
054        }else{
055            test->number2 =get_rand_number(0, 99);
056            if(test->number1 <test->number2){
057                swap(&test->number1, &test->number2);
058            }
059        }
060    }
061
062    void get_input(Arithmetic * test)
063    {
064        printf("%2d %c %2d =   ", test->number1, test->opt, test->number2);
065        scanf("%d", &test->input);
066    }
067
068    int summary(Arithmetic test)
069    {
070        int is_right;
071        printf("%2d %c %2d =   ", test.number1, test.opt, test.number2);
072        printf("%2d", test.input);
073        is_right =check_answer(test);
074        if(is_right){
075            printf("\n");
076        }else{
077            printf(" [答案:  ");
078            if(test.opt =='+'){
079                printf("%2d]\n", test.number1 +test.number2);
080            }else{
081                printf("%2d]\n", test.number1 -test.number2);
082            }
```

```
083         }
084         return is_right;
085     }
086
087     int check_answer(Arithmetic test)
088     {
089         int is_right =0;       //0:回答错误;1:回答正确
090         if(test.opt == '+'){
091             if(test.input == (test.number1 +test.number2)){
092                 is_right =1;
093             }
094         }else{
095             if(test.input == (test.number1 -test.number2)){
096                 is_right =1;
097             }
098         }
099         return is_right;
100     }
101
102     int get_rand_number(int min, int max)
103     {
104         int n =rand() % (max -min +1) +min;
105         return n;
106     }
107
108     char get_rand_opt()
109     {
110         char opt;
111         if(rand() %2 ==0){
112             opt ='+';
113         }else{
114             opt ='-';
115         }
116         return opt;
117     }
118
119     void swap(int * x, int * y)
120     {
121         int temp;
122         temp = * x;
123         * x = * y;
124         * y =temp;
125     }
```

源代码 8-10　ArithmeticTest_34. c

第 102～125 行代码：

这是源代码 7-12 中定义的 3 个通用函数，这些函数的功能比较单一和独立，接口设计良好，属于通用的函数，因此这里不加修改就可以继续使用。请参考第 7 章的 7.5.4 小节。

第 18～20 行代码：

这是第 102～125 行的 3 个通用函数对应的函数原型声明。

第 57 行代码：

在函数 init_test()中使用“&test-> number1”和“&test-> number2”作为实际参数调用函数 swap()，用于交换 number1 和 number2 的值。

表达式“&test-> number1”和“&test-> number2”分别等价于“&(test-> number1)”和“&(test-> number2)”。

第 48～60 行代码：

定义一个名字为 init_test 的函数，返回值是 void 类型(即不需要返回值)。参数列表中有一个“Arithmetic *”类型的结构变量 test 作为形式参数。

第 14 行代码：

这是函数 init_test()对应的函数原型声明。

第 30 行代码：

main()函数使用结构变量 test[i]作为实际参数调用函数 init_test()。

表达式“&test[i]”等价于“&(test[i])”。

现在，我们的程序使用结构体和函数进行代码重构后，函数的接口已经不再臃肿，程序的结构更加合理，可扩展性更加好，整个程序的可读性也大大提高。main()函数通过直接调用 3 个函数来完成主要的功能，这 3 个函数又通过调用其余的 4 个函数来完成功能。

main()函数很清晰地向我们展示出程序的结构是由 4 个部分组成的。接下来我们继续改进代码，使用结构数组作为形式参数，把 main()函数后面的 3 部分分别封装为 3 个函数。

【练习 8-9】

参考练习 8-2 中定义的结构体完成本练习。

(1) 编写 2 个 C 语言函数，即 input_point()和 middle()，分别对应的函数原型如下：

```
void input_point(Point * a, Point * b);
Point middle(Point a, Point b);
```

函数 input_point()的功能是输出提示信息并从键盘读入 2 个点的坐标，再分别保存到指针 a 和 b 所指向的 Point 类型的变量中。这里可以直接使用练习 8-6 中已经编写的函数 input_point()。

函数 middle()的功能是计算以点 a 和点 b 为端点的线段 ab 的中点的坐标并保存到 Point 类型的变量中，再作为返回值返回。该函数不允许从键盘读取数据，也不允许输出数据到屏幕中。

(2) 编写 main()函数,先后调用函数 input_point()和 middle(),从键盘输入点 A 和 B 的坐标并保存到 Point 类型的变量中,然后计算线段 AB 的中点 M 的坐标,并输出结果到屏幕中。程序的运行结果如图 8-11 所示。

提示: 可以参考练习 8-2、练习 8-4 和练习 8-6。

```
点 A 的坐标[格式:x,  y]:1.2,  3.4【Enter】
点 B 的坐标[格式:x,  y]:5.6,  7.8【Enter】
线段 AB 的两个端点:A(1.200000, 3.400000)、B(5.600000, 7.800000)
线段 AB 的中点:M(3.400000, 5.600000)
```

图 8-11　练习 8-9 的运行结果

【练习 8-10】

参考练习 8-5 中定义的结构体完成本练习。

(1) 编写一个 C 语言函数 to_date(),对应的函数原型如下:

```
Date to_date(int n);
```

函数 to_date()的功能是根据给定的整数 n,计算一年中的第 n 天是几月几日,然后保存到 Date 类型的变量中并作为返回值返回。假定年份是平年,即 2 月有 28 天。该函数不允许从键盘读取数据,也不允许输出数据到屏幕中。

(2) 编写 main()函数,从键盘读入一个整数 n,并调用函数 to_date()计算一年中的第 n 天是几月几日,最后输出结果到屏幕中。如果整数 n 不满足条件"$1 \leqslant n \leqslant 365$",则输出"非法数据"。程序的运行结果如图 8-12 所示。

```
请输入一个整数:60【Enter】
平年的第 60 天是 3 月 1 日。
```

图 8-12　练习 8-10 的运行结果

提示: 可以参考练习 8-5。

8.2.5　传递结构数组到函数中

源代码 8-10 使用以结构数组为参数的函数进行重构后,如源代码 8-11 所示。这是一个使用了数组、函数和结构体的最终优雅版"口算测验"程序。

```
001  #include <stdio.h>
002  #include <stdlib.h>
003  #include <time.h>
004  #define N 5
005
006  struct arithmetic{
007      int number1;
```

```
008        int number2;
009        char opt;
010        int input;
011    };
012    typedef struct arithmetic Arithmetic;
013
014    void init_test(Arithmetic test[], int n);
015    void get_input(Arithmetic test[], int n);
016    void summary(Arithmetic test[], int n);
017    int check_answer(Arithmetic test);
018    int get_rand_number(int min, int max);
019    char get_rand_opt();
020    void swap(int * x, int * y);
021
022    int main()
023    {
024        Arithmetic test[N];
025
026        init_test(test, N);
027        get_input(test, N);
028        summary(test, N);
029
030        return 0;
031    }
032
033    void init_test(Arithmetic test[], int n)
034    {
035        int i;
036        srand(time(NULL));
037        for(i =0;i <n;i++){
038            test[i].number1 =get_rand_number(0, 99);
039            test[i].opt =get_rand_opt();
040            if(test[i].opt =='+'){
041                test[i].number2 =get_rand_number(0, 99 -test[i].number1);
042            }else{
043                test[i].number2 =get_rand_number(0, 99);
044                if(test[i].number1 <test[i].number2){
045                    swap(&test[i].number1, &test[i].number2);
046                }
047            }
048        }
049    }
050
051    void get_input(Arithmetic test[], int n)
052    {
053        int i;
054        for(i =0;i <n;i++){
055            printf("第%02d题：  ", i +1);
056            printf("%2d %c %2d =  ", test[i].number1, test[i].opt, test[i].number2);
```

```
057         scanf("%d", &test[i].input);
058     }
059 }
060
061 void summary(Arithmetic test[], int n)
062 {
063     int is_right;
064     int counter =0;
065     int i;
066     printf("\n 成绩汇总: \n");
067     for(i =0;i <n;i++){
068         printf("%2d %c %2d =", test[i].number1, test[i].opt, test[i].number2);
069         printf("%2d", test[i].input);
070         is_right =check_answer(test[i]);
071         counter +=is_right;
072         if(is_right){
073             printf("\n");
074         }else{
075             printf(" [答案: ");
076             if(test[i].opt =='+'){
077                 printf("%2d]\n", test[i].number1 +test[i].number2);
078             }else{
079                 printf("%2d]\n", test[i].number1 -test[i].number2);
080             }
081         }
082     }
083     printf("题目总数: %6d\n 答对数量: %6d\n", N, counter);
084     printf("正确率: %7.2f%%\n", counter * 100.0 / N);
085 }
086
087 int check_answer(Arithmetic test)
088 {
089     int is_right =0;    //0:回答错误;1:回答正确
090     if(test.opt =='+'){
091         if(test.input ==(test.number1 +test.number2)){
092             is_right =1;
093         }
094     }else{
095         if(test.input ==(test.number1 -test.number2)){
096             is_right =1;
097         }
098     }
099     return is_right;
100 }
101
102 int get_rand_number(int min, int max)
103 {
104     int n =rand() %(max -min +1) +min;
105     return n;
```

```
106 }
107
108 char get_rand_opt()
109 {
110     char opt;
111     if(rand() %2 ==0){
112         opt ='+';
113     }else{
114         opt ='-';
115     }
116     return opt;
117 }
118
119 void swap(int * x, int * y)
120 {
121     int temp;
122     temp = * x;
123      * x = * y;
124      * y =temp;
125 }
```

源代码 8-11　ArithmeticTest_35.c

第 33、51、61 行代码：

改用结构数组 test 作为形式参数重写 3 个函数的接口。由于使用数组传递参数的方式是可以在函数里修改数组的数值，因此现在也不需要通过返回值的方式去修改数据了，这 3 个函数的返回值类型改为 void。

同时，增加一个形式参数"int n"，用于接收数组的元素个数。

这里定义的宏替换名字 N 是可以在函数里面直接使用的。但是考虑到整个程序组织结构的合理性，因此不建议在函数里面直接使用这个宏替换的名字 N。我们设计函数的基本要求之一是各个函数的耦合性要尽量小，即尽量保持函数各自的独立性，避免互相关联。

因此，对于数组元素个数来说，使用一个形式参数专门处理比直接使用宏替换名字要好。

第 14～16 行代码：

3 个函数的函数原型声明也做出一致的修改。

第 26～28 行代码：

按照新接口要求传递数组名作为实际参数来调用 3 个函数，从而实现 main()函数的主要功能。

第 45 行代码：

在函数 init_test()中使用"&test[i].number1"和"&test[i].number2"作为实际参数来调用函数 swap()，用于交换数组 test 的第 i 个元素 test[i]的两个成员 number1 和 number2 的值。

表达式"&test[i].number1"和"&test[i].number2"分别等价于"&((test[i]).

number1)”和“&((test[i]).number2)”。

至此，我们已经完成了使用结构体和函数对案例“口算测验”进行代码重构的任务。建议读者反复比较重构前后代码的差异，研究代码重构前后细节的变化以及体会其中的奥妙之处，以取得更好的学习效果。

【练习 8-11】

GPA，即平均学分绩点(Grade Point Average)。某些学校采用学分绩点制对学生学习质量进行评定，平均学分绩点是主要考察指标。计算 GPA 的标准 4.0 算法是：

$$\text{GPA}=\frac{\text{课程学分 }1\times\text{绩点 }1+\text{课程学分 }2\times\text{绩点 }2+\cdots+\text{课程学分 }n\times\text{绩点 }n}{\text{课程学分 }1+\text{课程学分 }2+\cdots+\text{课程学分 }n}$$

其中，课程的绩点与百分制成绩的对应关系如表 8-1 所示。

表 8-1　绩点与百分制分数的关系

百分制成绩	绩点	百分制成绩	绩　点
大于或等于 90	4.0	大于或等于 60 且小于 70	1.0
大于或等于 80 且小于 90	3.0	小于 60	0
大于或等于 70 且小于 80	2.0		

例如，某学生的 3 门成绩分别是：课程一(3 学分)是 85 分，课程二(2 学分)是 76 分，课程三(4 学分)是 93 分，那么该学生的 GPA=(3×3.0+2×2.0+4×4.0)/(3+2+4)≈3.22。

现有结构体和结构数组定义如下：

```
#define N 5
struct grade{
    int credit;         //学分
    double score;       //成绩
};
typedef struct grade Grade;
Grade grade[N];
```

(1) 编写 2 个 C 语言函数 input_score()和 GPA()，分别对应的函数原型如下：

```
void input_score(Grade grade[], int n);
double GPA(Grade grade[], int n);
```

函数 input_score()的功能是输出提示信息并从键盘读入某学生的 N 门课程的成绩和学分并保存到结构数组 grade 中。如果输入的成绩超出 0～100 的范围或者学分超出 1～10 的范围，则重新输入。

函数 GPA()的功能是根据保存在数组 grade 中的 N 门课程的成绩和学分计算 GPA 保存到 double 类型的变量，并作为返回值返回。该函数不允许从键盘读取数据，也不允许输出数据到屏幕中。

(2) 编写 main()函数，先后调用函数 input_score()和 GPA()，从键盘读入某学生的 N 门课程的成绩和学分并保存到结构数组 grade 中，然后计算该学生的 GPA 并输出结果到屏幕中。程序的运行结果如图 8-13 所示。

```
第 1 门课程的成绩和学分[空格分隔]:88.5  3【Enter】
第 2 门课程的成绩和学分[空格分隔]:76  2【Enter】
第 3 门课程的成绩和学分[空格分隔]:91  4【Enter】
第 4 门课程的成绩和学分[空格分隔]:53.5  2【Enter】
第 5 门课程的成绩和学分[空格分隔]:85  4【Enter】
5 门课程的 GPA:2.73
```

图 8-13　练习 8-11 的运行结果

8.3　本章小结

1. 关键字

struct、typedef。

2. 结构体

定义结构体类型,定义结构体变量,定义结构体变量并初始化,访问结构体变量的成员,访问结构体指针的成员。

3. 运算符

.　结构成员运算符。

->　间接成员运算符。

第9章　数字拼图——二维数组

数字拼图（*N*-Puzzle）是一种滑块类游戏，也称“数字推盘”“数字华容道”等，常见的类型有十五数字拼图和八数字拼图等。

以十五数字拼图游戏为例，游戏板上有15个方块和1个供方块移动之用的大小相当于1个方块的空位。游戏者需要移动板上的方块，每次移动1个，最终让所有的方块顺着数字从小到大的次序排序，如图9-1所示。

14	6	4	8
1	3	11	
7	10	12	13
5	9	15	2

⇨

1	2	3	4
5	6	7	8
9	10	11	12
13	14	15	

图9-1　十五数字拼图

下面我们以相对容易的八数字拼图游戏为例，继续使用循序渐进的方法设计一个数字拼图游戏程序。

9.1　显示拼图题目

1. 源代码9-1

使用数组这一复合数据类型，我们可以编写一个简单程序，用于显示拼图题目，如源代码9-1所示。

```
01  #include <stdio.h>
02
03  int main()
04  {
05      int puzzle[9] ={1, 0, 3, 4, 2, 6, 7, 5, 8};
06      int i;
07
08      for(i =0;i <9;i++){
09          printf("%d ", puzzle[i]);
10          if((i +1) %3 ==0){
11              printf("\n");
12          }
```

```
13      }
14
15      return 0;
16  }
```

源代码 9-1　NPuzzle_01-A.c

第 5 行代码：

定义一个具有 9 个元素的 int 类型数组 puzzle，并初始化数组的每一个元素。数值 0 代表数字拼图的空位置。

第 8～13 行代码：

使用 for 循环语句输出拼图题目，每输出 3 个数值就输出一个换行符。

第 10 行代码：

表达式“i+1”表示已经输出数组元素的个数。如果表达式“i+1”是 3 的倍数，则输出换行符。

本程序编译运行的输出结果如图 9-2 所示。

```
1 0 3
4 2 6
7 5 8
```

图 9-2　NPuzzle_01-A.c 的运行结果

2. 源代码 9-2

由于拼图题目需要以行列的形式输出，所以我们很自然想到，使用二重循环来输出拼图题目可以让程序的逻辑比较直观，也可以大大提高源代码的可读性。所以，我们改进程序，使用二重循环输出拼图题目，如源代码 9-2 所示。

```
01  #include <stdio.h>
02
03  int main()
04  {
05      int puzzle[9] ={1, 0, 3, 4, 2, 6, 7, 5, 8};
06      int row, col;     //row:行下标; col:列(column)下标
07
08      for(row =0;row <3;row++){
09          for(col =0;col <3;col++){
10              printf("%d ", puzzle[row * 3 +col]);
11          }
12          printf("\n");
13      }
14
15      return 0;
16  }
```

源代码 9-2　NPuzzle_01-B.c

第 6 行代码：

使用 int 关键字定义两个变量 row 和 col 作为循环控制变量，分别表示拼图的行下标和列下标。

本例中，两个循环控制变量本质上是对应于拼图的行下标和列下标，因此这里选用 row 和 col 作为循环控制变量，而不选用 i、j、x、y 等没有具体含义的简单变量，这样可以提高源代码的可读性。

C 语言一次定义多个变量的格式是：

```
数据类型　变量名 1,变量名 2,…,变量名 n;
```

提示：如果一次定义多个不相关的变量，那么在变量后面对变量使用注释则不太方便，而且对某个变量的删除修改等会令多个变量受到牵连而容易出错。

这里的行下标和列下标具有相关性，因此可以放在一起定义。

一般情况下建议一次只定义一个变量，以提高源代码的可读性。

第 8～13 行代码：

使用两个 for 语句的二重循环输出拼图题目。

第 10 行代码：

函数 printf()在这里重复执行 9 次，表达式"row * 3＋col"依次取值为整数 0～8，即输出数组 puzzle 的第 0～8 个元素。

源代码 9-2 和源代码 9-1 在功能上是相同的，所以程序运行后输出结果请参考前面的图 9-2。

事实上，C 语言也提供了二维数组，同时使用行和列两个下标访问数组的各个元素，可以像二重循环一样让程序的数据结构和程序逻辑更加直观，从而提高源代码的可读性。与之相对应的，我们之前所使用的只使用一个下标访问的数组称为一维数组。

3. 源代码 9-3

我们继续改进程序，使用二维数组来描述拼图题目，如源代码 9-3 所示。

```
01  #include <stdio.h>
02
03  int main()
04  {
05      int puzzle[3][3] ={
06          {1, 0, 3},
07          {4, 2, 6},
08          {7, 5, 8}
09      };
10      int row, col;       //row:行下标; col:列(column)下标
11
12      for(row =0;row <3;row++){
13          for(col =0;col <3;col++){
14              printf("%d ", puzzle[row][col]);
15          }
16          printf("\n");
```

```
17      }
18
19      return 0;
20  }
```

源代码 9-3 NPuzzle_01-C.c

第5~9行代码：

定义一个3行3列的int类型二维数组puzzle，并初始化数组的每一个元素。

定义一个二维数组并初始化赋值的格式是：

```
数据类型   数组名[行数量 R][列数量 C] ={
    {第 0 行 0 列元素，第 0 行 1 列元素，…，第 0 行 n0 列元素}，
    {第 1 行 0 列元素，第 1 行 1 列元素，…，第 1 行 n1 列元素}，
    …
    {第 m 行 0 列元素，第 m 行 1 列元素，…，第 m 行 nm 列元素}
};
```

其中，整数 m 的值应该满足“$0 \leqslant m \leqslant R-1$”，整数 n_k（$0 \leqslant k \leqslant m$）的值应该满足“$0 \leqslant n_k \leqslant C-1$”。

当 m 等于 $R-1$ 且 $n_0 = n_1 = \cdots = n_k = C-1 (k=m)$ 的时候，称为对二维数组完全初始化，比如第5行的二维数组puzzle[3][3]。

如果不对二维数组进行初始化，那么二维数组每个元素的值是随机的，这时候需要省略等号和花括号。

不需要初始化，只定义一个二维数组的格式是：

```
数据类型   数组名[行数量 R][列数量 C];
```

如果既不是完全初始化，也不是不初始化，则称为对二维数组部分初始化。部分初始化的时候，那些没有被显式初始化的剩余元素会被默认初始化赋值为0。例如：

```
int puzzle[3][3] ={
    {1, 0, 3},
    {4, 2},
};
```

等价于

```
int puzzle[3][3] ={
    {1, 0, 3},
    {4, 2, 0},
    {0, 0, 0}
};
```

二维数组在内存中的存储结构是按行优先的方式存储的。例如，有以下二维数组

puzzle[3][3]：

```
int puzzle[3][3] ={
    {1, 0, 3},
    {4, 2, 6},
    {7, 5, 8}
};
```

该数组每个元素在内存中的存储结构跟以下一维数组 puzzle[9]的存储结构是一模一样的：

```
int puzzle[9] ={1, 0, 3, 4, 2, 6, 7, 5, 8};
```

事实上,C 语言还在语法上允许使用一维数组的初始化格式来初始化二维数组,例如：

```
int puzzle[3][3] ={1, 0, 3, 4, 2, 6, 7, 5, 8};
```

以上 3 个数组在内存中的存储结构是等价的。

第 12～17 行代码：

使用两个 for 语句的二重循环输出拼图题目。

第 14 行代码：

使用行和列两个下标访问二维数组 puzzle 的第 row 行、第 col 列的元素 puzzle[row][col]。例如,puzzle[1][2]的值是 6。

本例使用二维数组保存拼图题目,然后使用二重循环输出拼图题目到屏幕中。整个程序的代码逻辑非常直观,源代码的可读性很好。

源代码 9-3 和源代码 9-1 在功能上是相同的,所以程序运行后输出结果请参考前面的图 9-2。

4. 源代码 9-4

我们继续改进代码,使用函数封装显示拼图题目的代码,如源代码 9-4 所示。

```
01  #include <stdio.h>
02
03  #define ROW 3
04  #define COL 3
05
06  void show_puzzle(int puzzle[][COL], int n);
07
08  int main()
09  {
10      int puzzle[ROW][COL] ={
11          {1, 0, 3},
12          {4, 2, 6},
13          {7, 5, 8}
14      };
15
```

```
16      show_puzzle(puzzle, ROW);
17
18      return 0;
19  }
20
21  void show_puzzle(int puzzle[][COL], int n)
22  {
23      int row, col;
24      for(row =0;row <n;row++){
25          for(col =0;col <COL;col++){
26              printf("%d ", puzzle[row][col]);
27          }
28          printf("\n");
29      }
30  }
```

源代码 9-4　NPuzzle_01-D.c

第 3～4 行代码：

使用预编译指令“＃define”定义名字分别为 ROW 和 COL 的两个宏替换。

第 21～30 行代码：

定义一个名字为 show_puzzle 的函数，返回值是 void 类型（即不需要返回值），参数列表有 2 个形式参数。第 1 个形式参数是 int 类型的二维数组 puzzle，第 2 个形式参数是 int 类型的变量 n。变量 n 用于传递二维数组 puzzle 行的数量。

ANSI C 标准规定，使用二维数组作为函数的形式参数，必须指明每行的元素个数，即定义二维数组时列的数量。

行的数量则不作要求，而且即使指定了行的数量，也会被忽略。因此，这里需要用到第 2 个参数，一般习惯使用一个名字为 n 的 int 类型变量来传递二维数组的行的数量。

第 26 行代码：

使用行和列两个下标访问二维数组 puzzle 的第 row 行、第 col 列的元素 puzzle[row][col]。

跟一维数组一样，二维数组的名字本身就是指向该二维数组第 0 行、第 0 列元素首地址的指针常量，因此这里可以直接使用行和列两个下标 row 和 col 来访问二维数组的元素。

第 6 行代码：

函数 show_puzzle()对应的原型声明。

第 16 行代码：

使用实际参数二维数组变量 puzzle 和宏替换名字 ROW 调用函数 show_puzzle()。

跟一维数组一样，二维数组的名字本身就是指向该二维数组首地址（也就是第 0 行、第 0 列元素的首地址）的指针常量，这里不需要使用求地址运算符“&”，直接使用数组名作为实际参数即可。

源代码 9-4 和源代码 9-1 在功能上是相同的，所以程序运行后输出结果请参考前面的图 9-2。

【练习 9-1】

N 皇后问题(N-Queen Problem,NQP):在 *N* 行 *N* 列的国际象棋棋盘上放置 *N* 个皇后,使其不能互相攻击。

由于国际象棋中的皇后可以在同一行,或同一列,或同一斜线(两个方向的斜线)上行走,因此在同一行,或同一列,或同一斜线上不能放置多于一个皇后。例如,NQP 在 *N* 等于 5 时的一个解如图 9-3 所示。

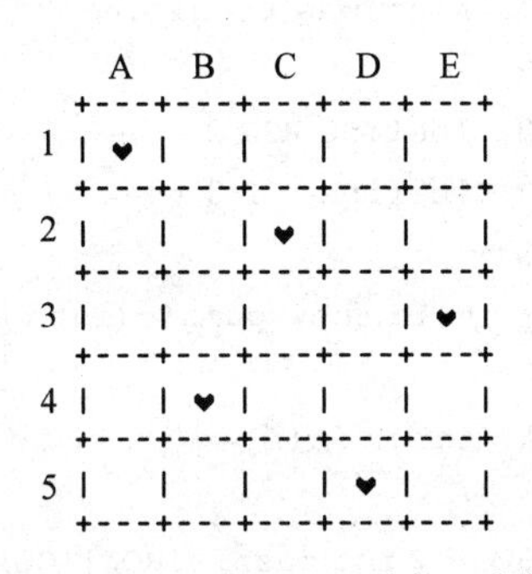

图 9-3　NQP 在 $N=5$ 时的一个解

图 9-3 所示的解可以使用如下所示的二维数组 chess 来表示(0 代表格子上没有放置皇后,1 代表格子上放置了皇后):

```
#define N 5
int chess[N][N] ={
    {1, 0, 0, 0, 0},
    {0, 0, 1, 0, 0},
    {0, 0, 0, 0, 1},
    {0, 1, 0, 0, 0},
    {0, 0, 0, 1, 0}
};
```

(1) 编写一个 C 语言函数 show_chessboard(),对应的函数原型如下:

```
void show_chessboard(int chess[][N], int n);
```

函数 show_chessboard()的功能是按照行、列方式输出二维数组 chess 各个元素的内容到屏幕中。该函数不允许从键盘读取数据。

(2) 编写 main()函数,用该函数中定义的二维数组 chess 作为实际参数,调用函数 show_chessboard(),输出二维数组 chess 各个元素的内容到屏幕中。程序的运行结果如图 9-4 所示。

```
1  0  0  0  0
0  0  1  0  0
0  0  0  0  1
0  1  0  0  0
0  0  0  1  0
```

图 9-4　练习 9-1 的运行结果

9.2　美化拼图外观

我们继续改进代码,使用字符"+""-"和"|"在文本状态下显示数字拼图的表格外观,如源代码 9-5 所示。

```
01  #include <stdio.h>
02
03  #define ROW 3
04  #define COL 3
05
06  void show_puzzle(int puzzle[][COL], int n);
07
08  int main()
09  {
10      int puzzle[ROW][COL] ={
11          {1, 0, 3},
12          {4, 2, 6},
13          {7, 5, 8}
14      };
15
16      show_puzzle(puzzle, ROW);
17
18      return 0;
19  }
20
21  void show_puzzle(int puzzle[][COL], int n)
22  {
23      int row, col;
24      for(row =0;row <n;row++){
25          for(col =0;col <COL;col++){
26              printf("+-----");
27          }
28          printf("+\n");
29          for(col =0;col <COL;col++){
30              if(puzzle[row][col] ==0){
31                  printf("|%5c", ' ');
32              }else{
33                  printf("|%4d ", puzzle[row][col]);
34              }
35          }
36          printf("|\n");
37      }
38      for(col =0;col <COL;col++){
39          printf("+-----");
40      }
41      printf("+\n\n");
42  }
```

源代码 9-5　NPuzzle_02.c

第 30～34 行代码：

使用完整形式的 if 语句输出数字拼图的各个数值。如果数值为 0，则转换为输出空格，否则就直接输出该数值。

第 31 行代码：

函数 printf()的格式说明符“%5c”表示输出宽度为 5 位宽度的 ASCII 字符，如果不足 5 位，则左边使用空格填补。这里需要输出的 ASCII 字符刚好就是空格(' ')，因此格式说明符“|%5c”这时候表达的就是先输出字符'|'，然后接着输出 5 个空格。

提示：字符'|'跟反斜杠'\'在键盘上是同一个按键，可以在按下 Shift 键时录入字符'|'。

第 33 行代码：

函数 printf()的格式说明符“%4d”表示输出宽度为 4 位宽度的十进制整数，如果不足 4 位，则左边使用空格填补。因此，格式说明符“|%4d ”表达的就是先输出字符'|'，然后接着输出一个宽度为 4 位的十进制整数，最后输出一个空格。

函数 show_puzzle()的代码中，除了第 30～34 行代码是用于输出数字拼图的各个数值和输出字符'|'之外，其他的代码都是在输出字符'+'和'-'，即用于绘制拼图的表格。这些代码比较基础简单，请读者自行分析即可。

本程序编译并运行后的输出结果如图 9-5 所示。

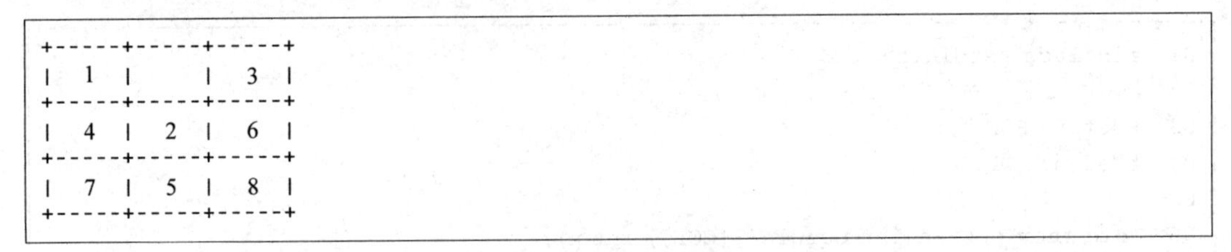

图 9-5　NPuzzle_02.c 的运行结果

【练习 9-2】

本练习延续练习 9-1。

(1) 编写一个 C 语言函数 show_chessboard()，对应的函数原型如下：

```
void show_chessboard(int chess[][N], int n);
```

函数 show_chessboard()的功能是使用字符“+”“-”和“|”绘制表格并输出二维数组 chess 对应的棋盘布局到屏幕中。要求：使用 ASCII 码字符“♥”代表国际象棋的皇后，使用数字给每一行编号，使用字母给每一列编号。该函数不允许从键盘读取数据。

提示：字符“♥”的 ASCII 码编号是 3，可以使用下面的语句输出：

```
char ch =3;
printf("%c", ch);
```

(2) 编写 main()函数，使用该函数中定义的二维数组 chess 作为实际参数调用函数 show_chessboard()来绘制表格，并输出二维数组 chess 对应的棋盘布局到屏幕中。程序的运行结果如图 9-6 所示。

```
   A   B   C   D   E
 +---+---+---+---+---+
1| ♥ |   |   |   |   |
 +---+---+---+---+---+
2|   |   | ♥ |   |   |
 +---+---+---+---+---+
3|   |   |   |   | ♥ |
 +---+---+---+---+---+
4|   | ♥ |   |   |   |
 +---+---+---+---+---+
5|   |   |   | ♥ |   |
 +---+---+---+---+---+
```

图 9-6　练习 9-2 的运行结果

9.3 显示提示信息

1. 源代码 9-6

现在我们已经可以输出一个比较美观的数字拼图效果了。接下来继续改进代码，输出一些提示信息，提示用户可以合法移动的数字，如源代码 9-6 所示。

```
01 #include <stdio.h>
02
03 #define ROW 3
04 #define COL 3
05
06 void show_puzzle(int puzzle[][COL], int n);
07 void show_moveable(int puzzle[][COL], int n);
08
09 int main()
10 {
11     int puzzle[ROW][COL] ={
12         {1, 0, 3},
13         {4, 2, 6},
14         {7, 5, 8}
15     };
16     int step =1;
17     show_puzzle(puzzle, ROW);
18     printf("第%d 步[ ", step);
19     show_moveable(puzzle, ROW);
20     printf("]:");
21     return 0;
22 }
23
24 void show_puzzle(int puzzle[][COL], int n)
25 {
26     int row, col;
27     for(row =0;row <n;row++){
```

```
28          for(col =0;col <COL;col++){
29              printf("+-----");
30          }
31          printf("+\n");
32          for(col =0;col <COL;col++){
33              if(puzzle[row][col] ==0){
34                  printf("|%5c", ' ');
35              }else{
36                  printf("|%4d ", puzzle[row][col]);
37              }
38          }
39          printf("|\n");
40      }
41      for(col =0;col <COL;col++){
42          printf("+-----");
43      }
44      printf("+\n\n");
45  }
46
47  void show_moveable(int puzzle[][COL], int n)
48  {
49      int row, col;
50      for(row =0;row <n;row++){
51          for(col =0;col <COL;col++){
52              if(puzzle[row][col] ==0){      //找到空白位置所对应的行列下标
53                  if(row-1 >=0){            //空白位置的上方
54                      printf("%d ", puzzle[row-1][col]);
55                  }
56                  if(row+1 <n){             //空白位置的下方
57                      printf("%d ", puzzle[row+1][col]);
58                  }
59                  if(col-1 >=0){            //空白位置的左边
60                      printf("%d ", puzzle[row][col-1]);
61                  }
62                  if(col+1 <COL){           //空白位置的右边
63                      printf("%d ", puzzle[row][col+1]);
64                  }
65                  return;
66              }
67          }
68      }
69  }
```

源代码 9-6 NPuzzle_03-A.c

第 7 行代码：

这是函数 show_moveable()对应的函数原型声明。

第 16 行代码：

定义一个 int 类型的变量 step,并初始化为 1。变量 step 用于记录移动数字的次数。

第 19 行代码：

使用实际参数二维数组变量 puzzle 和宏替换名字 ROW 调用函数 show_puzzle()。

本例中，函数 show_moveable()接收二维数组 puzzle 作为参数，然后使用二重循环语句逐一访问二维数组的元素，直到找到空白位置所对应的行列下标，然后依次判断该空白位置的上下左右位置是否超出拼图的合法范围，如果还在合法范围内，则可以认为这些数字是可以合法移动的数字，然后输出这些相应的数字。找到空白位置后，在第 65 行代码中使用 return 语句结束函数 show_moveable()的运行。

第 47～69 行代码：

定义一个名字为 show_moveable 的函数，返回值是 void 类型（即不需要返回值），参数列表有 2 个形式参数。第 1 个形式参数是 int 类型的二维数组 puzzle，第 2 个形式参数是 int 类型的变量 n。变量 n 用于传递二维数组 puzzle 行的数量。

第 52 行代码：

如果 puzzle[row][col]的值为 0，则表明找到了空白位置所对应的行列下标，然后在第 53～64 行代码依次判断该空白位置的上下左右位置是否超出拼图的合法范围，最后在第 65 行代码中使用 return 语句结束函数 show_moveable()。因为已经找到了所有可以合法移动的数字，所以这时候应该结束函数的运行。

第 53～55 行代码：

检测空白位置的上方是否超出拼图的范围。如果没有超出范围，则表明空白位置的上方是可以合法移动的数字，然后输出该位置的数字到屏幕中。

第 56～58 行代码：

检测空白位置的下方是否超出拼图的范围。如果没有超出范围，则表明空白位置的下方是可以合法移动的数字，然后输出该位置的数字到屏幕中。

第 59～61 行代码：

检测空白位置的左边是否超出拼图的范围。如果没有超出范围，则表明空白位置的左边是可以合法移动的数字，然后输出该位置的数字到屏幕中。

第 62～64 行代码：

检测空白位置的右边是否超出拼图的范围。如果没有超出范围，则表明空白位置的右边是可以合法移动的数字，然后输出该位置的数字到屏幕中。

本程序编译并运行后的输出结果如图 9-7 所示。

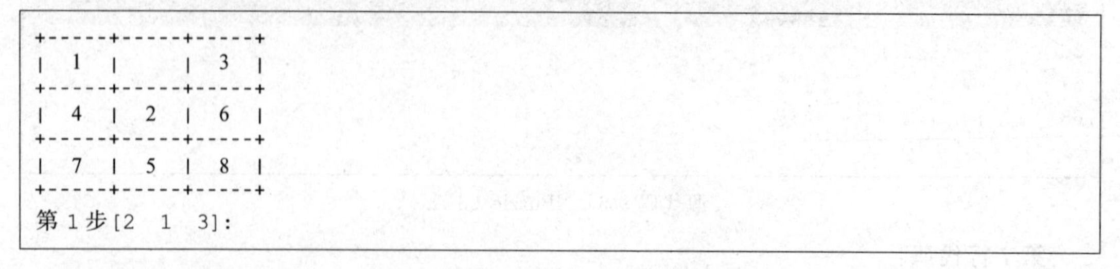

图 9-7 NPuzzle_03-A.c 的运行结果

本例中，函数 show_moveable()找到可以合法移动的数字后，使用函数 printf()把这些数字直接输出到屏幕中显示，这在很多时候是不合适的。如果可以，我们更愿意以函数返回值的形式把所有找到的可以合法移动的数字返回给函数 show_moveable()的调用者，让调用者再作下一步的处理。

到目前为止，我们只会在函数的返回值中返回一个值。但现在，可以合法移动的数字有可能不止一个。因此，我们首先学习如何在函数中返回多个值，然后再来改进函数 show_moveable()。

首先，我们看下面的简单程序，该程序打算通过调用函数 calc()实现如下功能：使用两个整数作为实际参数调用函数 calc()，计算这两个整数的和、差、积、商以及余数，并保存到 int 类型的一维数组 result 中作为返回值。

```
#include <stdio.h>

int * calc(int x, int y);

int main()
{
    int * p = calc(22, 7);
    printf("p[0] = %d\n", p[0]);
    printf("p[1] = %d\n", p[1]);
    printf("p[2] = %d\n", p[2]);
    printf("p[3] = %d\n", p[3]);
    printf("p[4] = %d\n", p[4]);
    return 0;
}

int * calc(int x, int y)
{
    int result[5];
    result[0] = x + y;
    result[1] = x - y;
    result[2] = x * y;
    result[3] = x / y;
    result[4] = x % y;
    return result;
}
```

本程序编译并运行后的输出结果如下所示。

```
p[0] = 29
p[1] = 2686916
p[2] = 1990626517
p[3] = 360864906
p[4] = -2
```

很明显，这个程序的输出结果没有达到预定的目标。同时，在编译的过程中，我们会留意到一个由编译器给出的警告信息：

```
[Warning] function returns address of local variable
```

即：

```
[警告] 函数返回局部变量的地址
```

如果是错误(Error)信息，则不能生成二进制可执行文件。但这里只是警告信息，因此还是可以生成二进制可执行文件并能够运行程序。

这个程序的输出结果没有达到预定的目标，原因正是警告信息所说的"函数返回局部变量的地址"。

C 语言规定，函数里面定义的普通变量是局部变量，其有效作用域范围是从定义该局部变量开始到函数末尾。

语句"int result[5];"的功能是在函数 calc()中定义一个具有 5 个元素的 int 类型数组 result。该数组变量 result 是局部变量。在函数 calc()结束时使用语句"return result;"返回数组 result 的首地址。

main()函数中使用 22 和 7 作为实际参数调用函数 calc()，并把返回值(数组 result 的首地址)复制给 int 类型的指针变量 p 来保存，然后函数 calc()结束运行。

按照 C 语言的规定，一个函数结束运行后，该函数内原先定义的局部变量所关联的内存空间会归还给系统统一管理。因此函数 calc()中定义的局部变量 result 的内存空间在函数 calc()返回后可能被系统用作其他用途，因此，即使 main()函数的指针变量在函数 calc()结束时已经保存了变量 result 的首地址，但由于该变量的内存空间可能已经被挪作他用了，因此也不能通过指针变量 p 访问原来的数据。如果要访问，一般也是得到一些随机数据。

为了满足程序设计的灵活性，C 语言通过标准库<stdlib.h>提供了一些标准函数来处理内存空间的分配与释放等任务，让程序员可以根据需要去申请使用内存空间与释放内存空间。

函数 malloc()用于内存分配时的申请，参数列表只有一个整数类型的形式参数，用于接收一个正整数，表示需要申请的内存字节数量。函数 malloc()的返回值类型是"void *"，表示能够匹配任何的指针类型，因此一般需要使用"显式类型转换"，将其转换为所需要的指针类型。

函数 free()用于释放使用函数 malloc()申请的内存空间，参数列表只有一个指针类型的形式参数"void *"，用于接收一个关联到需要释放内存的指针变量。函数 free()的返回值类型是 void，表示不需要返回值。

使用函数 malloc()和 free()可以正确实现上一程序的功能：使用两个整数作为实际参数调用函数 calc()，计算这两个整数的和、差、积、商以及余数，并保存到指针 result 所指向的内存空间中。修改后的程序代码如下所示。

```
#include <stdio.h>
#include <stdlib.h>

int * calc(int x, int y);

int main()
{
```

```
    int * p =calc(22, 7);
    printf("p[0] =%d\n", p[0]);
    printf("p[1] =%d\n", p[1]);
    printf("p[2] =%d\n", p[2]);
    printf("p[3] =%d\n", p[3]);
    printf("p[4] =%d\n", p[4]);
    free(p);
    return 0;
}

int * calc(int x, int y)
{
    int * result =(int *)malloc(sizeof(int) * 5);
    if(result ==NULL){
        printf("内存分配失败！ ");
        exit(1);
    }
    result[0] =x +y;
    result[1] =x -y;
    result[2] =x * y;
    result[3] =x / y;
    result[4] =x %y;
    return result;
}
```

在 Dev-C++ 环境下，sizeof(int)的值是 4，因此表达式“sizeof(int) * 5”的值是 20。所以，下面的语句将向系统申请 20 个字节的内存空间：

```
int * result =(int *)malloc(sizeof(int) * 5);
```

更精确地说，这个语句的功能是：使用函数 malloc()向系统申请分配 20 个字节的内存空间，并把该内存空间首地址赋值给 int 类型的指针变量 result 保存。由于函数 malloc()的返回值类型是通用指针类型“void *”，因此这里需要使用显式类型转换为匹配的指针类型(int *)。

如果函数 malloc()申请分配内存不成功，那么其返回值是 NULL。NULL 是在头文件 stdlib.h 中使用预编译指令 #define 定义的宏替换，其值一般是整数 0。

一般在调用函数 malloc()后都要检测其返回值是否等于 NULL，以确保程序的健壮性。这里如果表达式“result == NULL”为真，那么输出提示信息“内存分配失败”，并调用函数 exit(1)结束整个程序。

函数 exit()是在标准库<stdlib.h>中定义的一个标准函数，用于接收一个整数参数作为返回值来结束整个程序，等价于在 main()函数中使用 return 语句使其结束。按照习惯，一般返回值 0 表示程序正常运行结束。这里是由于“内存分配失败”导致提前结束程序，属于异常情况，因此使用 1 作为返回值来结束程序。

当然了，由于这里只申请分配 20 字节的内存空间，现实中运行本程序一般不会遇到内存分配失败的情况，除非特别精心设计实验环境。

C 语言规定，指针变量可以当作数组名使用，以下标的方式访问其指向的数据。所以，这里分配的 20 个字节的内存空间，可以使用 reslut[0]、reslut[1]、reslut[2]、reslut[3]以及 reslut[4]以类似数组的形式来访问指针 result 所指向的存储空间的内容。

使用函数 malloc()分配的内存空间，将会一直保留至程序运行结束，除非中途使用函数 free()申请释放该内存空间。内存空间是比较宝贵的计算机资源，因此如果确定了不再需要使用这些已经申请分配的内存空间，那么可以及时使用函数 free()来释放这些空间。

函数 free()的参数列表只有一个通用指针类型的形式参数“void *”，用于接收需要释放内存空间的指针变量。函数 free()的返回值类型是 void，即不需要返回值。

本程序编译并运行后的输出结果如下所示。

```
p[0] =29
p[1] =15
p[2] =154
p[3] =3
p[4] =1
```

从输出结果来看，本程序使用内存分配管理函数 malloc()和 free()配合，成功实现了函数的返回值可以以指针(或者说是数组)的形式一次返回多个相同类型的值。

2. 源代码 9-7

接下来我们继续改进程序，增加一个函数 get_moveable()，专门用于检测可以合法移动的数字，并以指针(数组)的形式作为返回值返回，供函数 show_moveable()使用，如源代码 9-7 所示。

```
01  #include <stdio.h>
02  #include <stdlib.h>
03
04  #define ROW 3
05  #define COL 3
06
07  void show_puzzle(int puzzle[][COL], int n);
08  void show_moveable(int puzzle[][COL], int n);
09  int * get_moveable(int puzzle[][COL], int n);
10
11  int main()
12  {
13      int puzzle[ROW][COL] ={
14          {1, 0, 3},
15          {4, 2, 6},
16          {7, 5, 8}
17      };
18      int step =1;
19      show_puzzle(puzzle, ROW);
20      printf("第%d 步[ ", step);
21      show_moveable(puzzle, ROW);
```

```
22      printf("]:  ");
23      return 0;
24  }
25
26  void show_puzzle(int puzzle[][COL], int n)
27  {
28      int row, col;
29      for(row =0;row <n;row++){
30          for(col =0;col <COL;col++){
31              printf("+-----");
32          }
33          printf("+\n");
34          for(col =0;col <COL;col++){
35              if(puzzle[row][col] ==0){
36                  printf("|%5c", ' ');
37              }else{
38                  printf("|%4d ", puzzle[row][col]);
39              }
40          }
41          printf("|\n");
42      }
43      for(col =0;col <COL;col++){
44          printf("+-----");
45      }
46      printf("+\n\n");
47  }
48
49  void show_moveable(int puzzle[][COL], int n)
50  {
51      int * moveable;
52      int i;
53      moveable =get_moveable(puzzle, n);
54      for(i =0;i <4;i++){
55          if(moveable[i] >0){
56              printf("%d ", moveable[i]);
57          }
58      }
59      free(moveable);
60  }
61
62  int * get_moveable(int puzzle[][COL], int n)
63  {
64      int row, col;
65      int i;
66      int * moveable = (int * )malloc(sizeof(int) * 4);
67      if(moveable ==NULL){
68          printf("内存分配失败! \n");
69          exit(1);
```

```
70      }
71      for(i =0;i <4;i++){
72          moveable[i] =-1;
73      }
74      i =0;
75      for(row =0;row <n;row++){
76          for(col =0;col <COL;col++){
77              if(puzzle[row][col] ==0){       //找到空白位置所对应的行列下标
78                  if(row-1 >=0){              //空白位置的上方
79                      moveable[i++] =puzzle[row-1][col];
80                  }
81                  if(row+1 <n){               //空白位置的下方
82                      moveable[i++] =puzzle[row+1][col];
83                  }
84                  if(col-1 >=0){              //空白位置的左边
85                      moveable[i++] =puzzle[row][col-1];
86                  }
87                  if(col+1 <COL){             //空白位置的右边
88                      moveable[i++] =puzzle[row][col+1];
89                  }
90                  return moveable;
91              }
92          }
93      }
94      return moveable;
95  }
```

源代码 9-7　NPuzzle_03-B. c

第 9 行代码：

这是函数 get_moveable()对应的函数原型声明。

第 53 行代码：

使用实际参数二维数组变量 puzzle 和 int 类型变量 n 调用函数 get_moveable()，返回值赋值给在第 51 行定义的类型为“int *”的指针变量 moveable。

第 56 行代码：

以数组的语法访问指针 moveable 指向的内存空间。

第 59 行代码：

使用函数 free()来释放指针 moveable 所指向的内存空间。请注意，释放之后不要再使用“*moveable”或“moveable[i]”来访问读写内存数据，否则会引起程序运行结果的不确定性，严重时还可能引起程序崩溃。

第 62～95 行代码：

定义一个名字为 get_moveable 的函数，返回值是“int *”类型(指向 int 类型的指针)，参数列表有 2 个形式参数。第 1 个形式参数是 int 类型的二维数组 puzzle，第 2 个形式参数是 int 类型的变量 n。变量 n 用于传递二维数组 puzzle 行的数量。

第 66 行代码：

调用函数 malloc()，申请分配(sizeof(int) * 4)个字节的内存空间，返回值是一个指向该内存空间首地址的类型为"void *"的通用指针，然后强制类型转换为"int *"类型并赋值给类型为"int *"的指针变量 moveable。

相当于申请一个具有 4 个元素类型为 int 的动态数组。该数组的内存空间不因函数结束而自动释放，将会一直保留至程序运行结束，除非中途使用函数 free()申请释放该内存空间。

第 67～70 行代码：

如果函数 malloc()申请分配内存不成功，那么其返回值是 NULL。NULL 是在头文件 stdlib. h 中使用预编译指令 #define 定义的宏替换，其值一般是整数 0。

一般在调用函数 malloc()后都要检测其返回值是否等于 NULL，以确保程序的健壮性。如果表达式"moveable == NULL"为真，那么输出提示信息"内存分配失败"并调用函数 exit(1)结束整个程序。

函数 exit()是在标准库<stdlib. h>中定义的一个标准函数，用于接收一个整数参数作为返回值来结束整个程序，等价于在 main()函数中使用 return 语句结束 main()函数。按照习惯，一般返回值 0 表示程序正常运行结束。这里是由于"内存分配失败"引起提前结束程序，属于异常情况，因此使用 1 作为返回值结束程序。当然，也可以使用其他整数(如-1、-2、3、4、5 等)作为返回值。

第 72 行代码：

以数组的语法访问指针 moveable 指向的内存空间，对数组 moveable 的每个元素 moveable[i]赋值为-1。

数组 moveable 的 4 个元素是用于保存数字拼图空白位置的上下左右 4 个可以合法移动的数值，这些可以合法移动的数值都是正整数。

数字拼图的有些空白位置的周围只有少于 4 个可以合法移动的数值，因此这里预先把数组 moveable 的各个元素 moveable[i]都初始化赋值为-1，以示区分。当然，也可以使用其他数值，只要不是数字拼图上的数值就可以了。

第 78～80 行代码：

以下语句：

```
moveable[i++] =puzzle[row-1][col];
```

等价于下面 2 行语句

```
moveable[i] =puzzle[row-1][col];
i =i +1;
```

如果表达式"row-1 >= 0"为真，那么表示空白位置上方的数值是可以合法移动的数值，因此应该把该值保存到数组 moveable 的第 i 个元素 moveable[i]中。

第 81～89 行代码：

同样道理，如果空白位置下方、左边以及右边的数值是可以合法移动的数值，那么应该把该值保存到数组 moveable 的第 i 个元素 moveable[i]中。

第 90、94 行代码：

使用 return 语句结束函数 get_moveable()并返回数组 moveable 的首地址。

在找到数字拼图的空白位置后，先保存其上下左右的数值到数组 moveable 中，然后在第 90 行使用 return 语句结束函数 get_moveable()并返回数组 moveable 的首地址。

由于第 90 行的 return 语句是在表达式“puzzle[row][col] == 0”为真，即找到数字拼图的空白位置后才执行，所以考虑到完备性，在表达式“puzzle[row][col] == 0”始终不为真的情况下，就应该执行第 94 行的 return 语句结束函数 get_moveable()并返回数组 moveable 的首地址。

源代码 9-7 和源代码 9-6 在功能上是相同的，所以程序运行后输出结果请参考前面的图 9-7。

【练习 9-3】

本练习延续练习 9-2。

(1) 编写 2 个 C 语言函数 input_chessboard()和 show_chessboard()，分别对应的函数原型如下：

```
void input_chessboard(int chess[][N], int n);
void show_chessboard(int chess[][N], int n);
```

函数 input_chessboard()的功能是输出提示信息并从键盘输入棋盘的布局(0 代表格子上没有放置皇后；1 代表格子上有放置皇后)。要求：以行为单位输入，使用空格分隔。

函数 show_chessboard()可以直接使用练习 9-2 中已经编写的同名函数。

(2) 编写 main()函数，使用该函数中定义的二维数组 chess 作为实际参数，先后调用函数 input_chessboard()和 show_chessboard()，从键盘输入棋盘的布局并保存到二维数组 chess 中，然后输出二维数组 chess 对应的棋盘布局到屏幕中。程序的运行过程如图 9-8 所示。

```
第 1 行:0  0  0  0  1【Enter】
第 2 行:0  0  1  0  0【Enter】
第 3 行:1  0  0  0  0【Enter】
第 4 行:0  0  0  1  0【Enter】
第 5 行:0  1  0  0  0【Enter】

   A   B   C   D   E
 +---+---+---+---+---+
1|   |   |   |   | ♥ |
 +---+---+---+---+---+
2|   |   | ♥ |   |   |
 +---+---+---+---+---+
3| ♥ |   |   |   |   |
 +---+---+---+---+---+
4|   |   |   | ♥ |   |
 +---+---+---+---+---+
5|   | ♥ |   |   |   |
 +---+---+---+---+---+
```

图 9-8　练习 9-3 的运行结果

9.4 输入数字并移动

接下来我们继续改进程序，从键盘接收用户需要移动的数字，并移动到空白位置，如源代码 9-8 所示。

```
001 #include <stdio.h>
002 #include <stdlib.h>
003
004 #define ROW 3
005 #define COL 3
006
007 void show_puzzle(int puzzle[][COL], int n);
008 void show_moveable(int puzzle[][COL], int n);
009 int * get_moveable(int puzzle[][COL], int n);
010 int move(int puzzle[][COL], int n, int number);
011 void swap(int * x, int * y);
012
013 int main()
014 {
015     int puzzle[ROW][COL] ={
016         {1, 0, 3},
017         {4, 2, 6},
018         {7, 5, 8}
019     };
020     int step =1;
021     int number;
022
023     while(1){
024         show_puzzle(puzzle, ROW);
025         printf("第%d步[ ", step);
026         show_moveable(puzzle, ROW);
027         printf("](输入0退出):  ");
028         scanf("%d", &number);
029         if(number ==0){
030             printf("程序结束! \n");
031             break;
032         }else if(move(puzzle, ROW, number)){
033             step ++;
034         }else{
035             printf("非法输入! \n");
036         }
037         printf("\n");
038     }
039
040     return 0;
```

```
041 }
042
043 void show_puzzle(int puzzle[][COL], int n)
044 {
045     int row, col;
046     for(row =0;row <n;row++){
047         for(col =0;col <COL;col++){
048             printf("+-----");
049         }
050         printf("+\n");
051         for(col =0;col <COL;col++){
052             if(puzzle[row][col] ==0){
053                 printf("|%5c", ' ');
054             }else{
055                 printf("|%4d ", puzzle[row][col]);
056             }
057         }
058         printf("|\n");
059     }
060     for(col =0;col <COL;col++){
061         printf("+-----");
062     }
063     printf("+\n\n");
064 }
065
066 void show_moveable(int puzzle[][COL], int n)
067 {
068     int * moveable;
069     int i;
070     moveable =get_moveable(puzzle, n);
071     for(i =0;i <4;i++){
072         if(moveable[i] >0){
073             printf("%d ", moveable[i]);
074         }
075     }
076     free(moveable);
077 }
078
079 int * get_moveable(int puzzle[][COL], int n)
080 {
081     int row, col;
082     int i;
083     int * moveable = (int *)malloc(sizeof(int) * 4);
084     if(moveable ==NULL){
085         printf("内存分配失败！\n");
086         exit(1);
087     }
088     for(i =0;i <4;i++){
089         moveable[i] =-1;
```

```
090     }
091     i =0;
092     for(row =0;row <n;row++){
093         for(col =0;col <COL;col++){
094             if(puzzle[row][col] ==0){      //找到空白位置所对应的行列下标
095                 if(row-1 >=0){             //空白位置的上方
096                     moveable[i++] =puzzle[row-1][col];
097                 }
098                 if(row+1 <n){              //空白位置的下方
099                     moveable[i++] =puzzle[row+1][col];
100                 }
101                 if(col-1 >=0){             //空白位置的左边
102                     moveable[i++] =puzzle[row][col-1];
103                 }
104                 if(col+1 <COL){            //空白位置的右边
105                     moveable[i++] =puzzle[row][col+1];
106                 }
107                 return moveable;
108             }
109         }
110     }
111     return moveable;
112 }
113
114 int move(int puzzle[][COL], int n, int number)
115 {
116     int row, col;
117     for(row =0;row <n;row++){
118         for(col =0;col <COL;col++){
119             if(puzzle[row][col] ==number){      //找到需要移动的数字
120                 if((row-1 >=0)&&(puzzle[row-1][col] ==0)){
121                     swap(&puzzle[row][col], &puzzle[row-1][col]);
122                 }else if((row+1 <n)&&(puzzle[row+1][col] ==0)){
123                     swap(&puzzle[row][col], &puzzle[row+1][col]);
124                 }else if((col-1 >=0)&&(puzzle[row][col-1] ==0)){
125                     swap(&puzzle[row][col], &puzzle[row][col-1]);
126                 }else if((col+1 <COL)&&(puzzle[row][col+1] ==0)){
127                     swap(&puzzle[row][col], &puzzle[row][col+1]);
128                 }else{
129                     return 0;
130                 }
131                 return 1;
132             }
133         }
134     }
135     return 0;
136 }
137
```

```
138  void swap(int * x, int * y)
139  {
140      int temp;
141      temp = * x;
142      * x = * y;
143      * y =temp;
144  }
```

源代码 9-8　NPuzzle_04. c

第 10 行代码：

这是函数 move()对应的函数原型声明。

第 23～38 行代码：

使用 while 语句的循环。循环体首先调用函数 show_puzzle()输出拼图，然后调用函数 show_moveable()显示可供合法移动的数字，并调用函数 scanf()接收用户的输入数字。再调用函数 move()移动用户指定的数字到空白位置，如果移动成功，则把用于记录移动次数的变量 step 累加 1，否则就输出提示信息"非法输入"。

第 29～31 行代码：

如果用户输入 0，则输出提示信息"程序结束"并使用 break 语句退出该 while 循环。然后执行第 40 行的 return 语句来结束 main()函数，即结束整个程序。

第 32 行代码：

使用二维数组变量 puzzle、宏替换名字 ROW 和变量 number 作为实际参数调用函数 move()。如果变量 number 所代表的数字能够成功移动到空白位置，则函数 move()的返回值是 1，即逻辑值为"真"；否则返回 0，即逻辑值为"假"。

第 114～136 行代码：

定义一个名字为 move 的函数，返回值是 int 类型。参数列表有 3 个形式参数，第 1 个形式参数是 int 类型的二维数组 puzzle，第 2 个形式参数是 int 类型的变量 n，第 3 个形式参数是 int 类型的变量 number。变量 n 用于传递二维数组 puzzle 行的数量，变量 number 表示需要移动的数字。

函数 move()的返回值是逻辑值。如果变量 number 所代表的数字能够成功移动到空白位置，那么函数返回逻辑值"真"，否则返回逻辑值"假"。

第 119～132 行代码：

如果表达式"puzzle[row][col] == number"为真，那么表示数组 puzzle 第 row 行、第 col 列的元素正是需要移动的数字。然后再依次判断该数字的上下左右 4 个相邻的位置是否是空白位置。

如果 4 个相邻位置其中有一个是空白位置，则调用函数 swap()把该数与空白位置交换，然后在第 131 行使用 return 语句返回 1，即逻辑值"真"。其他情况（第 129 行和第 135 行）则返回 0，即逻辑值"假"。

第 138～144 行代码：

函数 swap()用于交换两个 int 类型变量的值。请参考第 7 章的 7.5.4 小节。

本程序编译运行的输出结果如图 9-9 所示。

```
+-----+-----+-----+
|  1  |     |  3  |
+-----+-----+-----+
|  4  |  2  |  6  |
+-----+-----+-----+
|  7  |  5  |  8  |
+-----+-----+-----+
第 1 步 [ 2 1 3 ] (输入 0 退出):2【Enter】
+-----+-----+-----+
|  1  |  2  |  3  |
+-----+-----+-----+
|  4  |     |  6  |
+-----+-----+-----+
|  7  |  5  |  8  |
+-----+-----+-----+
第 2 步 [ 2 5 4 6 ] (输入 0 退出):5【Enter】
+-----+-----+-----+
|  1  |  2  |  3  |
+-----+-----+-----+
|  4  |  5  |  6  |
+-----+-----+-----+
|  7  |     |  8  |
+-----+-----+-----+
第 3 步 [ 5 7 8 ] (输入 0 退出):8【Enter】
+-----+-----+-----+
|  1  |  2  |  3  |
+-----+-----+-----+
|  4  |  5  |  6  |
+-----+-----+-----+
|  7  |  8  |     |
+-----+-----+-----+
第 4 步 [ 6 8 ] (输入 0 退出):0【Enter】
程序结束!
```

图 9-9　NPuzzle_04.c 的运行结果

现在,数字拼图程序已经初具功能,可以提示用户需要移动的数字,然后接收用户的输入数字并移动到空白位置,但目前还不能自动判断拼图是否已经完成,需要靠用户自己判断,然后输入 0 来退出程序。

【练习 9-4】

本练习延续练习 9-3。

(1) 编写 2 个 C 语言函数,即 input_chessboard()和 show_chessboard(),分别对应的函数原型如下:

```
void input_chessboard(int chess[][N], int n);
void show_chessboard(int chess[][N], int n);
```

函数 input_chessboard()的功能是输出提示信息并从键盘输入棋盘的布局。由于在同一行中只能放置一个皇后,因此我们可以简化输入的格式:每一行的输入信息只需要明确指出第几列放置皇后即可。

函数 show_chessboard()可以直接使用练习 9-2 中已经编写的同名函数。

(2) 编写 main()函数,使用该函数中定义的二维数组 chess 作为实际参数先后调用函数 input_chessboard()和 show_chessboard(),从键盘输入棋盘的布局并保存到二维数组 chess 中,然后输出二维数组 chess 对应的棋盘布局到屏幕中。程序的运行结果如图 9-10 所示。

```
第 1 行皇后的位置:2【Enter】
第 2 行皇后的位置:4【Enter】
第 3 行皇后的位置:1【Enter】
第 4 行皇后的位置:3【Enter】
第 5 行皇后的位置:5【Enter】
    A   B   C   D   E
  +---+---+---+---+---+
1 |   | ♥ |   |   |   |
  +---+---+---+---+---+
2 |   |   |   | ♥ |   |
  +---+---+---+---+---+
3 | ♥ |   |   |   |   |
  +---+---+---+---+---+
4 |   |   | ♥ |   |   |
  +---+---+---+---+---+
5 |   |   |   |   | ♥ |
  +---+---+---+---+---+
```

图 9-10　练习 9-4 的运行结果

9.5　判断拼图是否完成

接下来我们继续改进程序,增加一个函数 is_win(),用于判断当前的拼图是否已经把所有数字按照从小到大的次序排列好,如源代码 9-9 所示。

```
001  #include <stdio.h>
002  #include <stdlib.h>
003
004  #define ROW 3
005  #define COL 3
006
007  void show_puzzle(int puzzle[][COL], int n);
008  int is_win(int puzzle[][COL], int n);
009  void show_moveable(int puzzle[][COL], int n);
010  int * get_moveable(int puzzle[][COL], int n);
011  int move(int puzzle[][COL], int n, int number);
012  void swap(int * x, int * y);
013
014  int main()
015  {
016      int puzzle[ROW][COL] = {
```

```
017         {1, 0, 3},
018         {4, 2, 6},
019         {7, 5, 8}
020     };
021     int step =1;
022     int number;
023 
024     while(1){
025         show_puzzle(puzzle, ROW);
026         if(is_win(puzzle, ROW)){
027             printf("拼图成功！\n");
028             break;
029         }
030         printf("第%d步[ ", step);
031         show_moveable(puzzle, ROW);
032         printf("](输入0退出): ");
033         scanf("%d", &number);
034         if(number ==0){
035             printf("程序结束！\n");
036             break;
037         }else if(move(puzzle, ROW, number)){
038             step ++;
039         }else{
040             printf("非法输入！\n");
041         }
042         printf("\n");
043     }
044 
045     return 0;
046 }
047 
048 void show_puzzle(int puzzle[][COL], int n)
049 {
050     int row, col;
051     for(row =0;row <n;row++){
052         for(col =0;col <COL;col++){
053             printf("+-----");
054         }
055         printf("+\n");
056         for(col =0;col <COL;col++){
057             if(puzzle[row][col] ==0){
058                 printf("|%5c", ' ');
059             }else{
060                 printf("|%4d ", puzzle[row][col]);
061             }
062         }
063         printf("|\n");
064     }
065     for(col =0;col <COL;col++){
```

```
066             printf("+-----");
067         }
068         printf("+\n\n");
069     }
070 
071     int is_win(int puzzle[][COL], int n)
072     {
073         int i;
074         int * p =&puzzle[0][0];
075         for(i =0;i <COL * n;i++){
076             if(p[i] !=(i +1) %(COL * n)){
077                 return 0;
078             }
079         }
080         return 1;
081     }
082 
083     void show_moveable(int puzzle[][COL], int n)
084     {
085         int * moveable;
086         int i;
087         moveable =get_moveable(puzzle, n);
088         for(i =0;i <4;i++){
089             if(moveable[i] >0){
090                 printf("%d ", moveable[i]);
091             }
092         }
093         free(moveable);
094     }
095 
096     int * get_moveable(int puzzle[][COL], int n)
097     {
098         int row, col;
099         int i;
100         int * moveable =(int *)malloc(sizeof(int) * 4);
101         if(moveable ==NULL){
102             printf("内存分配失败!\n");
103             exit(1);
104         }
105         for(i =0;i <4;i++){
106             moveable[i] =0;
107         }
108         i =0;
109         for(row =0;row <n;row++){
110             for(col =0;col <COL;col++){
111                 if(puzzle[row][col] ==0){          //找到空白位置所对应的行列下标
112                     if(row-1 >=0){                 //空白位置的上方
113                         moveable[i++] =puzzle[row-1][col];
114                     }
```

```
115                 if(row+1 <n){                        //空白位置的下方
116                     moveable[i++] =puzzle[row+1][col];
117                 }
118                 if(col-1 >=0){                       //空白位置的左边
119                     moveable[i++] =puzzle[row][col-1];
120                 }
121                 if(col+1 <COL){                      //空白位置的右边
122                     moveable[i++] =puzzle[row][col+1];
123                 }
124                 return moveable;
125             }
126         }
127     }
128     return moveable;
129 }
130
131 int move(int puzzle[][COL], int n, int number)
132 {
133     int row, col;
134     for(row =0;row <n;row++){
135         for(col =0;col <COL;col++){
136             if(puzzle[row][col] ==number){       //找到需要移动的数字
137                 if((row-1 >=0)&&(puzzle[row-1][col] ==0) ){
138                     swap(&puzzle[row][col], &puzzle[row-1][col]);
139                 }else if((row+1 <n)&&(puzzle[row+1][col] ==0) ){
140                     swap(&puzzle[row][col], &puzzle[row+1][col]);
141                 }else if((col-1 >=0)&&(puzzle[row][col-1] ==0) ){
142                     swap(&puzzle[row][col], &puzzle[row][col-1]);
143                 }else if((col+1 <COL)&&(puzzle[row][col+1] ==0) ){
144                     swap(&puzzle[row][col], &puzzle[row][col+1]);
145                 }else{
146                     return 0;
147                 }
148                 return 1;
149             }
150         }
151     }
152     return 0;
153 }
154
155 void swap(int * x, int * y)
156 {
157     int temp;
158     temp = * x;
159     * x = * y;
160     * y =temp;
161 }
```

源代码 9-9　NPuzzle_05. c

第 8 行代码：

这是函数 is_win()的函数原型声明。

第 26 行代码：

使用实际参数二维数组变量 puzzle 和宏替换名字 ROW 调用函数 is_win()。如果拼图已经把所有数字按照从小到大的次序排列好，那么函数 is_win()的返回值是逻辑值“真”，然后输出提示信息“拼图成功!”并使用 break 语句退出 while 循环。

while 循环结束后，接着执行第 45 行的 return 语句来结束 main()函数，即结束整个程序。

第 71～81 行代码：

定义一个名字为 is_win 的函数，返回值是 int 类型。参数列表有 2 个形式参数，第 1 个形式参数是 int 类型的二维数组 puzzle，第 2 个形式参数是 int 类型的变量 n。变量 n 用于传递二维数组 puzzle 行的数量。

函数 is_win()的返回值是逻辑值，如果拼图已经把所有数字按照从小到大的次序排列好，那么函数返回 1，即逻辑值“真”；否则返回 0，即逻辑值“假”。

第 74 行代码：

表达式“&puzzle[0][0]”等价于“&(puzzle[0][0])”。这里求出二维数组 puzzle 第 0 行、第 0 列元素的地址并赋值给类型为“int *”的指针变量 p，接下来就可以把指针变量 p 作为数组名并以一维数组的形式访问原来二维数组 puzzle 的各个元素。

第 75～79 行代码：

使用 for 循环语句以指针变量 p 作为数组名的形式访问二维数组 puzzle 的各个元素。

如果拼图已经把所有数字按照从小到大的次序排列好，那么 p[i]的值应该等于“(i+1)%(COL * n)”。所以，如果表达式“p[i]!=(i+1)%(COL * n)”的值为“真”，则表明拼图还没有完成，那么就使用 return 语句结束函数 is_win()并返回 0，即返回逻辑值“假”。

本程序编译并运行后的输出结果如图 9-11 所示。

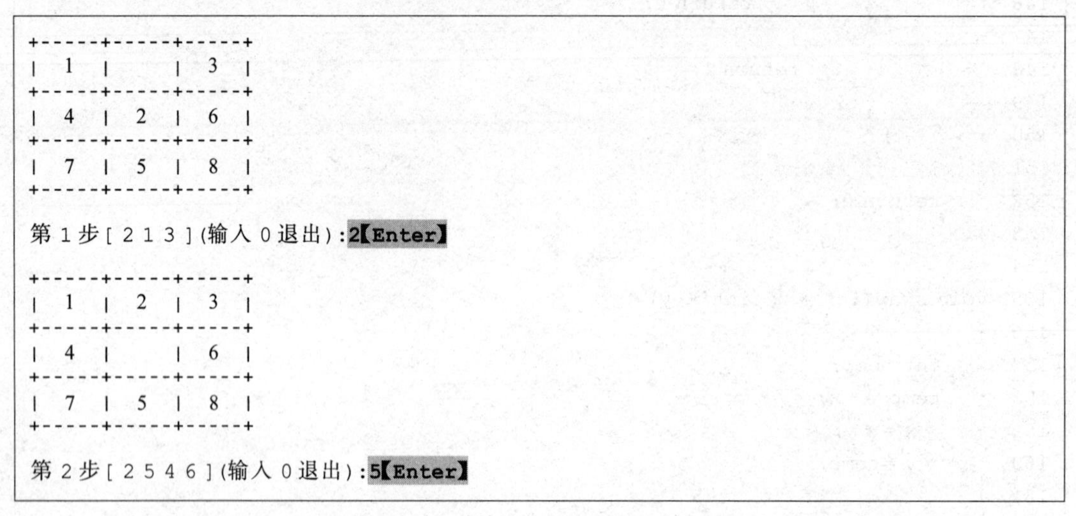

图 9-11　NPuzzle_05.c 的运行结果

```
+-----+-----+-----+
|  1  |  2  |  3  |
+-----+-----+-----+
|  4  |  5  |  6  |
+-----+-----+-----+
|  7  |     |  8  |
+-----+-----+-----+
第 3 步[ 5 7 8 ](输入 0 退出):8【Enter】
+-----+-----+-----+
|  1  |  2  |  3  |
+-----+-----+-----+
|  4  |  5  |  6  |
+-----+-----+-----+
|  7  |  8  |     |
+-----+-----+-----+
拼图成功!
```

图　9-11(续)

【练习 9-5】

本练习延续练习 9-4。

(1) 编写 3 个 C 语言函数,即 input_chessboard()、show_chessboard()和 is_valid(),分别对应的函数原型如下:

```
void input_chessboard(int chess[][N], int n);
void show_chessboard(int chess[][N], int n);
int is_valid(int chess[][N], int n);
```

函数 input_chessboard()可以直接使用练习 9-4 中已经编写的同名函数。

函数 show_chessboard()可以直接使用练习 9-2 中已经编写的同名函数。

函数 is_valid()的功能是对二维数组 chess 所对应的棋盘布局进行有效性检查:如果放置在 *N* 行 *N* 列的国际象棋棋盘上的 *N* 个皇后,任何两个皇后都没有互相攻击,即 *N* 个皇后放置在 *N* 行 *N* 列的国际象棋棋盘上使得任意一行、任意一列,以及任意一斜线上都没有超过一个皇后,那么该函数返回逻辑值"真",表示二维数组 chess 所对应的棋盘布局是 *N* 皇后问题的一个解,否则返回逻辑值"假"。该函数不允许从键盘读取数据,也不允许输出数据到屏幕中。

(2) 编写 main()函数,使用该函数中定义的二维数组 chess 作为实际参数来先后调用函数 input_chessboard()、show_chessboard()和 is_valid(),从键盘输入棋盘的布局并保存到二维数组 chess 中,然后输出二维数组 chess 对应的棋盘布局到屏幕中,最后检查该棋盘布局的有效性,如果该棋盘布局是 *N* 皇后问题的一个解,则输出信息"这是 *N* 皇后问题的一个解",否则输出信息"这不是 *N* 皇后问题的一个解"。程序的运行结果如图 9-12 所示。

```
第 1 行皇后的位置:4【Enter】
第 2 行皇后的位置:2【Enter】
```

图 9-12　练习 9-5 的运行结果

```
第 3 行皇后的位置:5【Enter】
第 4 行皇后的位置:3【Enter】
第 5 行皇后的位置:1【Enter】
   A   B   C   D   E
 +---+---+---+---+---+
1|   |   |   | ♥ |   |
 +---+---+---+---+---+
2|   | ♥ |   |   |   |
 +---+---+---+---+---+
3|   |   |   |   | ♥ |
 +---+---+---+---+---+
4|   |   | ♥ |   |   |
 +---+---+---+---+---+
5| ♥ |   |   |   |   |
 +---+---+---+---+---+
这是 5 皇后问题的一个解。
```

图 9-12(续)

9.6 随机数据初始化拼图

接下来我们继续改进程序,增加一个函数 shuffle_puzzle()并使用随机数据初始化拼图,如源代码 9-10 所示。

```
001 #include <stdio.h>
002 #include <stdlib.h>
003 #include <time.h>
004
005 #define ROW 3
006 #define COL 3
007
008 void shuffle_puzzle(int puzzle[][COL], int n, int level);
009 int get_rand_number(int min, int max);
010 void show_puzzle(int puzzle[][COL], int n);
011 int is_win(int puzzle[][COL], int n);
012 void show_moveable(int puzzle[][COL], int n);
013 int * get_moveable(int puzzle[][COL], int n);
014 int move(int puzzle[][COL], int n, int number);
015 void swap(int * x, int * y);
016
017 int main()
018 {
019     int puzzle[ROW][COL];
020     int step =1;
021     int number;
022
023     shuffle_puzzle(puzzle, ROW, 5);
```

```
024     while(1){
025         show_puzzle(puzzle, ROW);
026         if(is_win(puzzle, ROW)){
027             printf("拼图成功！\n");
028             break;
029         }
030         printf("第%d步[ ", step);
031         show_moveable(puzzle, ROW);
032         printf("](输入 0 退出): ");
033         scanf("%d", &number);
034         if(number ==0){
035             printf("程序结束！\n");
036             break;
037         }else if(move(puzzle, ROW, number)){
038             step ++;
039         }else{
040             printf("非法输入！\n");
041         }
042         printf("\n");
043     }
044     return 0;
045 }
046
047 void shuffle_puzzle(int puzzle[][COL], int n, int level)
048 {
049     int * p =&puzzle[0][0];
050     int * moveable;
051     int number;
052     int prev_number =0;
053     int i;
054     srand(time(NULL));
055     for(i =0;i <COL * n;i++){
056         p[i] =(i +1) % (COL * n);
057     }
058     i =0;
059     while(i <level){
060         moveable =get_moveable(puzzle, n);
061         do{
062             number =moveable[get_rand_number(0, 3)];
063         }while((number ==prev_number)||(number ==-1));
064         free(moveable);
065         if(move(puzzle, n, number)){
066             i++;
067             prev_number =number;
068         }
069     }
070 }
071
```

```
072  int get_rand_number(int min, int max)
073  {
074      int n =rand() % (max -min +1) +min;
075      return n;
076  }
077
078  void show_puzzle(int puzzle[][COL], int n)
079  {
080      int row, col;
081      for(row =0;row <n;row++){
082          for(col =0;col <COL;col++){
083              printf("+-----");
084          }
085          printf("+\n");
086          for(col =0;col <COL;col++){
087              if(puzzle[row][col] ==0){
088                  printf("|%5c", ' ');
089              }else{
090                  printf("|%4d ", puzzle[row][col]);
091              }
092          }
093          printf("|\n");
094      }
095      for(col =0;col <COL;col++){
096          printf("+-----");
097      }
098      printf("+\n\n");
099  }
100
101  int is_win(int puzzle[][COL], int n)
102  {
103      int i;
104      int * p =&puzzle[0][0];
105      for(i =0;i <COL * n;i++){
106          if( p[i] != (i +1) % (COL * n) ){
107              return 0;
108          }
109      }
110      return 1;
111  }
112
113  void show_moveable(int puzzle[][COL], int n)
114  {
115      int * moveable;
116      int i;
117      moveable =get_moveable(puzzle, n);
118      for(i =0;i <4;i++){
119          if(moveable[i] >0){
120              printf("%d ", moveable[i]);
```

```
121             }
122         }
123         free(moveable);
124     }
125
126     int * get_moveable(int puzzle[][COL], int n)
127     {
128         int row, col;
129         int i;
130         int * moveable = (int * )malloc(sizeof(int) * 4);
131         if(moveable ==NULL){
132             printf("内存分配失败！\n");
133             exit(1);
134         }
135         for(i =0;i <4;i++){
136             moveable[i] =-1;
137         }
138         i =0;
139         for(row =0;row <n;row++){
140             for(col =0;col <COL;col++){
141                 if(puzzle[row][col] ==0){          //找到空白位置所对应的行列下标
142                     if(row-1 >=0){                  //空白位置的上方
143                         moveable[i++] =puzzle[row-1][col];
144                     }
145                     if(row+1 <n){                   //空白位置的下方
146                         moveable[i++] =puzzle[row+1][col];
147                     }
148                     if(col-1 >=0){                  //空白位置的左边
149                         moveable[i++] =puzzle[row][col-1];
150                     }
151                     if(col+1 <COL){                 //空白位置的右边
152                         moveable[i++] =puzzle[row][col+1];
153                     }
154                     return moveable;
155                 }
156             }
157         }
158         return moveable;
159     }
160
161     int move(int puzzle[][COL], int n, int number)
162     {
163         int row, col;
164         for(row =0;row <n;row++){
165             for(col =0;col <COL;col++){
166                 if(puzzle[row][col] ==number){  //找到需要移动的数字
167                     if((row-1 >=0)&&(puzzle[row-1][col] ==0) ){
168                         swap(&puzzle[row][col], &puzzle[row-1][col]);
169                     }else if((row+1 <n)&&(puzzle[row+1][col] ==0) ){
```

```
170                 swap(&puzzle[row][col], &puzzle[row+1][col]);
171             }else if((col-1 >=0)&&(puzzle[row][col-1] ==0) ){
172                 swap(&puzzle[row][col], &puzzle[row][col-1]);
173             }else if((col+1 <COL)&&(puzzle[row][col+1] ==0) ){
174                 swap(&puzzle[row][col], &puzzle[row][col+1]);
175             }else{
176                 return 0;
177             }
178             return 1;
179         }
180     }
181 }
182     return 0;
183 }
184 
185 void swap(int * x, int * y)
186 {
187     int temp;
188     temp = * x;
189     * x = * y;
190     * y =temp;
191 }
```

源代码 9-10　NPuzzle_06.c

第 8 行代码：

这是函数 shuffle_puzzle()的原型声明。

第 19 行代码：

定义一个 ROW 行、COL 列的 int 类型二维数组 puzzle。接下来会使用随机数赋值给数组的各个元素，所以这里不需要初始化数组 puzzle。

第 23 行代码：

使用实际参数二维数组变量 puzzle、宏替换名字 ROW 和整数常量 5 调用函数 shuffle_puzzle()。可以尝试改变第 3 个参数的数值大小以调节拼图的难度。该数值越小，表示难度越小；数值越大，表示难度越大。

第 47～70 行代码：

定义一个名字为 shuffle_puzzle 的函数，返回值是 void 类型，即不需要返回值。参数列表有 3 个形式参数，第 1 个形式参数是 int 类型的二维数组 puzzle，第 2 个形式参数是 int 类型的变量 n，第 3 个形式参数是 int 类型的变量 level。

变量 n 用于传递二维数组 puzzle 行的数量；变量 level 用于设置拼图的难度，数值越小越容易，数值越大越难。

第 55～57 行代码：

使用 for 循环语句把指针变量 p 当作数组名的形式，对二维数组 puzzle 的每个元素依次进行赋值。赋值完毕后，二维数组 puzzle 所表示的拼图是一个把所有数字按照从小到大的次序排列好的已经完成的拼图。在这个已经完成了的拼图的基础上，在第 59～69 行代码使用 while 循环重复若干次来随机打乱该拼图，从而实现随机初始化拼图的效果。

这里没有使用给每个方格生成随机数的方式来初始化拼图，因为这种方式比较难控制拼图的难度。这里使用的初始化拼图的方法，最大的特点是比较容易控制拼图的难度：先生成一个所有数字按照从小到大的次序排列好的已经完成的拼图，在此基础上按照原来的规则从那些可以合法移动的数字中随机选择一个数字来移动到空白位置，一共移动的次数是随机移动变量 level 所规定的次数，即从已经完成的拼图状态，倒着移动拼图数字若干次，从而达到某一个初始状态。变量 level 表示随机移动数字的次数，数值越小则拼图难度越小，数值越大则拼图难度越大。

第 60 行代码：

使用实际参数二维数组变量 puzzle 和 int 类型变量 n 来调用函数 get_moveable ()，返回值赋值给在第 50 行定义的类型为“int *”的指针变量 moveable。

第 61～63 行代码：

这是使用关键字 do 和 while 组成的循环语句，简称 do-while 循环。

do-while 循环的基本形式如下所示。

```
do{
   语句
} while( 表达式 );
```

其工作过程可以描述如下：

(1) 执行花括号里面的语句；

(2) 计算“表达式”的值，如果是逻辑值“真”则转到步骤(1)；

(3) 结束 while 语句。

从宏观上看，则可以这样理解：循环体的语句至少执行一次，然后再判断“表达式”的值。如果“表达式”的值为真(值不等于 0)，则一直重复执行循环体的语句；如果“表达式”的值为假(值等于 0)，则立即结束 do-while 语句。

第 62 行代码：

首先调用函数 get_rand_number(0,3)，得到一个数值为 0～3(包括 0 和 3)的随机整数，然后使用这个 0～3(包括 0 和 3)的随机整数作为下标访问数组 moveable 的某个元素并保存到变量 number 中。

第 63 行代码：

如果表达式“(number == prev_number)||(number== 1)”的逻辑值为“真”，则继续执行循环体的语句，即第 62 行代码。

变量 prev_number 记录了上一步移动的数字，变量 number 记录了当前正准备移动的数字。如果 number 的值等于 prev_number 的值，则表明连续两次移动了同一个数字，也就是说，数字拼图回到了上一个状态，没有实现随机打乱拼图的效果。因此这里如果表达式“number == prev_number”为真，则必须继续执行循环体即第 62 行的代码，重新随机获取一个可以合法移动的数字并赋值给变量 number。

数组 moveable 具有 4 个元素，保存了数字拼图当前可以合法移动的数字，即空白位置的上下左右 4 个相邻的数字。但不是每一个空白位置都有 4 个可以合法移动的数字。有些位置只有 2 个或 3 个可以合法移动的数字，这时候数组 moveable 的多余位置便赋值为－1，以示区分。如果表达式“number ＝＝－1”为真，则表明没有成功获取可以合法移动的数字，需要继续执行循环体即第 62 行的代码，重新随机获取一个可以合法移动的数字并赋值给变量 number。

第 64 行代码：

指针变量 moveable 所指向的内存空间，在接下来的代码中已经不再需要访问了，因此可以使用函数 free()释放指针变量 moveable 所指向的内存空间。

第 65～68 行代码：

如果函数 move()调用后可以成功移动一个数字，那么该函数的返回值是逻辑值“真”，这时候除了需要把循环变量 i 累加 1 之外，还需要使用变量 prev_number 保存当前所移动成功的数字。

第 72～76 行代码：

函数 get_rand_number()的功能是根据给定的参数 min 和 max，生成一个在 min 和 max 之间(包括 min 和 max)的随机整数并使用该整数作为返回值。min 和 max 需要满足条件“0≤min≤max”。请参考第 7 章的 7.5.4 小节。

本程序编译并运行后的输出结果如图 9-13 所示。

```
+-----+-----+-----+
|  1  |  5  |  2  |
+-----+-----+-----+
|  4  |  3  |     |
+-----+-----+-----+
|  7  |  8  |  6  |
+-----+-----+-----+
第 1 步[ 2 6 3 ](输入 0 退出):3【Enter】
+-----+-----+-----+
|  1  |  5  |  2  |
+-----+-----+-----+
|  4  |     |  3  |
+-----+-----+-----+
|  7  |  8  |  6  |
+-----+-----+-----+
第 2 步[ 5 8 4 3 ](输入 0 退出):5【Enter】
+-----+-----+-----+
|  1  |     |  2  |
+-----+-----+-----+
|  4  |  5  |  3  |
+-----+-----+-----+
|  7  |  8  |  6  |
+-----+-----+-----+
第 3 步[ 5 1 2 ](输入 0 退出):2【Enter】
+-----+-----+-----+
|  1  |  2  |     |
+-----+-----+-----+
|  4  |  5  |  3  |
+-----+-----+-----+
|  7  |  8  |  6  |
+-----+-----+-----+
第 4 步[ 3 2 ](输入 0 退出):3【Enter】
```

图 9-13　NPuzzle_06.c 的运行结果

```
+-----+-----+-----+
|  1  |  2  |  3  |
+-----+-----+-----+
|  4  |  5  |     |
+-----+-----+-----+
|  7  |  8  |  6  |
+-----+-----+-----+

第 5 步[ 3 6 5 ](输入 0 退出):6【Enter】

+-----+-----+-----+
|  1  |  2  |  3  |
+-----+-----+-----+
|  4  |  5  |  6  |
+-----+-----+-----+
|  7  |  8  |     |
+-----+-----+-----+
拼图成功！
```

图　9-13(续)

【练习 9-6】

C 语言支持变长数组(VLA，Variable Length Array)，即可以使用整数类型的变量定义数组的大小，并在程序运行时才确定数组的大小，使得程序的设计具有一定的灵活性。但数组的大小一旦确定下来，就不能重新改变其大小。

下面的例子演示了变长数组的基本使用方法。

```c
#include <stdio.h>

void print_vla(int m, int n, int vla[m][n]);

int main()
{
    int m, n;
    printf("请输入两个整数[m n]:  ");
    scanf("%d %d", &m, &n);
    int vla[m][n];      //按照当前 m 和 n 的值定义二维数组

    vla[1][2] =123456;
    print_vla(m, n, vla);

    return 0;
}

void print_vla(int m, int n, int vla[m][n])
{
    int row, col;
    for(row =0;row <m;row++){
        for(col =0;col <n;col++){
            printf("%12d", vla[row][col]);
        }
        printf("\n");
    }
}
```

main()函数先定义两个整数类型变量 m 和 n,从键盘读入数值并保存到这两个变量中,然后按照变量 m 和 n 当前的大小定义二维数组 vla,再修改该数组第 1 行、第 2 列的内容为“123456”,最后以变量 m 和 n 以及数组 val 作为实际参数来调用函数 print_vla(),再按行、列形式输出二维数组 val 的各个元素的内容到屏幕中。

程序运行的结果如下所示。

```
请输入两个整数[m n]:3 4【Enter】
  1328298668      2686916 1995607253   972270676
          -2  1995925632      123456  1995565457
     4210710            0         64           0
```

变长数组在定义的时候不允许初始化,因此如果没有对某个元素赋值,那么该元素的内容是一个不确定的值。例如上面的输出结果中,除了“123456”之外,其他数据都是随机数。

变长数组作为函数的参数列表,也需要遵守 C 语言的“先定义后使用”的原则,所以参数列表先写“int m, int n”,表示定义了变量 m 和 n,然后再写“int val[m][n]”。

现在,请按照以下的要求使用变长数组对练习 9-5 进行代码重构,使得程序可以在运行时让用户从键盘输入数据来设置 *N* 皇后问题的 *N* 值大小。

我们可以在 main()函数中定义如下的变长二维数组 chess 来保存棋盘的布局:

```
int n;
printf("请输入 NQP 的 N 值: ");
scanf("%d", &n);
if(n <1){
    printf("非法数据\n");
    return 1;
}
int chess[n][n];            //0:没有放置皇后;1:有放置皇后
```

(1) 编写 4 个 C 语言函数 init_chessboard()、input_chessboard()、show_chessboard()和 is_valid(),分别对应的函数原型如下:

```
void init_chessboard(int m, int n, int chess[m][n]);
void input_chessboard(int m, int n, int chess[m][n]);
void show_chessboard(int m, int n, int chess[m][n]);
int is_valid(int m, int n, int chess[m][n]);
```

函数 init_chessboard()的功能是对二维数组 chess 的每个元素赋值为 0,表示所对应的棋盘布局空的,没有放置任何一个皇后。

函数 input_chessboard()的功能跟练习 9-4 中的同名函数是相同的,只需要按照新的参数列表作适当的修改即可。

函数 show_chessboard()的功能跟练习 9-2 中的同名函数是相同的,只需要按照新的参数列表作适当的修改即可。

函数 is_valid()的功能跟练习 9-5 中的同名函数是相同的,只需要按照新的参数列表作适当的修改即可。

(2) 编写 main()函数,使用该函数中定义的二维数组 chess 作为实际参数,先后调用函数 init_chessboard()、input_chessboard()、show_chessboard()和 is_valid()，从键盘输入棋盘的布局并保存到二维数组 chess 中，然后输出二维数组 chess 对应的棋盘布局到屏幕中，最后检查该棋盘布局的有效性，如果该棋盘布局是 N 皇后问题的一个解，则输出信息“这是 N 皇后问题的一个解”，否则输出信息“这不是 N 皇后问题的一个解”。如果 N 值小于 1，则输出信息“非法数据”。程序的运行结果如图 9-14 所示。

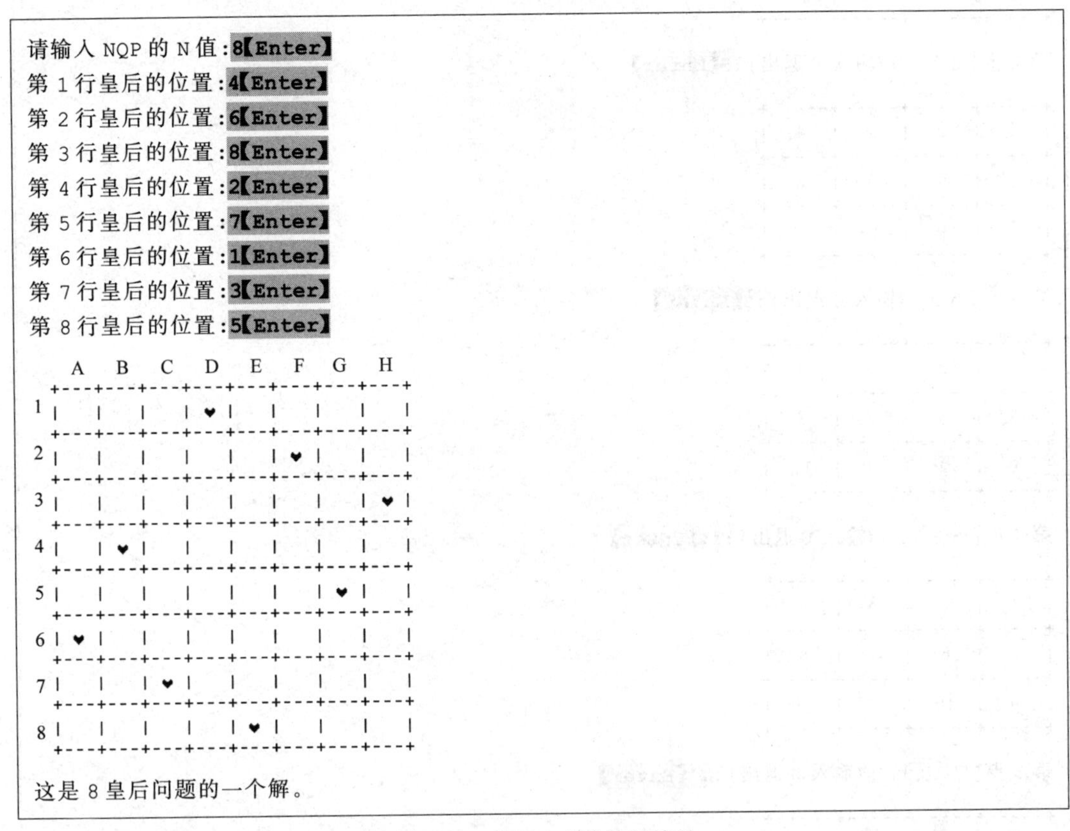

图 9-14　练习 9-6 的运行结果

【练习 9-7】

请按照以下的要求使用变长数组对源代码 9-10 进行代码重构，使得程序可以在运行时让用户从键盘输入数据来设置拼图的行数 m、列数 n 以及难度级别(level)。

如果输入数据不满足条件“$m \geqslant 2$”或“$n \geqslant 2$”或“$1 \leqslant \text{level} \leqslant 100$”，则输出信息“非法数据”。程序的运行结果如图 9-15 所示。

```
设置拼图的行数和列数[m n]:3  4【Enter】
设置拼图的难度级别[1~100]:5【Enter】

+-----+-----+-----+-----+
|  1  |  2  |  3  |  4  |
+-----+-----+-----+-----+
|  6  |     |  7  |  8  |
+-----+-----+-----+-----+
|  5  |  9  | 10  | 11  |
+-----+-----+-----+-----+
```

图 9-15　练习 9-7 的运行结果

```
第 1 步 [ 2 9 6 7 ] (输入 0 退出):6【Enter】

+-----+-----+-----+-----+
|  1  |  2  |  3  |  4  |
+-----+-----+-----+-----+
|     |  6  |  7  |  8  |
+-----+-----+-----+-----+
|  5  |  9  | 10  | 11  |
+-----+-----+-----+-----+

第 2 步 [ 1 5 6 ] (输入 0 退出):5【Enter】

+-----+-----+-----+-----+
|  1  |  2  |  3  |  4  |
+-----+-----+-----+-----+
|  5  |  6  |  7  |  8  |
+-----+-----+-----+-----+
|     |  9  | 10  | 11  |
+-----+-----+-----+-----+

第 3 步 [ 5 9 ] (输入 0 退出):9【Enter】

+-----+-----+-----+-----+
|  1  |  2  |  3  |  4  |
+-----+-----+-----+-----+
|  5  |  6  |  7  |  8  |
+-----+-----+-----+-----+
|  9  |     | 10  | 11  |
+-----+-----+-----+-----+

第 4 步 [ 6 9 10 ] (输入 0 退出):10【Enter】

+-----+-----+-----+-----+
|  1  |  2  |  3  |  4  |
+-----+-----+-----+-----+
|  5  |  6  |  7  |  8  |
+-----+-----+-----+-----+
|  9  | 10  |     | 11  |
+-----+-----+-----+-----+

第 5 步 [ 7 10 11 ] (输入 0 退出):11【Enter】

+-----+-----+-----+-----+
|  1  |  2  |  3  |  4  |
+-----+-----+-----+-----+
|  5  |  6  |  7  |  8  |
+-----+-----+-----+-----+
|  9  | 10  | 11  |     |
+-----+-----+-----+-----+
拼图成功!
```

图　9-15(续)

9.7　本 章 小 结

1. 关键字

do。

2. 变量

了解一次定义多个变量的格式。

3. 数组

了解如何定义二维数组，如何定义二维数组并初始化，如何访问二维数组的元素，如何定义并访问变长数组。

4. 循环结构

掌握 do-while 语句。

5. 标准库函数

malloc()　分配内存空间。

free()　释放内存空间。

exit()　结束整个程序。

第 10 章　学生信息管理系统——字符串、文件

本章设计一个学生信息管理系统，该系统具有“增删改查”等基本功能，并且以文件形式保存数据。本系统作为教学用途之用，虽然离软件行业的标准和要求有一定的差距，但我们尽量按照工程规范来进行设计，注重代码的可读性和可重用性。当然，限于教材和代码篇幅，我们没有对所有的输入数据进行严格的检查，请读者自己补充完善。

10.1　搭建系统框架

首先，我们搭建一个基本的系统框架，可以显示系统的菜单选项，并可以接收用户的菜单选择，程序代码如源代码 10-1 所示。

```
01  #include <stdio.h>
02
03  #define ADD         1           //菜单选项[录入学生信息]
04  #define DELETE      2           //菜单选项[删除学生信息]
05  #define MODIFY      3           //菜单选项[修改学生信息]
06  #define SEARCH      4           //菜单选项[查询学生信息]
07  #define LIST        5           //菜单选项[列出所有学生]
08  #define QUIT        0           //菜单选项[退出系统]
09
10  int get_choice();
11  void show_menu();
12
13  int main()
14  {
15      int choice;
16
17      while( (choice =get_choice()) !=QUIT ){
18          switch(choice){
19              case ADD:
20                  printf("add()...\n");
21                  break;
22              case DELETE:
23                  printf("delete()...\n");
24                  break;
```

```
25              case MODIFY:
26                  printf("modify()...\n");
27                  break;
28              case SEARCH:
29                  printf("search()...\n");
30                  break;
31              case LIST:
32                  printf("list()...\n");
33                  break;
34              default:
35                  printf("非法输入,请重新选择\n");
36          }
37      }
38      printf("已退出程序。\n");
39
40      return 0;
41  }
42
43  int get_choice()
44  {
45      int select;
46      show_menu();
47      scanf("%d", &select);
48      return select;
49  }
50
51  void show_menu()
52  {
53      printf("\n\t\t\t          功能菜单\n\n");
54      printf("\t\t\t=================================\n");
55      printf("\t\t\t\t%d. 录入学生信息\n", ADD);
56      printf("\t\t\t\t%d. 删除学生信息\n", DELETE);
57      printf("\t\t\t\t%d. 修改学生信息\n", MODIFY);
58      printf("\t\t\t\t%d. 查询学生信息\n", SEARCH);
59      printf("\t\t\t\t%d. 列出所有学生\n", LIST);
60      printf("\t\t\t\t%d. 退出系统\n", QUIT);
61      printf("\t\t\t=================================\n");
62      printf("\t\t\t请选择: ");
63  }
```

源代码 10-1　sims_01.c

第 3～8 行代码：

定义 6 个菜单项的宏替换。这种做法可以提高源代码的可读性,并可以更方便地维护源代码。

第 51～63 行代码：

定义一个名字为 show_menu 的函数,返回值是 void 类型,即不需要返回值。参数列表为空,不需要接收参数。该函数的功能是输出系统主菜单到屏幕中,并提示用户从键盘输入一个菜单编号以进行相应的操作。

第11行代码：

这是函数 show_menu()对应的函数原型声明。

第43～49行代码：

定义一个名字为 get_choice 的函数，返回值是 int 类型，参数列表为空，不需要接收参数。该函数的功能是调用函数 show_menu()输出系统主菜单到屏幕中，然后接收用户从键盘输入的菜单编号，并返回该编号。

第10行代码：

这是函数 get_choice()对应的函数原型声明。

第17～37行代码：

这是使用 while 语句实现的循环。表达式"(choice=get_choice())！= QUIT"首先执行"choice=get_choice()"，调用函数 get_choice()并把返回值赋值到变量 choice 中。然后再执行表达式"choice ！= QUIT"得到一个逻辑值，while 循环语句根据该逻辑值来判断是否执行循环体的语句。

第18～36行代码：

这是使用 switch...case 语句实现的多分支结构，等价于如下所示的使用 if 语句实现的多分支结构代码：

```
if(choice ==ADD){
    printf("add()...\n");
}else if(choice ==DELETE){
    printf("delete()...\n");
}else if(choice ==MODIFY){
    printf("modify()...\n");
}else if(choice ==SEARCH){
    printf("search()...\n");
}else if(choice ==LIST){
    printf("list()...\n");
}else{
    printf("非法输入,请重新选择\n");
}
```

switch...case 语句的基本形式如下所示。

```
switch( 表达式 ){
    case 整数 1 :
        语句 1
        break;
    case 整数 2 :
        语句 2
        break;
        ⋮
    case 整数 n :
        语句 n
        break;
    default :
```

```
        语句 n +1
}
```

其工作过程可以描述如下：

（1）计算“表达式”的值，然后按照先后顺序分别比较该值与“整数 1”至“整数 n”是否相等。

（2）如果该表达式的值与“整数 k”（$1\leqslant k\leqslant n$）相等，则转到“语句 k”开始向下执行；如果都不相等，则跳转至执行关键字 default 后的“语句 $n+1$”。

（3）如果在执行“语句 k”的过程中遇到 break 语句，则转到步骤(4)，否则就继续向下执行。

（4）结束 switch...case 语句。

switch...case 语句具有以下一些特点：

- break 语句可以省略；
- default 部分可以省略；
- 由于 char 类型的本质是整数类型，因此“整数 k”可以是 char 类型的常量；
- 不是测试“表达式”的逻辑值，而是测试“表达式＝＝整数 k”的逻辑值；
- 涉及关键语句是 switch、case、break、default；
- 关键字 break 既可以用于 switch...case 语句，也可以用于循环语句，而关键字 continue 则只能用于循环语句。

本程序编译运行的输出结果如图 10-1 所示。

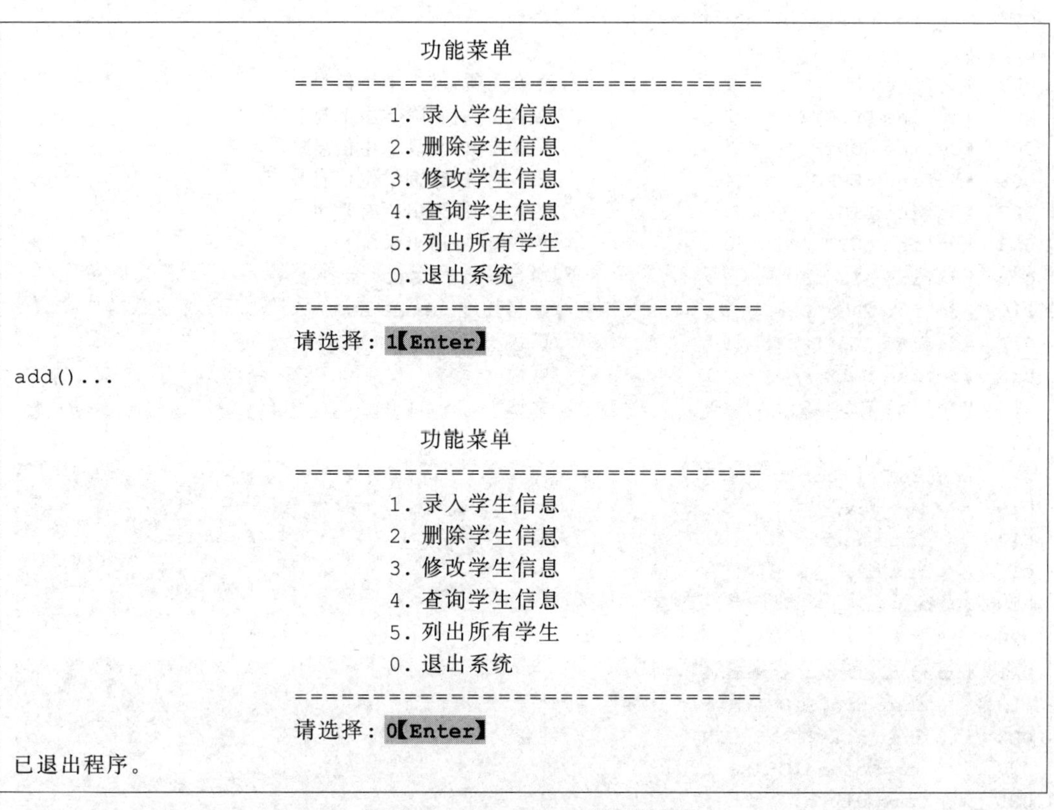

图 10-1　sims_01.c 的运行结果

【练习 10-1】

编写C语言程序,从键盘读入一个字母,如果是大写形式的元音字母,则输出信息"是大写形式的元音字母"到屏幕中;如果是小写字母形式的元音字母,则输出信息"是小写形式的元音字母"到屏幕中;如果以上都不是,则输出信息"不是元音字母"。程序的运行结果如图 10-2 所示。

提示:元音字母是 A、E、I、O、U。

```
请输入一个字母:E【Enter】
字符[E]是大写形式的元音字母。
```

图 10-2　练习 10-1 的运行结果

10.2　录入学生信息

1. 源代码 10-2

我们继续改进代码,增加录入学生信息的功能:首先提示用户从键盘输入学生信息,然后回显所输入的学生信息到屏幕中。为方便测试,这里先实现后一功能——显示学生信息到屏幕中,如源代码 10-2 所示。

```
001  #include <stdio.h>
002
003  #define ADD          1            //菜单选项[录入学生信息]
004  #define DELETE       2            //菜单选项[删除学生信息]
005  #define MODIFY       3            //菜单选项[修改学生信息]
006  #define SEARCH       4            //菜单选项[查询学生信息]
007  #define LIST         5            //菜单选项[列出所有学生]
008  #define QUIT         0            //菜单选项[退出系统]
009  #define SID_LEN      13           //学号长度:  SID_LEN - 1
010  #define NAME_LEN     9            //姓名长度: NAME_LEN - 1
011  #define CLASS_LEN    14           //班级长度:CLASS_LEN - 1
012  #define MALE         '0'          //男性
013  #define FEMALE       '1'          //女性
014
015  typedef struct date{
016      int year;                     //年
017      int month;                    //月
018      int day;                      //日
019  }Date;
020
021  typedef struct student{
022      char sid[SID_LEN];            //学号
023      char name[NAME_LEN];          //姓名
024      char class[CLASS_LEN];        //班级
025      Date birth;                   //出生日期
```

```
026     char gender;                    //性别['0'表示男性(Male); '1'表示女性(Female)]
027     double height;                  //身高[单位:米]
028 }Student;
029
030 int get_choice();
031 void show_menu();
032 void add();
033 void print_header();
034 void print_student(Student stu);
035
036 int main()
037 {
038     int choice;
039
040     while( (choice =get_choice()) !=QUIT ){
041         switch(choice){
042             case ADD:
043                 add();
044                 break;
045             case DELETE:
046                 printf("delete()...\n");
047                 break;
048             case MODIFY:
049                 printf("modify()...\n");
050                 break;
051             case SEARCH:
052                 printf("search()...\n");
053                 break;
054             case LIST:
055                 printf("list()...\n");
056                 break;
057             default:
058                 printf("非法输入,请重新选择\n");
059         }
060     }
061     printf("已退出程序。\n");
062
063     return 0;
064 }
065
066 int get_choice()
067 {
068     int select;
069     show_menu();
070     scanf("%d", &select);
071     return select;
072 }
073
074 void show_menu()
```

```
075 {
076     printf("\n\t\t\t            功能菜单\n\n");
077     printf("\t\t\t================================\n");
078     printf("\t\t\t\t%d. 录入学生信息\n", ADD);
079     printf("\t\t\t\t%d. 删除学生信息\n", DELETE);
080     printf("\t\t\t\t%d. 修改学生信息\n", MODIFY);
081     printf("\t\t\t\t%d. 查询学生信息\n", SEARCH);
082     printf("\t\t\t\t%d. 列出所有学生\n", LIST);
083     printf("\t\t\t\t%d. 退出系统\n", QUIT);
084     printf("\t\t\t================================\n");
085     printf("\t\t\t请选择: ");
086 }
087
088 void add()
089 {
090     Student stu ={
091         "201801020304",
092         "西门吹雪",
093         "计算机应用181",
094         {2000, 6, 1},
095         '0',
096         1.80
097     };
098     printf("\n已录入学生信息:\n");
099     print_header();
100     print_student(stu);
101 }
102
103 void print_header()
104 {
105     int i;
106     printf("\n%10s%13s%12s", "学号", "姓名", "班级");
107     printf("%15s%6s%5s\n", "出生日期", "性别", "身高");
108     for(i =0;i <61;i++){
109         printf("%c",'-');
110     }
111     printf("\n");
112 }
113
114 void print_student(Student stu)
115 {
116     printf("%14s%10s%15s", stu.sid, stu.name, stu.class);
117     printf("%6d-%02d-%02d", stu.birth.year, stu.birth.month, stu.birth.day);
118     printf("%4s", stu.gender ==MALE ? "男" : "女");
119     printf("%6.2f\n", stu.height);
120 }
```

源代码 10-2　sims_02-A. c

第 9～13 行代码：

为了提高源代码的可读性以及更方便地维护源代码，这里定义了 5 个宏替换，名字分别为 SID_LEN、NAME_LEN、CLASS_LEN、MALE、FEMALE。

第 15～19 行代码：

定义一个结构体“struct date”类型，并使用关键字 typedef 定义该类型的同义词 Date。该语句的功能也可以使用以下 2 个语句来实现：

```
struct date{
    int year;
    int month;
    int day;
};
typedef struct date Date;
```

第 21～28 行代码：

定义一个结构体“struct student”类型，并使用关键字 typedef 定义该类型的同义词 Student。该语句的功能也可以使用以下 2 个语句来实现：

```
struct student{
    char sid[SID_LEN];
    char name[NAME_LEN];
    char class[CLASS_LEN];
    Date birth;
    char gender;
    double height;
};
typedef struct student Student;
```

第 22～24 行代码：

定义 3 个 char 类型的数组：sid、name、class。

char 类型的数组可以像 int、double 等类型的数组一样使用循环语句按照指定的下标访问数组的各个元素，也可以按照“字符串”(String)类型的规则当作一个整体来操作。

C 语言的“字符串”类型没有专门对应的关键字(某些程序设计语言使用关键字 string 或 String)，而是借用了字符数组来实现对“字符串”类型的操作。

C 语言使用以字符'\0'(ASCII 编号为 0 的字符)为结束标记的 char 类型数组来表示字符串。例如，以下语句定义了一个字符串(字符数组)str 并初始化为字符串常量"hello, world"：

```
char str[20] ="hello, world";
```

也等价于以下语句

```
char str[20] ={'h', 'e', 'l', 'l', 'o', ' ', 'w', 'o', 'r', 'l', 'd', '\0'};
```

C语言规定，单个的字符常量使用单引号表示；字符串常量使用双引号表示，并在末尾自动添加一个作为字符串结束标记的字符'\0'。例如，"a"比'a'多了一个隐含的字符'\0'。

第103～112行代码：

定义一个名字为print_header的函数，返回值是void类型，即不需要返回值，参数列表为空，不需要接收参数。该函数的功能是输出一行标题栏：

```
      学号        姓名         班级          出生日期       性别       身高
----------------------------------------------------------------------------
```

函数printf()使用格式说明符"%s"输出字符串的内容到屏幕中：从所指定的字符数组第0个元素开始逐个输出字符，一直到遇到字符串结束标记字符'\0'为止，且不输出字符'\0'。例如，以下代码将输出字符串str的内容到屏幕中：

```
char str[20] ="hello, world";
printf("%s", str);
```

也等价于以下代码：

```
char str[20] ="hello, world";
int i =0;
while(str[i] !='\0'){
   printf("%c", str[i]);
   i++;
}
```

类似于int、char、double等类型，字符串类型也可以使用函数printf()以指定的宽度输出。例如，第106行和107行的代码：

```
106  printf("\n%10s%13s%12s", "学号", "姓名", "班级");
107  printf("%15s%6s%5s\n", "出生日期", "性别", "身高");
```

分别使用格式说明符"%10s"、"%13s"、"%12s"、"%15s"、"%6s"、"%5s"以指定的宽度"10个字符""13个字符""12个字符""15个字符""6个字符""5个字符"输出字符串常量"学号""姓名""班级""出生日期""性别""身高"，如果宽度不足，则在左边使用空格补足。

一个ASCII码字符的宽度为1个字符，一个中文字符的宽度为2个字符。例如，字符串"学号"本身的宽度为4字符(2个中文字符)，按照格式说明符"%10s"的要求，需要在左边输出6个空格来补足宽度。

第33行代码：

这是函数print_header()对应的函数原型声明。

第114～120行代码：

定义一个名字为print_student的函数，返回值是void类型，即不需要返回值。参数列表是一个Student类型的变量stu。该函数的功能是输出结构变量stu各个成员的内容到屏幕中。

由于 stu 的成员“stu. birth”是 Date 类型的结构变量，因此需要继续使用结构成员运算符“. ”引用其成员，即“stu. birth. year”“stu. birth. month”以及“stu. birth. day”。

第 118 行的语句：

```
118  printf("%4s", stu.gender ==MALE ? "男" : "女");
```

等价于以下语句：

```
if(stu.gender ==MALE){
    printf("%4s", "男");
}else{
    printf("%4s", "女");
}
```

条件运算符“ ?　 :”是一个三元运算符，也称“三目运算符”，其基本使用形式是：

```
表达式 1  ?表达式 2  :表达式 3
```

此条件表达式的计算过程可以描述如下：

(1) 计算“表达式 1”的逻辑值，如果该值为“假”，则转到步骤(3)；

(2) 以“表达式 2”的值作为整个条件表达式的值，然后转到步骤(4)；

(3) 以“表达式 3”的值作为整个条件表达式的值，然后转到步骤(4)；

(4) 该条件表达式计算结束并返回求值结果。

从宏观上看，则可以这样理解条件表达式“表达式 1　? 表达式 2　: 表达式 3”的功能：

- 如果“表达式 1”的逻辑值为真(值不等于整数 0)，则以“表达式 2”的值作为整个条件表达式的值；
- 如果“表达式 1”的逻辑值为假(值等于整数 0)，则以“表达式 3”的值作为整个条件表达式的值。

第 34 行代码：

这是函数 print_student()对应的函数原型声明。

第 88～101 行代码：

定义一个名字为 add 的函数，返回值是 void 类型，即不需要返回值，参数列表为空，不需要接收参数。

该函数首先定义一个 Student 类型的结构变量 stu 并初始化，然后调用函数 print_header()来输出一行标题栏，最后使用结构变量 stu 作为实际参数调用函数 print_student()来输出 stu 各个成员的内容到屏幕中。

第 32 行代码：

这是函数 add()对应的函数原型声明。

第 43 行代码：

在 main()函数中调用函数 add()。

本程序编译及运行的输出结果如图 10-3 所示。

```
                    功能菜单
         ================================
                1. 录入学生信息
                2. 删除学生信息
                3. 修改学生信息
                4. 查询学生信息
                5. 列出所有学生
                0. 退出系统
         ================================
         请选择：1【Enter】

已录入学生信息：

    学号          姓名        班级          出生日期    性别    身高
----------------------------------------------------------------------
  201801020304  西门吹雪  计算机应用 181  2000-06-01    男    1.80
```

图 10-3　sims_02-A.c 的运行结果

2. 源代码 10-3

我们继续改进代码，增加一个函数 input_student()来接收用户从键盘输入的学生信息，如源代码 10-3 所示。

```
001  #include <stdio.h>
002
003  #define ADD          1            //菜单选项[录入学生信息]
004  #define DELETE       2            //菜单选项[删除学生信息]
005  #define MODIFY       3            //菜单选项[修改学生信息]
006  #define SEARCH       4            //菜单选项[查询学生信息]
007  #define LIST         5            //菜单选项[列出所有学生]
008  #define QUIT         0            //菜单选项[退出系统]
009  #define SID_LEN      13           //学号长度:SID_LEN -1
010  #define NAME_LEN     9            //姓名长度:NAME_LEN -1
011  #define CLASS_LEN    14           //班级长度:CLASS_LEN -1
012  #define MALE         '0'          //男性
013  #define FEMALE       '1'          //女性
014
015  typedef struct date{
016      int year;                     //年
017      int month;                    //月
018      int day;                      //日
019  }Date;
020
021  typedef struct student{
022      char sid[SID_LEN];            //学号
023      char name[NAME_LEN];          //姓名
024      char class[CLASS_LEN];        //班级
025      Date birth;                   //出生日期
026      char gender;                  //性别['0':男(Male); '1':女(Female)]
```

```
027     double height;                  //身高[单位:米]
028 }Student;
029
030 int get_choice();
031 void show_menu();
032 void add();
033 void input_student(Student * stu);
034 void print_header();
035 void print_student(Student stu);
036
037 int main()
038 {
039     int choice;
040
041     while( (choice =get_choice()) !=QUIT ){
042         switch(choice){
043             case ADD:
044                 add();
045                 break;
046             case DELETE:
047                 printf("delete()...\n");
048                 break;
049             case MODIFY:
050                 printf("modify()...\n");
051                 break;
052             case SEARCH:
053                 printf("search()...\n");
054                 break;
055             case LIST:
056                 printf("list()...\n");
057                 break;
058             default:
059                 printf("非法输入,请重新选择\n");
060         }
061     }
062     printf("已退出程序。\n");
063
064     return 0;
065 }
066
067 int get_choice()
068 {
069     int select;
070     show_menu();
071     scanf("%d", &select);
072     return select;
073 }
074
075 void show_menu()
```

```
076  {
077      printf("\n\t\t\t              功能菜单\n\n");
078      printf("\t\t\t=================================\n");
079      printf("\t\t\t\t%d. 录入学生信息\n", ADD);
080      printf("\t\t\t\t%d. 删除学生信息\n", DELETE);
081      printf("\t\t\t\t%d. 修改学生信息\n", MODIFY);
082      printf("\t\t\t\t%d. 查询学生信息\n", SEARCH);
083      printf("\t\t\t\t%d. 列出所有学生\n", LIST);
084      printf("\t\t\t\t%d. 退出系统\n", QUIT);
085      printf("\t\t\t=================================\n");
086      printf("\t\t\t请选择: ");
087  }
088
089  void add()
090  {
091      Student stu;
092      printf("\n请录入学生信息:\n");
093      input_student(&stu);
094      printf("\n已录入学生信息:\n");
095      print_header();
096      print_student(stu);
097  }
098
099  void input_student(Student * stu)
100  {
101      printf("学号[%d字符]: ", SID_LEN -1);
102      scanf("%12s", stu->sid);
103      printf("姓名[%d字符]: ", NAME_LEN -1);
104      scanf("%8s", stu->name);
105      printf("班级[%d字符]: ", CLASS_LEN -1);
106      scanf("%13s", stu->class);
107      printf("出生日期[年-月-日]:  ");
108      scanf("%d-%d-%d", &stu->birth.year, &stu->birth.month, &stu->birth.day);
109      printf("性别[%c:男,%c:女]: ", MALE, FEMALE);
110      scanf(" %c", &stu->gender);     //%c的左边有一个空格,抵消上一个回车符
111      printf("身高[米]: ");
112      scanf("%lf", &stu->height);
113  }
114
115  void print_header()
116  {
117      int i;
118      printf("\n%10s%13s%12s", "学号", "姓名", "班级");
119      printf("%15s%6s%5s\n", "出生日期", "性别", "身高");
120      for(i =0;i <61;i++){
121          printf("%c",'-');
122      }
123      printf("\n");
124  }
```

```
125
126  void print_student(Student stu)
127  {
128      printf("%14s%10s%15s", stu.sid, stu.name, stu.class);
129      printf("%6d-%02d-%02d", stu.birth.year, stu.birth.month, stu.birth.day);
130      printf("%4s", stu.gender ==MALE ? "男" : "女");
131      printf("%6.2f\n", stu.height);
132  }
```

源代码 10-3　sims_02-B.c

第 99～113 行代码：

定义一个名字为 input_student 的函数，返回值是 void 类型，即不需要返回值，参数列表是一个“Student *”类型的指针变量 stu。该函数的功能是接收用户从键盘输入的学生信息并保存到指针变量 stu 所指向的结构变量中。

第 101、103、105 行代码：

这 3 行代码的输出信息提示用户输入数据的长度分别为“SID_LEN－1”“NAME_LEN－1”和“CLASS_LEN－1”。为什么都需要减去 1 呢？原因是使用字符数组存放字符串必须预留最后一个元素用于保存字符串结束标记字符'\0'，因此真正用于保存字符串内容的内存空间会少了一个元素的位置。

第 102、104、106 行代码：

由于“stu->sid”“stu->name”和“stu->class”都是字符数组类型的变量，数组名就是指针变量，因此在使用函数 scanf()从键盘输入字符串并保存到字符数组中时，是不需要额外使用地址运算符“&”求变量地址的。

类似于函数 printf()的用法，这里分别使用格式说明符"%12s"、"%8s"和"%13s"限制从键盘输入的字符串保存到相应字符数组变量的字符数量不能超过 12 个字符、8 个字符以及 13 个字符。

由于格式说明符中的字符数量要求不能使用变量或宏替换，因此这里只能直接使用整数常量。

字符数组“stu->sid”“stu->name”和“stu->class”的大小分别是 13 个字符、9 个字符以及 14 个字符，在按照字符串类型使用的时候，根据 C 语言的规定，一般会在字符串末尾自动添加字符串结束标记字符'\0'。所以这里使用格式说明符"%12s"、"%8s"和"%13s"限制从键盘输入的字符数量不能超过 12 个字符、8 个字符以及 13 个字符，正是为了预留最后一个位置用于保存自动添加的字符串结束标记字符'\0'。

在使用函数 scanf()以格式说明符"%s"从键盘输入字符串的时候，该函数并不去检查字符数组的大小。例如，下面的代码：

```
char str[10];
scanf("%s", str);
printf("str=%s\n", str);
```

虽然字符数组 str 定义了只有 10 个字符，即最多只能保存 9 个字符以及一个结束标记

'\0',但是函数 scanf()以格式说明符"%s"从键盘输入字符串的时候并不检查字符数组 str 的大小,用户可以输入长度超过 10 个字符的字符串并保存到字符数组 str 中,多出的字符占用了额外的内存空间。这种现象称为“缓冲区溢出”。

“缓冲区溢出”的危害非常大。很多时候,多出的字符占用了额外的内存空间会引起程序运行不稳定,甚至使程序运行崩溃。同时,黑客也经常利用“缓冲区溢出”突破系统限制,攻击系统或非法取得系统管理员权限。

所以,在使用函数 scanf()从键盘读入字符串的时候,建议使用诸如"%12s"带有长度限制的格式说明符,以避免出现“缓冲区溢出”的问题。

第 108 行代码:

表达式“&stu-> birth. year”“&stu-> birth. month”和“&stu-> birth. day”分别等价于“&((stu-> birth). year)”“&((stu-> birth). month)”和“&((stu-> birth). day)”。

因为这里 stu 是指针类型的变量,因此使用间接成员运算符“->”访问其成员 birth。而在第 25 行使用语句“Date birth;”定义成员变量 birth,表明 birth 不是指针变量,因此对 birth 的 3 个成员的访问需要使用普通的成员运算符“.”,即“birth. year”“birth. month”以及“birth. day”。

birth 的 3 个成员 year、month、day 都是 int 类型,因此使用函数 scanf()输入数据保存到这 3 个变量需要使用地址运算符“&”。

所以,第 108 行代码的 3 个表达式应该写为“&((stu-> birth). year)”“&((stu-> birth). month)”和“&((stu-> birth). day)”,也可以简化为“&stu-> birth. year”“&stu-> birth. month”和“&stu-> birth. day”。

第 110 行代码:

(1) 格式说明符" %c"(百分号左边有一个空格)如果修改为"%c",则不能满足这里的数据输入需求。其原因是:

① 函数 scanf()其实并不是直接从键盘读取数据,而是从称之为“键盘缓冲区”的内存区域读取数据;

② 当程序调用函数 scanf()的时候,操作系统首先检查“键盘缓冲区”是否有数据;

③ 如果“键盘缓冲区”有数据,则直接从“键盘缓冲区”读取数据返回给函数 scanf()使用,这种情况下程序不需要暂停下来等待用户从键盘输入数据;

④ 如果“键盘缓冲区”没有数据,那么程序就暂停下来等待用户从键盘输入数据并存放到“键盘缓冲区”,直到用户按了 Enter 键才真正通知函数 scanf()从“键盘缓冲区”读取数据;

⑤ 第 108 行代码中,用户输入完最后一个整数和回车符到“键盘缓冲区”,然后函数 scanf()使用格式说明符"%d"按照要求读取一个合法的整数保存到变量 stu-> birth. day 中。这时候“键盘缓冲区”还残留一个回车符"\n";

⑥ 接着执行第 110 行代码,如果函数 scanf()使用格式说明符"%c"读取一个字符保存到变量 stu-> gender,那么“键盘缓冲区”所残留的回车符"\n"刚好是一个符合要求的输入数据,因此直接读取该回车符并保存到变量 stu-> gender 中。

(2) 这里需要使用格式说明符" %c"(百分号左边有一个空格)代替"%c",才能避免读取到上一个输入数据后面的回车符。其原因是:

① 格式说明符中的空格，可以匹配输入数据中的“空白”（White-space）；

② 空格、Tab 键以及 Enter 键这 3 种符号统称为“空白”；

③ 格式说明符" %c"中的空格首先匹配了“键盘缓冲区”所残留的回车符"\n"，这时候“键盘缓冲区”就没有数据了；

④ 既然“键盘缓冲区”没有数据，那么程序自然会暂停下来等待用户从键盘输入数据并存放到“键盘缓冲区”，然后用户按 Enter 键，通知函数 scanf()从“键盘缓冲区”读取一个字符的数据并保存到变量 stu->gender 中。

第 33 行代码：

这是函数 input_student()对应的函数原型声明。

第 91 行代码：

定义一个 Student 类型的结构变量 stu，不需要初始化，因为接下来就从键盘读入数据并保存到该变量中。

第 93 行代码：

使用指向结构变量 stu 的指针（地址）“&stu”作为实际参数来调用函数 input_student()。

本程序编译及运行的输出结果如图 10-4 所示。

```
                        功能菜单
              ================================
                    1. 录入学生信息
                    2. 删除学生信息
                    3. 修改学生信息
                    4. 查询学生信息
                    5. 列出所有学生
                    0. 退出系统
              ================================
              请选择：1【Enter】

请录入学生信息：
学号[12 字符]:201801020405【Enter】
姓名[8 字符]:花满楼【Enter】
班级[13 字符]:软件技术 181【Enter】
出生日期[年-月-日]:2001-2-3【Enter】
性别[0:男,1:女]:1【Enter】
身高[米]:1.68【Enter】

已录入学生信息：
      学号          姓名          班级          出生日期      性别      身高
-----------------------------------------------------------------------------
  201801020405     花满楼      软件技术 181    2001-02-03     女       1.68
```

图 10-4 sims_02-B.c 的运行结果

【练习 10-2】

现有如下的 C 程序代码：

```
#include <stdio.h>
#define LENGTH 10

void to_upper(char * str, int n);

int main()
{
    char str[LENGTH +1];

    printf("请输入一个字符串： ");
    scanf("%10s", str);
    to_upper(str, LENGTH +1);
    printf("%s", str);

    return 0;
}

void to_upper(char * str, int n)
{
    //请在这里补充代码
}
```

请编写代码实现函数 to_upper()的功能：检查指针变量 str 所指向的字符数组的前 n 个字符的每一个字符，如果该字符是小写字母，则转换为大写字母；如果遇到字符'\0'则提前结束。

要求：不能修改这个函数之外的其他代码。

程序运行结果如图 10-5 和图 10-6 所示。

```
请输入一个字符串:Hello,World!【Enter】
HELLO,WORL
```

图 10-5 练习 10-2 的运行结果(1)

```
请输入一个字符串:hello【Enter】
HELLO
```

图 10-6 练习 10-2 的运行结果(2)

提示：函数 to_upper()的参数列表的第 1 个参数也可以使用数组形式，即“char str[]”。但是这里所需要传递的是一个字符串，因此使用“char * str”作为形式参数比“char str[]”更符合传统做法，可以更好地提高源代码的可读性。

C 语言没有提供专门处理字符串类型的关键字，我们通常把“char *”看作字符串类型。

【练习 10-3】

现有如下的 C 程序代码：

```
#include <stdio.h>
#define LENGTH 20
#define SIZE (LENGTH +1)

void input_upper_string(char * str, int n);

int main()
{
    char str[SIZE];

    printf("请输入一句话： ");
    input_upper_string(str, SIZE);
    printf("%s", str);

    return 0;
}

void input_upper_string(char * str, int n)
{
    //请在这里补充代码
}
```

请编写代码来实现函数 input_upper_string()的功能：从键盘输入长度不超过 n－1 个字符的一句话并保存到指针变量 str 所指向的字符数组，并检查每一个字符，如果该字符是小写字母，则转换为大写字母。

要求：不能修改这个函数之外的其他代码。

程序运行过程如图 10-7 和图 10-8 所示。

```
请输入一句话:I am learning C pgogramming language.【Enter】
I AM LEARNING C PGOG
```

图 10-7　练习 10-3 的运行结果(1)

```
请输入一个字符串:How are you?【Enter】
HOW ARE YOU?
```

图 10-8　练习 10-3 的运行结果(2)

10.3　保存学生信息

1. 源代码 10-4

我们继续改进代码，增加一个函数 write_student()，把刚才从键盘输入的学生信息保存到数据文件中，如源代码 10-4 所示。

```
001  #include <stdio.h>
002
003  #define ADD          1              //菜单选项[录入学生信息]
004  #define DELETE       2              //菜单选项[删除学生信息]
005  #define MODIFY       3              //菜单选项[修改学生信息]
006  #define SEARCH       4              //菜单选项[查询学生信息]
007  #define LIST         5              //菜单选项[列出所有学生]
008  #define QUIT         0              //菜单选项[退出系统]
009  #define SID_LEN     13              //学号长度:SID_LEN -1
010  #define NAME_LEN     9              //姓名长度:NAME_LEN -1
011  #define CLASS_LEN   14              //班级长度:CLASS_LEN -1
012  #define MALE       '0'              //男性
013  #define FEMALE     '1'              //女性
014  #define TRUE         1              //逻辑值"真"
015  #define FALSE        0              //逻辑值"假"
016  #define STU_FILE "student.txt"  //数据文件
017
018  typedef struct date{
019      int year;                       //年
020      int month;                      //月
021      int day;                        //日
022  }Date;
023
024  typedef struct student{
025      char sid[SID_LEN];              //学号
026      char name[NAME_LEN];            //姓名
027      char class[CLASS_LEN];          //班级
028      Date birth;                     //出生日期
029      char gender;                    //性别['0':男(Male); '1':女(Female)]
030      double height;                  //身高[单位:米]
031  }Student;
032
033  typedef int Bool;                   //逻辑类型
034
035  int get_choice();
036  void show_menu();
037  void add();
038  void input_student(Student * stu);
039  void print_header();
040  void print_student(Student stu);
041  Bool write_student(Student stu);
042
043  int main()
044  {
045      int choice;
046
047      while( (choice =get_choice()) !=QUIT ){
048          switch(choice){
049              case ADD:
```

```
050                 add();
051                 break;
052             case DELETE:
053                 printf("delete()...\n");
054                 break;
055             case MODIFY:
056                 printf("modify()...\n");
057                 break;
058             case SEARCH:
059                 printf("search()...\n");
060                 break;
061             case LIST:
062                 printf("list()...\n");
063                 break;
064             default:
065                 printf("非法输入,请重新选择\n");
066         }
067     }
068     printf("已退出程序。\n");
069 
070     return 0;
071 }
072 
073 int get_choice()
074 {
075     int select;
076     show_menu();
077     scanf("%d", &select);
078     return select;
079 }
080 
081 void show_menu()
082 {
083     printf("\n\t\t\t           功能菜单\n\n");
084     printf("\t\t\t=================================\n");
085     printf("\t\t\t\t%d. 录入学生信息\n", ADD);
086     printf("\t\t\t\t%d. 删除学生信息\n", DELETE);
087     printf("\t\t\t\t%d. 修改学生信息\n", MODIFY);
088     printf("\t\t\t\t%d. 查询学生信息\n", SEARCH);
089     printf("\t\t\t\t%d. 列出所有学生\n", LIST);
090     printf("\t\t\t\t%d. 退出系统\n", QUIT);
091     printf("\t\t\t=================================\n");
092     printf("\t\t\t 请选择: ");
093 }
094 
095 void add()
096 {
097     Student stu;
098     printf("\n 请录入学生信息: \n");
```

```
099      input_student(&stu);
100      if(write_student(stu)){
101          printf("\n已录入学生信息：\n");
102          print_header();
103          print_student(stu);
104      }else{
105          printf("\n保存学生信息失败！\n");
106      }
107  }
108
109  void input_student(Student * stu)
110  {
111      printf("学号[%d字符]: ", SID_LEN -1);
112      scanf("%12s", stu->sid);
113      printf("姓名[%d字符]: ", NAME_LEN -1);
114      scanf("%8s", stu->name);
115      printf("班级[%d字符]: ", CLASS_LEN -1);
116      scanf("%13s", stu->class);
117      printf("出生日期[年-月-日]: ");
118      scanf("%d-%d-%d", &stu->birth.year, &stu->birth.month, &stu->birth.day);
119      printf("性别[%c:男,%c:女]: ", MALE, FEMALE);
120      scanf(" %c", &stu->gender);     //%c的左边有一个空格,抵消上一个回车符
121      printf("身高[米]: ");
122      scanf("%lf", &stu->height);
123  }
124
125  void print_header()
126  {
127      int i;
128      printf("\n%10s%13s%12s", "学号", "姓名", "班级");
129      printf("%15s%6s%5s\n", "出生日期", "性别", "身高");
130      for(i =0;i <61;i++){
131          printf("%c",'-');
132      }
133      printf("\n");
134  }
135
136  void print_student(Student stu)
137  {
138      printf("%14s%10s%15s", stu.sid, stu.name, stu.class);
139      printf("%6d-%02d-%02d", stu.birth.year, stu.birth.month, stu.birth.day);
140      printf("%4s", stu.gender ==MALE ? "男" : "女");
141      printf("%6.2f\n", stu.height);
142  }
143
144  Bool write_student(Student stu)
145  {
146      int count;
147      FILE * fp =fopen(STU_FILE, "a");
```

```
148     if(fp ==NULL){
149         return FALSE;
150     }
151     count =fprintf(fp, "%s %s %s %d-%d-%d %c %.2f\n",
152                     stu.sid, stu.name, stu.class,
153                     stu.birth.year, stu.birth.month, stu.birth.day,
154                     stu.gender, stu.height );
155     fclose(fp);
156     if(count >0){
157         return TRUE;
158     }else{
169         return FALSE;
160     }
161 }
```

源代码 10-4　sims_03-A.c

第 14～16 行代码：

为了提高源代码的可读性以及更方便地维护源代码，这里定义了 3 个宏替换，名字分别为 TRUE、FALSE 和 STU_FILE。

第 33 行代码：

为了提高源代码的可读性以及更方便地维护源代码，这里使用关键字 typedef 定义 int 类型的同义词 Bool，专门用于处理逻辑值。

第 144～161 行代码：

定义一个名字为 write_student 的函数，返回值是 Bool 类型，参数列表是一个 Student 类型的结构变量 stu。该函数的功能是把结构变量 stu 各个成员的值以文本方式保存到数据文件中，如果保存成功，则返回逻辑值 TRUE，否则返回逻辑值 FALSE。

第 147 行代码：

调用 C 语言标准库函数 fopen()以"a"(添加)方式打开文本文件 STU_FILE，并返回指向该文件的指针，保存到"FILE *"类型的指针变量 fp 中。

函数 fopen()属于头文件 stdio.h 所对应的标准库，类型"FILE"也在该标准库中定义，所以需要在第 1 行代码使用预编译指令"#include"引入头文件 stdio.h。

函数 fopen()的原型声明如下：

```
FILE * fopen(char * filename, char * mode);
```

参数列表的第 1 个参数 filename 接收一个字符串，指出需要打开的文件名。该文件名可以使用相对路径或者绝对路径表示。由于反斜杠已经用于换码序列(转义字符)，因此在 Microsoft Windows 系统下需要使用两个反斜杠"\\"来表达目录分隔符。例如，如果需要打开文件"D:\abcd\efg.txt"，则这里第 1 个参数应该填写字符串"D:\\abcd\\efg.txt"。

参数列表的第 2 个参数 mode 接收一个字符串，指出打开文件的模式。打开模式的有效值如表 10-1 所示。

调用函数 fopen()后，如果成功打开文件 filename，则该函数返回一个指针，指向该文件的数据区；如果打开操作失败，则返回空指针常量 NULL，该常量在头文件 stdio. h 和 stdlib. h 都有定义。

表 10-1　函数 fopen()的打开模式

模　式	意　义
r	打开文本文件，并用于读取数据
w	清除文本文件的内容或新建文本文件，并用于写入数据
a	添加；打开或新建文本文件，并用于在文件末尾写入数据
r+	打开文本文件，并用于修改（读和写）
w+	清除文本文件的内容或新建文本文件，并用于修改
a+	添加；打开或新建文本文件用于修改，或在文件末尾写入数据
rb	打开二进制文件，用于读取数据
wb	清除二进制文件的内容或新建二进制文件，用于写入数据
ab	添加；打开或新建二进制文件，用于在文件末尾写入数据
r+b 或 rb+	打开二进制文件用于修改（读和写）；可以在文件的任何位置读取数据，但只能在文件末尾写入数据
w+b 或 wb+	清除二进制文件的内容或新建二进制文件，并用于修改
a+b 或 ab+	添加；打开或新建二进制文件用于修改；可以在文件的任何位置读取数据，但只能在文件末尾写入数据

第 148～150 行代码：

如果调用函数 fopen()打开文件不成功，则该函数返回空指针常量 NULL，使得表达式"fp == NULL"的值为真，需要使用 return 语句结束函数 write_student()，并返回逻辑值 FALSE。

由于文件一般是存放于外部存储设备中，例如硬盘、U 盘等，因此对文件的读写操作不一定每次都是成功的。一个良好的编程习惯是每次使用函数 fopen()打开文件后，都需要检查是否操作成功，以避免因为打开文件失败而引起程序运行崩溃。

磁盘容量不足或文件的读写权限设置不当等常见原因都会导致文件打开失败。

第 151～154 行代码：

调用 C 语言标准库函数 fprintf()按照格式说明"%s　%s　%s　%d-%d-%d　%c　%. 2f\n"把结构变量 stu 各个成员的值写入文件指针 fp 所关联的已经成功打开的文本文件中，并把成功写入文件的字符数量返回后保存到变量 count 中。

函数 fprintf()属于头文件 stdio. h 所对应的标准库，其函数型声明如下：

```
int fprintf(FILE * fp, char * format, ...);
```

与之相似的函数 printf()的原型是：

```
int printf(char * format, ...);
```

函数 fprintf()的使用方法与 printf()基本相同，只是第 1 个参数需要传递一个已经成功打开的文件指针 fp。

函数 fprintf()的功能与 printf()基本相同，两个函数都是按照字符串 format 所描述的格式说明转换并输出字符串；不同点是函数 printf()输出结果到屏幕中，而函数 fprintf()输出结果到文件指针 fp 所关联的已经成功打开的文本文件中。

函数 fprintf()和 printf()的返回值都是 int 类型，如果输出过程中出现错误，则返回一个负数，否则返回成功输出的字符数量。

提示：函数 fprintf()和 printf()的参数列表都含有符号"..."，表示可变参数，即参数的类型和个数不是固定的，是可变的。

第 155 行代码：

调用 C 语言标准库函数 fclose()关闭此前由函数 fopen()所打开的文件。

函数 fclose()属于头文件 stdio.h 所对应的标准库，其函数型声明如下：

```
int fclose(FILE * fp);
```

函数 fclose()的功能是关闭指针 fp 所关联的文件。如果成功关闭文件，该函数返回整数 0，否则返回一个预先定义的宏 EOF。EOF 是 End of File 的缩写，表示文件的末尾。

一般来说，每个操作系统对于同时打开文件的数量是有限制的。因此如果不再需要操作文件，就尽快调用函数 fclose()关闭相应的文件。

另一方面，操作系统在关闭文件的同时一般还会刷新文件输出缓存区，把还没有写入磁盘的数据强制保存到磁盘中，以确保数据的完整性。

第 156～160 行代码：

如果变量 count 的值大于 0，我们可以大致认为数据已经成功写入数据文件，返回预先定义的宏 TRUE，否则返回 FALSE。

严格来说，如果变量 count 的值大于 0，我们是不能推断所有数据都已经成功写入数据文件的。例如，假设磁盘的剩余容量比较少或是其他原因，可以出现只有一部分数据写入文件的情况，这时候已经写入文件的字符数量 count 也是大于 0。

为了简化本例子的复杂度，便于初学者学习，这里暂不考虑这些特殊情况。

第 41 行代码：

这是函数 write_student()对应的函数原型声明。

第 100～106 行代码：

先执行函数 write_student()的调用，如果成功写入 stu 的各个成员到数据文件中，则返回逻辑值"真"，并执行第 101～103 行代码输出该学生的信息；否则返回逻辑值"假"，并输出信息"保存学生信息失败!"。如果能够在屏幕显示学生信息，就表示该学生信息已经成功写入文件。

本程序编译并运行后的输出结果如图 10-9 所示。

```
                    功能菜单
        ================================
                 1. 录入学生信息
                 2. 删除学生信息
```

图 10-9　sims_03-A.c 的运行结果

```
                3. 修改学生信息
                4. 查询学生信息
                5. 列出所有学生
                0. 退出系统
             ===============================
             请选择: 1【Enter】

请录入学生信息:
学号[12字符]:201801020304【Enter】
姓名[8字符]:西门吹雪【Enter】
班级[13字符]:计算机应用 181【Enter】
出生日期[年-月-日]:2000-6-1【Enter】
性别[0:男,1:女]:0【Enter】
身高[米]:1.8【Enter】

已录入学生信息:
    学号          姓名        班级          出生日期     性别    身高
--------------------------------------------------------------------------
  201801020304   西门吹雪   计算机应用 181   2000-06-01    男      1.80
                        功能菜单
             ===============================
                1. 录入学生信息
                2. 删除学生信息
                3. 修改学生信息
                4. 查询学生信息
                5. 列出所有学生
                0. 退出系统
             ===============================
             请选择: 1【Enter】

请录入学生信息:
学号[12字符]:201801020405【Enter】
姓名[8字符]:花满楼【Enter】
班级[13字符]:软件技术 181【Enter】
出生日期[年-月-日]:2001-2-3【Enter】
性别[0:男,1:女]:1【Enter】
身高[米]:1.68【Enter】

已录入学生信息:

    学号          姓名        班级          出生日期     性别    身高
--------------------------------------------------------------------------
  201801020405   花满楼     软件技术 181     2001-02-03    女      1.68
```

图 10-9(续)

这时候，数据文件 student. txt 已经创建并写入了相应的学生信息，我们可以使用“记事本”等文本编辑器软件浏览该文件，如图 10-10 所示。

提示：数据文件 student. txt 与可执行文件 sims_03-A. exe 或源代码文件 sims_03-A. c 位于同一个文件夹。

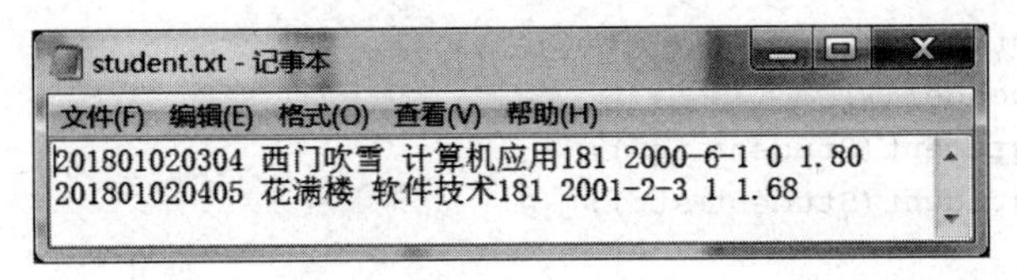

图 10-10　使用记事本浏览文本文件 student. txt

2. 源代码 10-5

我们继续改进代码，修改函数 write_student()，以便使用二进制文件形式保存学生信息，如源代码 10-5 所示。

```
001  #include <stdio.h>
002
003  #define ADD          1          //菜单选项[录入学生信息]
004  #define DELETE       2          //菜单选项[删除学生信息]
005  #define MODIFY       3          //菜单选项[修改学生信息]
006  #define SEARCH       4          //菜单选项[查询学生信息]
007  #define LIST         5          //菜单选项[列出所有学生]
008  #define QUIT         0          //菜单选项[退出系统]
009  #define SID_LEN     13          //学号长度： SID_LEN -1
010  #define NAME_LEN     9          //姓名长度：NAME_LEN -1
011  #define CLASS_LEN   14          //班级长度：CLASS_LEN -1
012  #define MALE        '0'         //男性
013  #define FEMALE      '1'         //女性
014  #define TRUE         1          //逻辑值“真”
015  #define FALSE        0          //逻辑值“假”
016  #define STU_FILE "student.dat" //数据文件
017
018  typedef struct date{
019      int year;                  //年
020      int month;                 //月
021      int day;                   //日
022  }Date;
023
024  typedef struct student{
025      char sid[SID_LEN];         //学号
026      char name[NAME_LEN];       //姓名
027      char class[CLASS_LEN];     //班级
028      Date birth;                //出生日期
029      char gender;               //性别['0':男(Male); '1':女(Female)]
030      double height;             //身高[单位:米]
031  }Student;
032
```

```
033  typedef int Bool;                        //逻辑类型
034
035  int get_choice();
036  void show_menu();
037  void add();
038  void input_student(Student * stu);
039  void print_header();
040  void print_student(Student stu);
041  Bool write_student(Student stu);
042
043  int main()
044  {
045      int choice;
046
047      while( (choice =get_choice()) !=QUIT ){
048          switch(choice){
049              case ADD:
050                  add();
051                  break;
052              case DELETE:
053                  printf("delete()...\n");
054                  break;
055              case MODIFY:
056                  printf("modify()...\n");
057                  break;
058              case SEARCH:
059                  printf("search()...\n");
060                  break;
061              case LIST:
062                  printf("list()...\n");
063                  break;
064              default:
065                  printf("非法输入,请重新选择\n");
066          }
067      }
068      printf("已退出程序。\n");
069
070      return 0;
071  }
072
073  int get_choice()
074  {
075      int select;
076      show_menu();
077      scanf("%d", &select);
078      return select;
079  }
080
081  void show_menu()
```

```
082 {
083     printf("\n\t\t\t           功能菜单\n\n");
084     printf("\t\t\t==================================\n");
085     printf("\t\t\t\t%d. 录入学生信息\n", ADD);
086     printf("\t\t\t\t%d. 删除学生信息\n", DELETE);
087     printf("\t\t\t\t%d. 修改学生信息\n", MODIFY);
088     printf("\t\t\t\t%d. 查询学生信息\n", SEARCH);
089     printf("\t\t\t\t%d. 列出所有学生\n", LIST);
090     printf("\t\t\t\t%d. 退出系统\n", QUIT);
091     printf("\t\t\t==================================\n");
092     printf("\t\t\t 请选择: ");
093 }
094
095 void add()
096 {
097     Student stu;
098     printf("\n 请录入学生信息: \n");
099     input_student(&stu);
100     if(write_student(stu)){
101         printf("\n 已录入学生信息: \n");
102         print_header();
103         print_student(stu);
104     }else{
105         printf("\n 保存学生信息失败! \n");
106     }
107 }
108
109 void input_student(Student * stu)
110 {
111     printf("学号[%d 字符]: ", SID_LEN -1);
112     scanf("%12s", stu->sid);
113     printf("姓名[%d 字符]: ", NAME_LEN -1);
114     scanf("%8s", stu->name);
115     printf("班级[%d 字符]: ", CLASS_LEN -1);
116     scanf("%13s", stu->class);
117     printf("出生日期[年-月-日]: ");
118     scanf("%d-%d-%d", &stu->birth.year, &stu->birth.month, &stu->birth.day);
119     printf("性别[%c:男,%c:女]: ", MALE, FEMALE);
120     scanf(" %c", &stu->gender);     //%c 的左边有一个空格,抵消上一个回车符
121     printf("身高[米]: ");
122     scanf("%lf", &stu->height);
123 }
124
125 void print_header()
126 {
127     int i;
128     printf("\n%10s%13s%12s", "学号", "姓名", "班级");
129     printf("%15s%6s%5s\n", "出生日期", "性别", "身高");
130     for(i =0;i <61;i++){
```

```
131            printf("%c",'-');
132        }
133        printf("\n");
134    }
135
136    void print_student(Student stu)
137    {
138        printf("%14s%10s%15s", stu.sid, stu.name, stu.class);
139        printf("%6d-%02d-%02d", stu.birth.year, stu.birth.month, stu.birth.
           day);
140        printf("%4s", stu.gender ==MALE ?"男" : "女");
141        printf("%6.2f\n", stu.height);
142    }
143
144    Bool write_student(Student stu)
145    {
146        int count;
147        FILE * fp =fopen(STU_FILE, "ab");
148        if(fp ==NULL){
149            return FALSE;
150        }
151        count =fwrite(&stu, sizeof(Student), 1, fp);
152        fclose(fp);
153        if(count ==1){
154            return TRUE;
155        }else{
156            return FALSE;
157        }
158    }
```

源代码 10-5　sims_03-B. c

第 16 行代码：

定义宏替换名字为 STU_FILE，替换文本为“student. dat”。

按照习惯，文本文件的扩展名一般命名为“txt”。现在本例打算使用二进制文件保存学生信息，因此这里重新命名数据文件为“student. dat”。

第 147 行代码：

调用 C 语言标准库函数 fopen()以“ab”(添加)方式打开二进制文件 STU_FILE，并返回指向该文件的指针，再保存到“FILE ＊”类型的指针变量 fp 中。

函数 fopen()打开模式的有效值请参考表 10-1。

第 151 行代码：

调用 C 语言标准库函数 fwrite()把结构变量 stu 的内容写入文件指针 fp 所关联的已经成功打开的二进制文件中，并把成功写入文件的对象数量返回后保存到变量 count 中。

函数 fwrite()属于头文件 stdio. h 所对应的标准库，其函数型声明如下：

```
size_t fwrite(void * buffer, size_t size, size_t n, FILE * fp);
```

第 1 个参数 buffer 是一个"void *"类型的指针变量，可以接收其他类型的指针并自动隐式类型转换为"void *"类型。

第 2 个参数 size 是每个数据对象的大小，单位是字节。一般使用关键字 sizeof 自动计算该数据对象的容量大小。常见的数据对象类型包括 int、char、float、double 这些基本数据类型以及结构体和数组等复合数据类型。

第 3 个参数 n 是需要写入文件的数据对象的数量。由 size 和 n 可以计算出一共需要写入文件的字节总数是：size×n。

第 4 个参数 fp 是关联到已经成功打开的二进制文件的文件指针。

函数 fwrite()的功能是把指针 buffer 所指向内存的首地址开始的连续 size×n 字节的内容直接复制写入文件指针 fp 所关联的二进制数据文件中。

如果已经成功写入了所有的数据，则返回值等于 n，否则返回值小于 n。

类型 size_t 在头文件 stdio.h 中定义：

```
typedef unsigned int size_t;
```

关键字 unsigned 表示"无符号的"的意思。"unsigned int"表示无符号整数类型。

在 32 位系统中，int 整数类型由于使用了一半的容量用于表示负整数，因此 int 类型可以表示的整数范围是：$-2^{31} \sim 2^{31}-1$，即 $-2147483648 \sim 2147483647$。

而"unsigned int"这种无符号整数类型不需要表示负整数，因此可以表示的整数范围是：$0 \sim 2^{32}-1$，即 $0 \sim 4294967295$。

size_t 类型是"unsigned int"的同义词，适合用来表示内存地址编号或内存字节数量等一些不需要负整数的数据。

第 153 行代码：

第 151 行代码调用函数 fwrite()写入 1 个数据对象到文件中，因此如果返回值 count 等于 1，就表示成功写入了所有的数据到文件中，结束函数 write_student()并返回逻辑值 TRUE，否则返回逻辑值 FALSE。

为了便于比较使用文本文件和二进制文件保存数据的差异，本程序编译运行后，请按照图 10-9 所示的运行过程输入相同的测试数据。

这时候，数据文件 student.dat 已经创建并写入了相应的学生信息，我们可以使用"记事本"等文本编辑器软件浏览该文件，如图 10-11 所示。

提示： 也可以下载并安装 Ultra Edit、Notepad++等具有查看二进制文件功能的软件，然后详细比较分析两个数据文件 student.txt 和 student.dat 的差异。

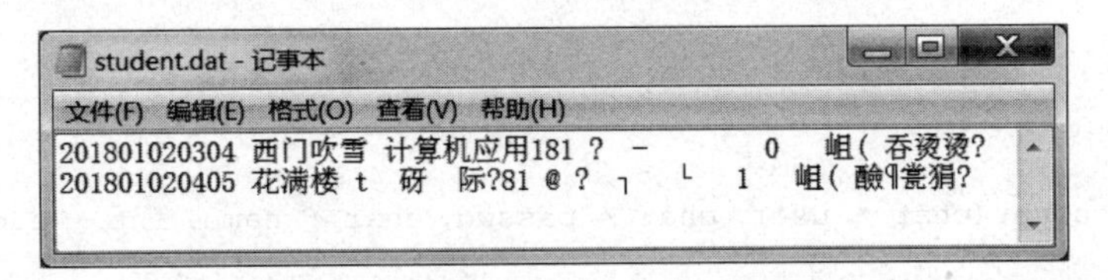

图 10-11　使用记事本浏览二进制文件 student.dat(会显示乱码)

【练习 10-4】

编写 C 语言程序，从键盘读入两个整数 m 和 n(使用空格分隔)，然后输出 m 和 n 之间的所有素数，保存到文本文件 prime.txt 中(以"w"模式打开)。每行放 1 个素数，并统计在区间[m,n]素数的数量后显示到屏幕上。如果整数 m 和 n 不满足条件"$2\leqslant m\leqslant n$"，则输出"非法数据"到屏幕中。程序的运行过程如图 10-12 所示。

提示：可以参考练习 6-11 和练习 7-20。

```
请输入两个整数[m n]:2  200【Enter】
保存文件 prime.txt 成功。
区间[2, 200]的素数有 46 个。
```

图 10-12　练习 10-4 的运行结果

【练习 10-5】

现有如下所示的 C 程序代码：

```
#include <stdio.h>

#define TRUE    1          //逻辑值"真"
#define FALSE   0          //逻辑值"假"

typedef int Bool;          //逻辑类型

void input_account(char * user, char * passwd, char * name, int * age);
Bool save_account(char * user, char * passwd, char * name, int age);

int main()
{
    char user[17];          //用户名
    char passwd[17];        //密码
    char name[9];           //姓名
    int age;                //年龄

    input_account(user, passwd, name, &age);
    if(save_account(user, passwd, name, age)){
        printf("注册成功!\n");
    }else{
        printf("注册失败!\n");
    }

    return 0;
}

void input_account(char * user, char * passwd, char * name, int * age)
{
    //请在这里补充代码
}
```

```
Bool save_account(char * user, char * passwd, char * name, int age)
{
    //请在这里补充代码
}
```

本程序的功能是提示用户从键盘输入用户名、密码、姓名、年龄 4 项注册信息，然后保存到文本文件 user.txt 中。如果保存成功，则输出信息“注册成功!”到屏幕中，否则输出信息“注册失败!”到屏幕中。

函数 input_account()的功能是：提示用户从键盘输入用户名、密码、姓名、年龄等 4 项用户注册信息，分别保存到参数列表的 4 个指针所指向的变量中。

函数 save_account()的功能是：把参数列表传过来的 4 项注册信息以“用户名\n 密码\n 姓名\n 年龄\n\n”的格式保存到文本文件 user.txt 中。要求使用模式“a”打开文件以及使用函数 fprintf()写入数据到文件中。如果成功打开文件并保存了数据，则该函数返回逻辑常量 TRUE，否则返回逻辑常量 FALSE。

本程序的运行结果如图 10-13 和图 10-14 所示。

```
[注册]
用户名:jacky【Enter】
密码:12345678【Enter】
姓名:张无忌【Enter】
年龄:23【Enter】
注册成功!
```

图 10-13　练习 10-5 的运行结果(1)

```
[注册]
用户名:maria【Enter】
密码:123456【Enter】
姓名:赵敏【Enter】
年龄:22【Enter】
注册成功!
```

图 10-14　练习 10-5 的运行结果(2)

然后可以使用“记事本”等文本编辑器浏览文件 user.txt，如图 10-15 所示。

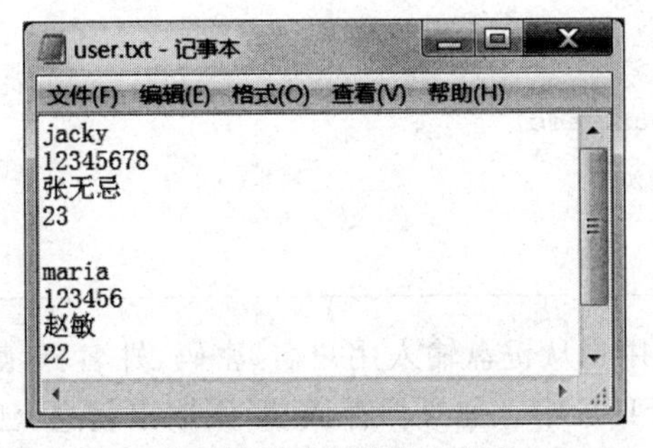

图 10-15　使用记事本浏览文本文件 user.txt

请编写代码来实现函数 input_account()和 save_account()的功能。要求：不能修改这两个函数之外的其他代码。

【练习 10-6】

现有如下的 C 程序代码：

```
#include <stdio.h>

#define TRUE    1                     //逻辑值"真"
#define FALSE   0                     //逻辑值"假"
#define DATA_FILE  "user.dat"         //数据文件

typedef int Bool;                     //逻辑类型
typedef struct account{
    char user[17];                    //用户名
    char passwd[17];                  //密码
    char name[9];                     //姓名
    int age;                          //年龄
}Account;

void input_account(Account * acc);
Bool save_account(Account acc);

int main()
{
    Account acc;

    input_account(&acc);
    if(save_account(acc)){
        printf("注册成功！\n");
    }else{
        printf("注册失败！\n");
    }

    return 0;
}

void input_account(Account * acc)
{
    //请在这里补充代码
}

Bool save_account(Account acc)
{
    //请在这里补充代码
}
```

本程序的功能是提示用户从键盘输入用户名、密码、姓名、年龄等 4 项注册信息，然后保存到二进制文件 DATA_FILE 中。如果保存成功，则输出信息“注册成功！”到屏幕中，否则输出信息“注册失败！”到屏幕中。

函数 input_account()的功能是：提示用户从键盘输入用户名、密码、姓名、年龄 4 项用户注册信息，保存到指针 acc 所指向的结构变量中。

函数 save_account()的功能是：把指针 acc 所指向的结构变量保存到二进制文件 DATA_FILE 中。要求使用模式“ab”打开文件以及使用函数 fwrite()写入数据到文件中。如果成功打开文件并保存数据，则该函数返回逻辑常量 TRUE，否则返回逻辑常量 FALSE。

本练习题与练习 10-5 都是录入和保存注册信息到文件中，不同的是保存数据到二进制文件而不是文本文件。本程序的运行过程可以参考图 10-13 和图 10-14。

请编写代码实现函数 input_account()和 save_account()的功能。要求：不能修改这两个函数之外的其他代码。

10.4　列出所有学生

1. 源代码 10-6

在源代码 10-4 的基础上继续改进代码，增加一个函数 list()，从文本文件读取所有学生信息并显示到屏幕中，如源代码 10-6 所示。

```
001  #include <stdio.h>
002
003  #define ADD        1              //菜单选项[录入学生信息]
004  #define DELETE     2              //菜单选项[删除学生信息]
005  #define MODIFY     3              //菜单选项[修改学生信息]
006  #define SEARCH     4              //菜单选项[查询学生信息]
007  #define LIST       5              //菜单选项[列出所有学生]
008  #define QUIT       0              //菜单选项[退出系统]
009  #define SID_LEN    13             //学号长度:SID_LEN -1
010  #define NAME_LEN   9              //姓名长度:NAME_LEN -1
011  #define CLASS_LEN  14             //班级长度:CLASS_LEN -1
012  #define MALE       '0'            //男性
013  #define FEMALE     '1'            //女性
014  #define TRUE       1              //逻辑值“真”
015  #define FALSE      0              //逻辑值“假”
016  #define STU_FILE "student.txt"    //数据文件
017
018  typedef struct date{
019      int year;                     //年
020      int month;                    //月
021      int day;                      //日
022  }Date;
023
024  typedef struct student{
025      char sid[SID_LEN];            //学号
026      char name[NAME_LEN];          //姓名
027      char class[CLASS_LEN];        //班级
```

```
028     Date birth;                         //出生日期
029     char gender;                        //性别['0':男(Male); '1':女(Female)]
030     double height;                      //身高[单位:米]
031 }Student;
032
033 typedef int Bool;                       //逻辑类型
034
035 int get_choice();
036 void show_menu();
037 void add();
038 void list();
039 int list_student();
040 void input_student(Student * stu);
041 void print_header();
042 void print_student(Student stu);
043 Bool write_student(Student stu);
044
045 int main()
046 {
047     int choice;
048
049     while( (choice =get_choice()) !=QUIT ){
050         switch(choice){
051             case ADD:
052                 add();
053                 break;
054             case DELETE:
055                 printf("delete()...\n");
056                 break;
057             case MODIFY:
058                 printf("modify()...\n");
059                 break;
060             case SEARCH:
061                 printf("search()...\n");
062                 break;
063             case LIST:
064                 list();
065                 break;
066             default:
067                 printf("非法输入,请重新选择\n");
068         }
069     }
070     printf("已退出程序。\n");
071
072     return 0;
073 }
074
075 int get_choice()
076 {
```

```
077     int select;
078     show_menu();
079     scanf("%d", &select);
080     return select;
081 }
082
083 void show_menu()
084 {
085     printf("\n\t\t\t            功能菜单\n");
086     printf("\t\t\t================================\n");
087     printf("\t\t\t\t%d. 录入学生信息\n", ADD);
088     printf("\t\t\t\t%d. 删除学生信息\n", DELETE);
089     printf("\t\t\t\t%d. 修改学生信息\n", MODIFY);
090     printf("\t\t\t\t%d. 查询学生信息\n", SEARCH);
091     printf("\t\t\t\t%d. 列出所有学生\n", LIST);
092     printf("\t\t\t\t%d. 退出系统\n", QUIT);
093     printf("\t\t\t================================\n");
094     printf("\t\t\t 请选择：");
095 }
096
097 void add()
098 {
099     Student stu;
100     printf("\n 请录入学生信息：\n");
101     input_student(&stu);
102     if(write_student(stu)){
103         printf("\n 已录入学生信息：\n");
104         print_header();
105         print_student(stu);
106     }else{
107         printf("\n 保存学生信息失败！\n");
108     }
109 }
110
111 void list()
112 {
113     int count;
114     print_header();
115     if((count =list_student()) >0){
116         printf("\n 一共有%d 个学生。\n", count);
117     }else{
118         printf("\n 目前没有学生信息。\n");
119     }
120 }
121
122 int list_student()
123 {
124     Student stu;
125     int count =0;
```

```
126     FILE * fp =fopen(STU_FILE, "r");
127     if(fp ==NULL){
128         return count;
129     }
130     while(1){
131         fscanf(fp, "%s %s %s %d-%d-%d %c %lf",
132                 stu.sid, stu.name, stu.class,
133                 &stu.birth.year, &stu.birth.month, &stu.birth.day,
134                 &stu.gender, &stu.height );
135         if(feof(fp)){
136             break;
137         }
138         print_student(stu);
139         count++;
140     }
141     fclose(fp);
142     return count;
143 }
144
145 void input_student(Student * stu)
146 {
147     printf("学号[%d字符]: ", SID_LEN -1);
148     scanf("%12s", stu->sid);
149     printf("姓名[%d字符]: ", NAME_LEN -1);
150     scanf("%8s", stu->name);
151     printf("班级[%d字符]: ", CLASS_LEN -1);
152     scanf("%13s", stu->class);
153     printf("出生日期[年-月-日]: ");
154     scanf("%d-%d-%d", &stu->birth.year, &stu->birth.month, &stu->birth.day);
155     printf("性别[%c:男,%c:女]: ", MALE, FEMALE);
156     scanf(" %c", &stu->gender);    //%c的左边有一个空格,抵消上一个回车符
157     printf("身高[米]: ");
158     scanf("%lf", &stu->height);
159 }
160
161 void print_header()
162 {
163     int i;
164     printf("\n%10s%13s%12s", "学号", "姓名", "班级");
165     printf("%15s%6s%5s\n", "出生日期", "性别", "身高");
166     for(i =0;i <61;i++){
167         printf("%c",'-');
168     }
169     printf("\n");
170 }
171
172 void print_student(Student stu)
173 {
174     printf("%14s%10s%15s", stu.sid, stu.name, stu.class);
```

```
175     printf("%6d-%02d-%02d", stu.birth.year, stu.birth.month, stu.birth.day);
176     printf("%4s", stu.gender ==MALE ? "男" : "女");
177     printf("%6.2f\n", stu.height);
178 }
179
180 Bool write_student(Student stu)
181 {
182     int count;
183     FILE * fp =fopen(STU_FILE, "a");
184     if(fp ==NULL){
185         return FALSE;
186     }
187     count =fprintf(fp, "%s %s %s %d-%d-%d %c %.2f\n",
188                     stu.sid, stu.name, stu.class,
189                     stu.birth.year, stu.birth.month, stu.birth.day,
190                     stu.gender, stu.height );
191     fclose(fp);
192     if(count >0){
193         return TRUE;
194     }else{
195         return FALSE;
196     }
197 }
```

源代码 10-6　sims_04-A. c

第 122～143 行代码：

定义一个名字为 list_student 的函数，返回值是 void 类型，即不需要返回值，参数列表为空，不需要接收参数。

第 126 行代码：

调用 C 语言标准库函数 fopen()以“r”(读取)方式打开文本文件 STU_FILE，并返回指向该文件的指针，保存到“FILE *”类型的指针变量 fp 中。

函数 fopen()打开模式的有效值请参考表 10-1。

第 127～129 行代码：

如果调用函数 fopen()打开文件不成功，则该函数返回空指针常量 NULL，使得表达式“fp == NULL”的值为真，需要使用 return 语句结束函数 list()。

运行本程序后，如果还没有录入学生信息，也就是还没有创建数据文件 STU_FILE，那么这时候如果执行函数 list_student()的调用，打开文件就会失败。

第 131～134 行代码：

调用 C 语言标准库函数 fscanf()并按照格式说明“%s　%s　%s　%d-%d-%d　%c　%lf”从文件指针 fp 所关联的已经成功打开的文本文件中依次读入数据，保存到结构变量 stu 的各个成员中。

函数 fscanf()属于头文件 stdio. h 所对应的标准库，其函数型声明如下：

```
int fscanf(FILE * fp, char * format, ...);
```

与之相似的函数 scanf()的原型是：

```
int scanf(char * format, ...);
```

函数 fscanf()的使用方法与 scanf()基本相同，只是第 1 个参数需要传递一个已经成功打开的文件指针 fp。

函数 fscanf()和 scanf()的返回值都是 int 类型，如果输入过程中出现错误或者已经到达文件末尾，则返回一个预先定义的宏 EOF(EOF 是 End of File 的简写，表示文件的末尾)，否则返回按照输入格式的要求成功读取数据并转换、保存到变量中的数量。

例如，第 131 行调用函数 fscanf()并使用了 8 个百分号开头的格式说明符来读入指定格式的数据：

```
131  fscanf(fp, "%s %s %s %d-%d-%d %c %lf",
132           stu.sid, stu.name, stu.class,
133           &stu.birth.year, &stu.birth.month, &stu.birth.day,
134           &stu.gender, &stu.height );
```

所以，在这里该函数正常情况下的返回值应该是整数 8。

如果遇到一些特殊情况，比如数据文件“student.txt”被其他程序修改了，或者是因某些原因损坏了，那么这里的返回值有可能是某个小于 8 的整数(即只有一部分数据成功读入并转换、保存到相应的变量中)。为了简化本例的复杂度，便于初学者学习，这里暂不考虑这些特殊情况。因此，我们在这里放弃了使用该返回值作为判断的依据。

提示：函数 fscanf()和 scanf()的参数列表都含有符号“...”，表示可变参数，即参数的类型和个数不是固定的，是可变的。

第 135 行代码：

函数 feof() 属于头文件 stdio.h 所对应的标准库，其函数原型声明如下：

```
int feof(FILE * fp);
```

该函数的功能是判断读取数据的“光标”(Cursor)是否已经到达文件末尾(EOF)。如果“光标”已经到达文件末尾，则返回值是一个非 0 的整数，即逻辑值“真”；否则返回整数 0，即逻辑值“假”。

我们平时使用键盘输入数据到某个软件中，其实准确地说是把数据输入该软件界面的当前光标处。我们输入了若干个字符，光标也随着往后移动相应数量的字符。

同样道理，写入数据到文件或从文件读取数据，其实也有一个概念上的“光标”在伴随着我们的读写操作。

如果使用“r”模式打开文件，那么成功打开文件之后，当前“光标”处于文件的头部。然后使用 fscanf()等函数从当前“光标”位置读取若干个字符，读取成功后，“光标”也自动往后移动了若干个字符的距离。下一次读取数据从新的当前“光标”位置开始读取。如果“光标”已经移动到文件的末尾，就没有数据可读了，这时候如果调用函数 feof()，那么该函数的返回值是一个非 0 整数，即逻辑值“真”。如果“光标”位置还有数据可读，那么函数 feof()返回整数0,即逻辑值“假”。

第141行代码:

调用C语言标准库函数fclose()来关闭此前由函数fopen()所打开的文件。

第39行代码:

这是函数list_student()对应的原型声明。

第111~120行代码:

定义一个名字为list的函数,返回值是void类型,即不需要返回值,参数列表为空,不需要接收参数。

第115行代码:

调用函数list_student()输出所有学生的信息到屏幕中,并把返回值保存到变量count中。该返回值表示已经输出学生的人数。如果count等于0,则输出信息“目前没有学生信息”。

第38行代码:

这是函数list()对应的原型声明。

第64行代码:

在main()函数中调用函数list()。

学生信息已由10.3节中的例子录入并保存到数据文件中,请参考图10-9。本程序编译并运行后的运行结果如图10-16所示。

```
                          功能菜单
                ================================
                      1. 录入学生信息
                      2. 删除学生信息
                      3. 修改学生信息
                      4. 查询学生信息
                      5. 列出所有学生
                      0. 退出系统
                ================================
                请选择: 5【Enter】

     学号          姓名          班级          出生日期      性别      身高
-----------------------------------------------------------------------------
  201801020304   西门吹雪   计算机应用181   2000-06-01     男       1.80
  201801020405     花满楼     软件技术181   2001-02-03     女       1.68

一共有2个学生。
```

图10-16　sims_04-A.c的运行结果

2. 源代码10-7

在源代码10-5的基础上继续改进代码,增加一个函数list(),从二进制文件读取所有学生的信息并显示到屏幕中,如源代码10-7所示。

```
001  #include <stdio.h>
002
003  #define ADD          1              //菜单选项[录入学生信息]
```

```
004 #define DELETE        2             //菜单选项[删除学生信息]
005 #define MODIFY        3             //菜单选项[修改学生信息]
006 #define SEARCH        4             //菜单选项[查询学生信息]
007 #define LIST          5             //菜单选项[列出所有学生]
008 #define QUIT          0             //菜单选项[退出系统]
009 #define SID_LEN      13             //学号长度:SID_LEN -1
010 #define NAME_LEN      9             //姓名长度:NAME_LEN -1
011 #define CLASS_LEN    14             //班级长度:CLASS_LEN -1
012 #define MALE        '0'             //男性
013 #define FEMALE      '1'             //女性
014 #define TRUE          1             //逻辑值"真"
015 #define FALSE         0             //逻辑值"假"
016 #define STU_FILE "student.dat"      //数据文件
017
018 typedef struct date{
019     int year;                       //年
020     int month;                      //月
021     int day;                        //日
022 }Date;
023
024 typedef struct student{
025     char sid[SID_LEN];              //学号
026     char name[NAME_LEN];            //姓名
027     char class[CLASS_LEN];          //班级
028     Date birth;                     //出生日期
029     char gender;                    //性别['0':男(Male); '1':女(Female)]
030     double height;                  //身高[单位:米]
031 }Student;
032
033 typedef int Bool;                   //逻辑类型
034
035 int get_choice();
036 void show_menu();
037 void add();
038 void list();
039 int list_student();
040 void input_student(Student * stu);
041 void print_header();
042 void print_student(Student stu);
043 Bool write_student(Student stu);
044
045 int main()
046 {
047     int choice;
048
049     while( (choice =get_choice()) !=QUIT ){
050         switch(choice){
051             case ADD:
052                 add();
```

```
053                 break;
054             case DELETE:
055                 printf("delete()...\n");
056                 break;
057             case MODIFY:
058                 printf("modify()...\n");
059                 break;
060             case SEARCH:
061                 printf("search()...\n");
062                 break;
063             case LIST:
064                 list();
065                 break;
066             default:
067                 printf("非法输入,请重新选择\n");
068         }
069     }
070     printf("已退出程序。\n");
071
072     return 0;
073 }
074
075 int get_choice()
076 {
077     int select;
078     show_menu();
079     scanf("%d", &select);
080     return select;
081 }
082
083 void show_menu()
084 {
085     printf("\n\t\t\t           功能菜单\n");
086     printf("\t\t\t================================\n");
087     printf("\t\t\t\t%d. 录入学生信息\n", ADD);
088     printf("\t\t\t\t%d. 删除学生信息\n", DELETE);
089     printf("\t\t\t\t%d. 修改学生信息\n", MODIFY);
090     printf("\t\t\t\t%d. 查询学生信息\n", SEARCH);
091     printf("\t\t\t\t%d. 列出所有学生\n", LIST);
092     printf("\t\t\t\t%d. 退出系统\n", QUIT);
093     printf("\t\t\t================================\n");
094     printf("\t\t\t请选择: ");
095 }
096
097 void add()
098 {
099     Student stu;
100     printf("\n请录入学生信息:\n");
101     input_student(&stu);
```

```
102         if(write_student(stu)){
103             printf("\n已录入学生信息:\n");
104             print_header();
105             print_student(stu);
106         }else{
107             printf("\n保存学生信息失败!\n");
108         }
109     }
110 
111     void list()
112     {
113         int count;
114         print_header();
115         if((count =list_student()) >0){
116             printf("\n一共有%d个学生。\n", count);
117         }else{
118             printf("\n目前没有学生信息。\n");
119         }
120     }
121 
122     int list_student()
123     {
124         Student stu;
125         int count =0;
126         FILE * fp =fopen(STU_FILE, "rb");
127         if(fp ==NULL){
128             return count;
129         }
130         while(1){
131             fread(&stu, sizeof(Student), 1, fp);
132             if(feof(fp)){
133                 break;
134             }
135             print_student(stu);
136             count++;
137         }
138         fclose(fp);
139         return count;
140     }
141 
142     void input_student(Student * stu)
143     {
144         printf("学号[%d字符]: ", SID_LEN -1);
145         scanf("%12s", stu->sid);
146         printf("姓名[%d字符]: ", NAME_LEN -1);
147         scanf("%8s", stu->name);
148         printf("班级[%d字符]: ", CLASS_LEN -1);
149         scanf("%13s", stu->class);
150         printf("出生日期[年-月-日]: ");
```

```
151     scanf("%d-%d-%d", &stu->birth.year, &stu->birth.month, &stu->birth.day);
152     printf("性别[%c:男,%c:女]: ", MALE, FEMALE);
153     scanf(" %c", &stu->gender);     //%c的左边有一个空格,抵消上一个回车符
154     printf("身高[米]: ");
155     scanf("%lf", &stu->height);
156 }
157
158 void print_header()
159 {
160     int i;
161     printf("\n%10s%13s%12s", "学号", "姓名", "班级");
162     printf("%15s%6s%5s\n", "出生日期", "性别", "身高");
163     for(i=0;i<61;i++){
164         printf("%c",'-');
165     }
166     printf("\n");
167 }
168
169 void print_student(Student stu)
170 {
171     printf("%14s%10s%15s", stu.sid, stu.name, stu.class);
172     printf("%6d-%02d-%02d", stu.birth.year, stu.birth.month, stu.birth.day);
173     printf("%4s", stu.gender==MALE ? "男" : "女");
174     printf("%6.2f\n", stu.height);
175 }
176
177 Bool write_student(Student stu)
178 {
179     int count;
180     FILE * fp=fopen(STU_FILE, "ab");
181     if(fp==NULL){
182         return FALSE;
183     }
184     count=fwrite(&stu, sizeof(Student), 1, fp);
185     fclose(fp);
186     if(count==1){
187         return TRUE;
188     }else{
189         return FALSE;
190     }
191 }
```

源代码 10-7　sims_04-B.c

第 126 行代码：

调用 C 语言标准库函数 fopen()并以“rb”(读取)方式打开二进制文件 STU_FILE,返回的指向该文件的指针被保存到“FILE *”类型的指针变量 fp 中。

函数 fopen()打开模式的有效值请参考表 10-1 中的打开模式。

第 131 行代码：

调用 C 语言标准库函数 fread()从文件指针 fp 所关联的已经成功打开的二进制文件中读入数据，保存到结构变量 stu 的各个成员中。

函数 fread()属于头文件 stdio.h 所对应的标准库，其函数原型声明如下：

```
size_t fread(void * buffer, size_t size, size_t n, FILE * fp);
```

第 1 个参数 buffer 是一个“void *”类型的指针变量，可以接收其他类型的指针并自动隐式转换为“void *”类型。

第 2 个参数 size 表示每个数据对象的大小，单位是字节。一般使用关键字 sizeof 自动计算该数据对象的容量大小。常见的数据对象类型包括 int、char、float、double 这些基本数据类型以及结构体和数组等复合数据类型。

第 3 个参数 n 是需要从二进制文件读入的数据对象的数量。由 size 和 n 可以计算出一共需要从文件读入的字节总数是：size$\times n$。

第 4 个参数 fp 是关联到已经成功打开的二进制文件的文件指针。

函数 fread()的功能是从文件指针 fp 所关联的二进制文件读入 size$\times n$ 字节的内容，保存到指针 buffer 所指向的内存空间中。

如果已经成功读入了 n 个数据对象的数据，则返回值等于 n，否则返回值小于 n。

通过对比我们可以发现，在源代码 10-6 和源代码 10-7 中，同名函数 list_student()的差异仅仅是两行代码的不同。

学生信息已由 10.3 节的例子录入，请参考图 10-9。由于源代码 10-6 和源代码 10-7 的功能是相同的(除了文本文件与二进制文件保存数据有区别)，所以本程序编译并运行后的输出结果不必在这里重复列出，请大家参考图 10-16。

【练习 10-7】

现有如下的 C 程序代码：

```
#include <stdio.h>

#define DATA_FILE "user.txt"  //数据文件

void print_header();
int list_account();

int main()
{
    int count;

    print_header();
    if((count =list_account()) >0){
        printf("\n一共有%d个用户。\n", count);
    }else{
```

```
        printf("\n目前没有用户信息。\n");
    }

    return 0;
}

void print_header()
{
    //请在这里补充代码
}

int list_account()
{
    //请在这里补充代码
}
```

本程序的功能是从练习 10-5 的文本文件 DATA_FILE 中读取用户的注册信息，然后输出到屏幕中。如果文件 DATA_FILE 打开失败或者没有用户信息，则输出信息“目前没有用户信息。”到屏幕中。

函数 print_header()的功能：输出如图 10-17 所示的标题栏。

```
  序号          用户名              密码        姓名        年龄
--------------------------------------------------------------
```

图 10-17　标题栏

函数 list_account()的功能：使用函数 fscanf()从文本文件 DATA_FILE 中读取用户的注册信息，然后输出到屏幕中。该函数的返回值是用户的数量。如果文件 DATA_FILE 打开失败或者没有用户信息，则用户数量为 0。

本程序的运行过程如图 10-18 所示。

```
  序号          用户名              密码        姓名        年龄
--------------------------------------------------------------
    1           jacky           12345678     张无忌        23
    2           maria             123456      赵敏         22

一共有 2 个用户。
```

图 10-18　练习 10-7 的运行结果

请编写代码来实现函数 print_header()和 list_account()的功能。要求：不能修改这两个函数之外的其他代码。

【练习 10-8】

现有如下的 C 程序代码：

```
#include <stdio.h>

#define DATA_FILE  "user.dat"  //数据文件
```

```
typedef struct account{
    char user[17];              //用户名
    char passwd[17];            //密码
    char name[9];               //姓名
    int age;                    //年龄
}Account;

void print_header();
int list_account();

int main()
{
    int count;

    print_header();
    if((count = list_account()) > 0){
        printf("\n一共有%d个用户。\n", count);
    }else{
        printf("\n目前没有用户信息。\n");
    }

    return 0;
}

void print_header()
{
    //请在这里补充代码
}

int list_account()
{
    //请在这里补充代码
}
```

本程序的功能是从练习 10-6 的二进制文件 DATA_FILE 中读取用户的注册信息，然后输出到屏幕中。如果文件 DATA_FILE 打开失败或者没有用户信息，则输出信息“目前没有用户信息。”到屏幕中。本程序的运行过程如图 10-17 所示。

函数 print_header()可以直接使用练习 10-7 中已经编写的同名函数。

函数 list_account()的功能：使用函数 fread()从练习 10-6 的二进制文件 DATA_FILE 中读取用户的注册信息，然后输出到屏幕中。该函数的返回值是用户的数量。如果文件 DATA_FILE 打开失败或者没有用户信息，则用户数量为 0。

请编写代码来实现函数 print_header()和 list_account()的功能。要求：不能修改这两个函数之外的其他代码。

10.5　查询学生信息

在源代码 10-7 的基础上继续改进代码，增加 2 个函数 search()和 search_by_sid()，使用学号作为关键字来查询学生的信息并显示到屏幕上，如源代码 10-8 所示。

```
001  #include <stdio.h>
002  #include <string.h>
003
004  #define ADD          1              //菜单选项[录入学生信息]
005  #define DELETE       2              //菜单选项[删除学生信息]
006  #define MODIFY       3              //菜单选项[修改学生信息]
007  #define SEARCH       4              //菜单选项[查询学生信息]
008  #define LIST         5              //菜单选项[列出所有学生]
009  #define QUIT         0              //菜单选项[退出系统]
010  #define SID_LEN      13             //学号长度:SID_LEN -1
011  #define NAME_LEN     9              //姓名长度:NAME_LEN -1
012  #define CLASS_LEN    14             //班级长度:CLASS_LEN -1
013  #define MALE         '0'            //男性
014  #define FEMALE       '1'            //女性
015  #define TRUE         1              //逻辑值"真"
016  #define FALSE        0              //逻辑值"假"
017  #define NOT_FOUND    -1             //搜索结果[找不到]
018  #define STU_FILE "student.dat"      //数据文件
019
020  typedef struct date{
021      int year;                       //年
022      int month;                      //月
023      int day;                        //日
024  }Date;
025
026  typedef struct student{
027      char sid[SID_LEN];              //学号
028      char name[NAME_LEN];            //姓名
029      char class[CLASS_LEN];          //班级
030      Date birth;                     //出生日期
031      char gender;                    //性别['0':男(Male); '1':女(Female)]
032      double height;                  //身高[单位:米]
033  }Student;
034
035  typedef int Bool;                   //逻辑类型
036
037  int get_choice();
038  void show_menu();
039  void add();
040  void search();
```

```
041 void list();
042 int list_student();
043 int search_by_sid(Student * stu, char * sid);
044 void input_student(Student * stu);
045 void print_header();
046 void print_student(Student stu);
047 Bool write_student(Student stu);
048
049 int main()
050 {
051     int choice;
052
053     while( (choice =get_choice()) !=QUIT ){
054         switch(choice){
055             case ADD:
056                 add();
057                 break;
058             case DELETE:
059                 printf("delete()...\n");
060                 break;
061             case MODIFY:
062                 printf("modify()...\n");
063                 break;
064             case SEARCH:
065                 search();
066                 break;
067             case LIST:
068                 list();
069                 break;
070             default:
071                 printf("非法输入,请重新选择\n");
072         }
073     }
074     printf("已退出程序。\n");
075
076     return 0;
077 }
078
079 int get_choice()
080 {
081     int select;
082     show_menu();
083     scanf("%d", &select);
084     return select;
085 }
086
087 void show_menu()
088 {
089     printf("\n\t\t\t          功能菜单\n");
```

```
090     printf("\t\t\t===================================\n");
091     printf("\t\t\t\t%d. 录入学生信息\n", ADD);
092     printf("\t\t\t\t%d. 删除学生信息\n", DELETE);
093     printf("\t\t\t\t%d. 修改学生信息\n", MODIFY);
094     printf("\t\t\t\t%d. 查询学生信息\n", SEARCH);
095     printf("\t\t\t\t%d. 列出所有学生\n", LIST);
096     printf("\t\t\t\t%d. 退出系统\n", QUIT);
097     printf("\t\t\t===================================\n");
098     printf("\t\t\t 请选择: ");
099 }
100
101 void add()
102 {
103     Student stu;
104     printf("\n 请录入学生信息: \n");
105     input_student(&stu);
106     if(write_student(stu)){
107         printf("\n 已录入学生信息: \n");
108         print_header();
109         print_student(stu);
110     }else{
111         printf("\n 保存学生信息失败! \n");
112     }
113 }
114
115 void search()
116 {
117     Student stu;
118     int index;
119     char sid[SID_LEN];
120     printf("请输入待查找学生的学号[%d 字符]:  ", SID_LEN -1);
121     scanf("%12s", sid);
122     index =search_by_sid(&stu, sid);
123     if(index ==NOT_FOUND){
124         printf("\n 没有此学号:%s。\n", sid);
125     }else{
126         printf("\n 查找结果: \n");
127         print_header();
128         print_student(stu);
129     }
130 }
131
132 void list()
133 {
134     int count;
135     print_header();
136     if((count =list_student()) >0){
137         printf("\n 一共有%d 个学生。\n", count);
138     }else{
```

```
139             printf("\n目前没有学生信息。\n");
140         }
141     }
142 
143     int list_student()
144     {
145         Student stu;
146         int count =0;
147         FILE * fp =fopen(STU_FILE, "rb");
148         if(fp ==NULL){
149             return count;
150         }
151         while(1){
152             fread(&stu, sizeof(Student), 1, fp);
153             if(feof(fp)){
154                 break;
155             }
156             print_student(stu);
157             count++;
158         }
159         fclose(fp);
160         return count;
161     }
162 
163     int search_by_sid(Student * stu, char * sid)
164     {
165         int index =0;
166         FILE * fp =fopen(STU_FILE, "rb");
167         if(fp ==NULL){
168             return NOT_FOUND;
169         }
170         while(1){
171             fread(stu, sizeof(Student), 1, fp);
172             if(feof(fp)){
173                 break;
174             }
175             if(strcmp(stu->sid, sid) ==0){
176                 fclose(fp);
177                 return index;
178             }
179             index++;
180         }
181         fclose(fp);
182         return NOT_FOUND;
183     }
184 
185     void input_student(Student * stu)
186     {
187         printf("学号[%d字符]:  ", SID_LEN -1);
```

```
188     scanf("%12s", stu->sid);
189     printf("姓名[%d字符]:  ", NAME_LEN -1);
190     scanf("%8s", stu->name);
191     printf("班级[%d字符]:  ", CLASS_LEN -1);
192     scanf("%13s", stu->class);
193     printf("出生日期[年-月-日]:  ");
194     scanf("%d-%d-%d", &stu->birth.year, &stu->birth.month, &stu->birth.day);
195     printf("性别[%c:男,%c:女]:  ", MALE, FEMALE);
196     scanf(" %c", &stu->gender);     //%c的左边有一个空格,抵消上一个回车符
197     printf("身高[米]:  ");
198     scanf("%lf", &stu->height);
199 }
200
201 void print_header()
202 {
203     int i;
204     printf("\n%10s%13s%12s", "学号", "姓名", "班级");
205     printf("%15s%6s%5s\n", "出生日期", "性别", "身高");
206     for(i =0;i <61;i++){
207         printf("%c",'-');
208     }
209     printf("\n");
210 }
211
212 void print_student(Student stu)
213 {
214     printf("%14s%10s%15s", stu.sid, stu.name, stu.class);
215     printf("%6d-%02d-%02d", stu.birth.year, stu.birth.month, stu.birth.day);
216     printf("%4s", stu.gender ==MALE ?"男" : "女");
217     printf("%6.2f\n", stu.height);
218 }
219
220 Bool write_student(Student stu)
221 {
222     int count;
223     FILE * fp =fopen(STU_FILE, "ab");
224     if(fp ==NULL){
225         return FALSE;
226     }
227     count =fwrite(&stu, sizeof(Student), 1, fp);
228     fclose(fp);
229     if(count ==1){
230         return TRUE;
231     }else{
232         return FALSE;
233     }
234 }
```

源代码 10-8　sims_05.c

第 2 行代码：

第 175 行的函数 strcmp()是头文件 string. h 对应的标准库的函数，这里需要使用预编译指令“#include”引入头文件 string. h。

第 17 行代码：

定义一个名字为 NOT_FOUND 的宏替换，表示查找不到相关学生的信息。

第 163～183 行代码：

定义一个名字为 search_by_sid 的函数，返回值是 int 类型，参数列表有 2 个参数。

该函数的功能是以二进制文件方式打开数据文件 STU_FILE，然后每次读取一个 Student 结构的内容并保存到指针 stu 所指向的结构变量中。再比较其数据成员 stu-> sid 与参数列表第 2 个变量 sid 是否相等，如果两者相等，则结束函数 search_by_sid()并返回变量 index 的值，此时参数列表第 1 个参数 stu 所指向的结构变量同时也保存了已经查找到的学生信息，函数 search_by_sid()结束后可以继续使用该信息。

如果读取并比较了文件 STU_FILE 的所有学生信息后，都没有找到参数列表第 2 个变量 sid 所查找的学号，则结束函数 search_by_sid()并返回整数常量 NOT_FOUND。

变量 count 的值记录了调用函数 fread()的次数，即代表了所要查找的目标学生信息在数据文 STU_FILE 的位置。如果第 1 次调用函数 fread()所读取的学生信息中，其学号就是参数列表第 2 个变量 sid 所查找的学号，那么 index 的值是 0。如果第 2 次调用函数 fread()所读取的学生信息中，其学号就是参数列表第 2 个变量 sid 所查找的学号，那么 index 的值是 1。依次类推，如果第 n 次调用函数 fread()所读取的学生信息中，其学号就是参数列表第 2 个变量 sid 所查找的学号，那么 index 的值是 $n-1$。

第 166 行代码：

调用 C 语言标准库函数 fopen()并以“rb”(读取)方式打开二进制文件 STU_FILE，再返回指向该文件的指针，然后保存到“FILE *”类型的指针变量 fp 中。

第 168 行代码：

如果 fp 是空指针 NULL，那么表示数据文件 STU_FILE 还没有录入学生信息，因此这里返回整数常量 NOT_FOUND，表示不存在参数列表第 2 个变量 sid 所查找的学号的学生信息。

第 171 行代码：

调用 C 语言标准库函数 fread()，从文件指针 fp 所关联的已经成功打开的二进制文件中读入数据，并保存到结构变量 stu 的各个成员中。

第 175～178 行代码：

使用函数 strcmp()比较两个字符串 stu-> sid 和 sid 的内容是否相等，如果相等，则关闭所打开的文件，然后结束函数 search_by_sid()并返回变量 index 的值，并且参数列表第 1 个参数 stu 所指向的结构变量同时也保存了已经查找到的学生信息，函数 search_by_sid()结束后可以继续使用该信息。

函数 strcmp()属于头文件 string. h 所对应的标准库，所以需要在第 2 行代码中使用预编译指令“#include”引入头文件 string. h。

函数 strcmp()的原型声明如下：

```
int strcmp(char * str1, char * str2);
```

该函数的功能是比较两个字符串 str1 和 str2 的内容，如果 str1 小于 str2，返回值是负整数；如果 str1 等于 str2，返回值是整数 0；如果 str1 大于 str2，返回值是正整数。

字符串由若干个字符加上末尾的字符串结束标记'\0'组成，字符的本质是一个整数编号。两个字符串比较大小，是对两个字符串从下标 0 开始的每一个字符逐一比较其整数编号，直到遇到不相等的两个字符或字符串结束标记'\0'为止。

函数 strcmp()的实现原理可以参考下面的代码：

```
int strcmp(char * str1, char * str2)
{
    int i;
    for(i =0;str1[i] ==str2[i];i++){
        if((str1[i] =='\0')||(str2[i] =='\0')){
            return 0;
        }
    }
    return str1[i] -str2[i];
}
```

这里需要注意的是，由于 C 语言的字符串类型是借助字符数组实现的，而数组的名字同时也是一个指向该数组首地址的指针，因此使用运算符“==”直接比较两个字符串，其含义是比较这两个字符数组的首地址是否相等，而不是比较其内容。例如，下面的代码片段中，字符串 str1 和 str2 都有各自的内存空间和首地址，所以其输出结果是“不相等”。

```
char str1[30] ="hello";
char str2[30] ="hello";
if(str1 ==str2){
    printf("相等");
}else{
    printf("不相等");
}
```

第 182 行代码：

如果读取并比较了文件 STU_FILE 的所有学生信息后都没有找到参数列表第 2 个变量 sid 所查找的学号，则结束函数 search_by_sid()并返回整数常量 NOT_FOUND。

第 43 行代码：

这是函数 search_by_sid()对应的函数原型声明。

第 115～130 行代码：

定义一个名字为 search 的函数，返回值是 void 类型，即不需要返回值，参数列表为空，不需要接收参数。

第 117～121 行代码：

提示用户输入待查找学生的学号，并把该学号保存到字符串 sid 中。

第 122 行代码：

调用函数 search_by_sid()，并把返回值保存到变量 index 中。

第 123～129 行代码：

如果函数 search_by_sid()的返回值等于整数常量 NOT_FOUND，则输出信息“没有此学号”，否则就调用函数 print_header()和 print_student()输出保存在结构变量 stu 中的学生信息。

第 40 行代码：

这是函数 search()对应的函数原型声明。

第 65 行代码：

在 main()函数中调用函数 search()。

学生信息已由 10.3 节中的例子录入并保存到数据文件中，请参考图 10-9。本程序编译并运行后的输出结果如图 10-19 所示。

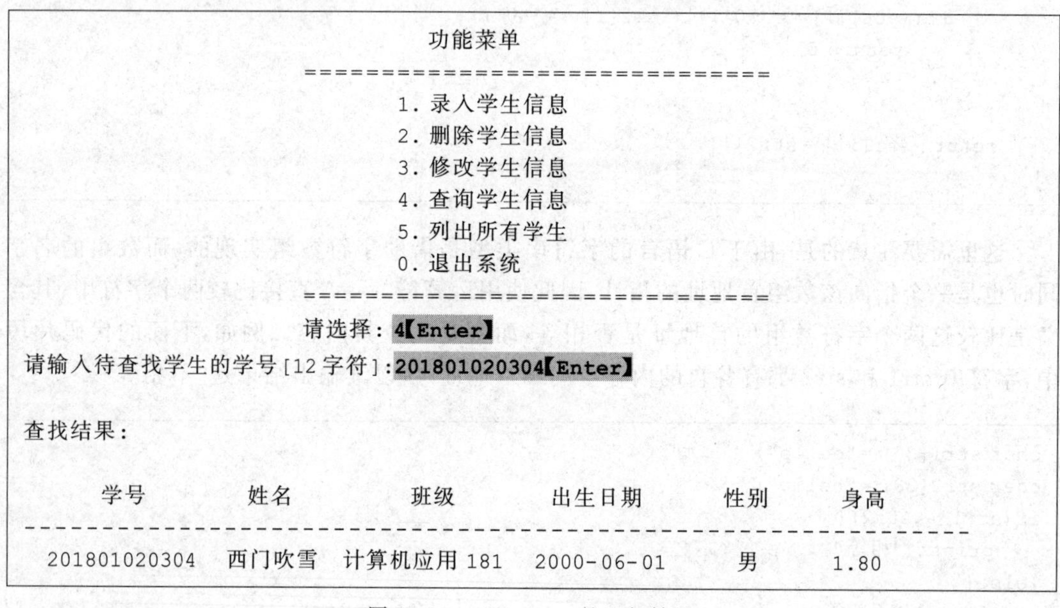

图 10-19　sims_05.c 的运行结果

【练习 10-9】

现有如下的 C 程序代码：

```
#include <stdio.h>
#include <string.h>

#define TRUE    1                  //逻辑值“真”
#define FALSE   0                  //逻辑值“假”
#define DATA_FILE  "user.dat"      //数据文件

typedef int Bool;                  //逻辑类型
typedef struct account{
   char user[17];                  //用户名
```

```
    char passwd[17];            //密码
    char name[9];               //姓名
    int age;                    //年龄
}Account;

void input(char * user, char * passwd);
Bool login(char * user, char * passwd);

int main()
{
    char user[17];
    char passwd[17];

    input(user, passwd);
    if(login(user, passwd)){
        printf("\n登录成功。\n");
    }else{
        printf("\n用户名或密码错误。\n");
    }

    return 0;
}

void input(char * user, char * passwd)
{
    //请在这里补充代码
}

Bool login(char * user, char * passwd)
{
    //请在这里补充代码
}
```

本程序的功能是从键盘接收用户输入的用户名和密码，然后查找练习 10-6 的二进制文件 DATA_FILE 是否存在一组相同的用户名和密码，如果存在一组相同的用户名和密码，那么输出信息“登录成功”到屏幕中，否则输出信息“用户名或密码错误”到屏幕中。本程序的运行过程如图 10-20 所示。

```
[登录]
用户名:jacky【Enter】
密码:12345678【Enter】

登录成功。
```

图 10-20　练习 10-9 的运行结果

函数 input()的功能：从键盘接收用户输入的用户名和密码，并分别保存到参数列表的字符串 user 和 passwd 中。

函数 login()的功能：使用模式“rb”打开二进制文件 DATA _FILE，每次使用函数 fread()读取一个用户的信息，然后与参数列表的字符串 user 和 passwd 比较是否存在一组相同的用户名和密码。如果存在一组相同的用户名和密码，则结束函数并返回逻辑常量 TRUE，否则结束函数并返回逻辑常量 FALSE。如果打开文件失败，也结束函数并返回逻辑常量 FALSE。

请编写代码实现函数 input()和 login()的功能。要求：不能修改这 2 个函数之外的其他代码。

【练习 10-10】

现有如下的 C 程序代码：

```
#include <stdio.h>
#include <string.h>

#define TRUE    1               //逻辑值“真”
#define FALSE   0               //逻辑值“假”
#define DATA_FILE  "user.dat"   //数据文件

typedef int Bool;               //逻辑类型
typedef struct account{
    char user[17];              //用户名
    char passwd[17];            //密码
    char name[9];               //姓名
    int age;                    //年龄
}Account;

void input_account(Account * acc);
Bool exist_user(char * user);
Bool save_account(Account acc);

int main()
{
    Account acc;

    while(1){
        input_account(&acc);
        if(exist_user(acc.user)){
            printf("用户名[%s]已经存在,请选择其他用户名。\n\n", acc.user);
        }else{
            break;
        }
    }
    if(save_account(acc)){
        printf("注册成功！\n");
    }else{
        printf("注册失败！\n");
    }
```

```
    return 0;
}

void input_account(Account * acc)
{
    //请在这里补充代码
}

Bool exist_user(char * user)
{
    //请在这里补充代码
}

Bool save_account(Account acc)
{
    //请在这里补充代码
}
```

本程序的功能是提示用户从键盘输入用户名、密码、姓名、年龄 4 项注册信息，然后查找二进制文件 DATA_FILE 中是否已经存在相同的用户名。如果已经存在相同的用户名，则输出提示信息“用户名已经存在，请选择其他用户名”到屏幕中，并要求用户重新输入注册信息；如果二进制文件 DATA_FILE 不存在相同的用户名，则保存这 4 项注册信息到文件 DATA_FILE 中。

如果保存文件成功，则输出信息“注册成功!”到屏幕中，否则输出信息“注册失败!”到屏幕中。

函数 input_account()的功能：提示用户从键盘输入用户名、密码、姓名、年龄等 4 项用户注册信息，并保存到指针 acc 所指向的结构变量。该函数可以直接使用练习 10-6 中已经编写的同名函数。

函数 exist_user()的功能：使用模式“rb”打开二进制文件 DATA_FILE，每次使用函数 fread()读取一个用户的信息，然后与参数列表的字符串 user 比较是否相同，如果相同，则结束该函数并返回逻辑常量 TRUE。如果文件 DATA_FILE 没有用户名 user 或者打开文件失败，则返回逻辑常量 FALSE。

函数 save_account()的功能：把指针 acc 所指向的结构变量保存到二进制文件 DATA_FILE 中。要求使用模式“ab”打开文件以及使用函数 fwrite()写入数据到文件中。如果成功打开文件并保存了数据，则该函数返回逻辑常量 TRUE，否则返回逻辑常量 FALSE。该函数可以直接使用练习 10-6 中已经编写的同名函数。

本程序的运行过程如图 10-21 所示。

```
[填写注册信息]
用户名:jacky【Enter】
密码:abcd1234【Enter】
姓名:张三丰【Enter】
```

图 10-21　练习 10-10 的运行结果

```
年龄:103【Enter】
用户名[jacky]已经存在,请选择其他用户名。

[填写注册信息]
用户名:andy【Enter】
密码:abc12345【Enter】
姓名:郭靖【Enter】
年龄:25【Enter】
注册成功!
```

图 10-21(续)

接下来我们可以运行练习10-8的程序来输出二进制文件DATA_FILE的用户信息,以验证本程序的结果,如图10-22所示。

```
 序号        用户名              密码        姓名        年龄
--------------------------------------------------------------------
   1        jacky          12345678     张无忌        23
   2        maria            123456      赵敏         22
   3         andy          abc12345      郭靖         25
一共有3个用户。
```

图 10-22 输出二进制文件的用户信息

本练习题与练习10-6都是录入和保存注册信息到文件中,不同的是本题目需要调用函数exist_user()检查用户名是否已经存在于数据文件DATA_FILE中。

请编写代码实现函数input_account()、exist_user()和save_account()的功能。要求:不能修改这3个函数之外的其他代码。

10.6 修改学生信息

我们继续改进代码,增加3个函数modify()、edit_student()和modify_student()来实现修改学生信息的功能,如源代码10-9所示。

```
001  #include <stdio.h>
002  #include <string.h>
003
004  #define ADD         1           //菜单选项[录入学生信息]
005  #define DELETE      2           //菜单选项[删除学生信息]
006  #define MODIFY      3           //菜单选项[修改学生信息]
007  #define SEARCH      4           //菜单选项[查询学生信息]
008  #define LIST        5           //菜单选项[列出所有学生]
009  #define QUIT        0           //菜单选项[退出系统]
010  #define SID_LEN     13          //学号长度:SID_LEN -1
```

```
011 #define NAME_LEN    9           //姓名长度:NAME_LEN -1
012 #define CLASS_LEN  14           //班级长度:CLASS_LEN -1
013 #define MALE       '0'          //男性
014 #define FEMALE     '1'          //女性
015 #define TRUE        1           //逻辑值"真"
016 #define FALSE       0           //逻辑值"假"
017 #define NOT_FOUND  -1           //搜索结果[找不到]
018 #define STU_FILE  "student.dat" //数据文件
019
020 typedef struct date{
021     int year;                   //年
022     int month;                  //月
023     int day;                    //日
024 }Date;
025
026 typedef struct student{
027     char sid[SID_LEN];          //学号
028     char name[NAME_LEN];        //姓名
029     char class[CLASS_LEN];      //班级
030     Date birth;                 //出生日期
031     char gender;                //性别['0':男(Male); '1':女(Female)]
032     double height;              //身高[单位:米]
033 }Student;
034
035 typedef int Bool;               //逻辑类型
036
037 int get_choice();
038 void show_menu();
039 void add();
040 void modify();
041 void search();
042 void list();
043 int list_student();
044 int search_by_sid(Student * stu, char * sid);
045 void input_student(Student * stu);
046 void edit_student(Student * stu);
047 void print_header();
048 void print_student(Student stu);
049 Bool write_student(Student stu);
050 Bool modify_student(Student stu, int index);
051
052 int main()
053 {
054     int choice;
055
056     while( (choice =get_choice()) !=QUIT ){
057         switch(choice){
058             case ADD:
059                 add();
```

```
060                 break;
061             case DELETE:
062                 printf("delete()...\n");
063                 break;
064             case MODIFY:
065                 modify();
066                 break;
067             case SEARCH:
068                 search();
069                 break;
070             case LIST:
071                 list();
072                 break;
073             default:
074                 printf("非法输入,请重新选择\n");
075         }
076     }
077     printf("已退出程序。\n");
078 
079     return 0;
080 }
081 
082 int get_choice()
083 {
084     int select;
085     show_menu();
086     scanf("%d", &select);
087     return select;
088 }
089 
090 void show_menu()
091 {
092     printf("\n\t\t\t          功能菜单\n");
093     printf("\t\t\t================================\n");
094     printf("\t\t\t\t%d. 录入学生信息\n", ADD);
095     printf("\t\t\t\t%d. 删除学生信息\n", DELETE);
096     printf("\t\t\t\t%d. 修改学生信息\n", MODIFY);
097     printf("\t\t\t\t%d. 查询学生信息\n", SEARCH);
098     printf("\t\t\t\t%d. 列出所有学生\n", LIST);
099     printf("\t\t\t\t%d. 退出系统\n", QUIT);
100     printf("\t\t\t================================\n");
101     printf("\t\t\t请选择: ");
102 }
103 
104 void add()
105 {
106     Student stu;
107     printf("\n请录入学生信息: \n");
108     input_student(&stu);
```

```
109     if(write_student(stu)){
110         printf("\n 已录入学生信息：\n");
111         print_header();
112         print_student(stu);
113     }else{
114         printf("\n 保存学生信息失败！\n");
115     }
116 }
117
118 void modify()
119 {
120     Student stu;
121     int index;
122     char sid[SID_LEN];
123     printf("请输入待修改学生的学号[%d 字符]:  ", SID_LEN -1);
124     scanf("%12s", sid);
125     index =search_by_sid(&stu, sid);
126     if(index ==NOT_FOUND){
127         printf("\n 没有此学号:%s。\n", sid);
128     }else{
129         edit_student(&stu);
130         if(modify_student(stu, index)){
131             printf("\n 已修改学生信息为：\n");
132             print_header();
133             print_student(stu);
134         }else{
135             printf("\n 保存学生信息失败！\n");
136         }
137     }
138 }
139
140 void search()
141 {
142     Student stu;
143     int index;
144     char sid[SID_LEN];
145     printf("请输入待查找学生的学号[%d 字符]:  ", SID_LEN -1);
146     scanf("%12s", sid);
147     index =search_by_sid(&stu, sid);
148     if(index ==NOT_FOUND){
149         printf("\n 没有此学号:%s。\n", sid);
150     }else{
151         printf("\n 查找结果：\n");
152         print_header();
153         print_student(stu);
154     }
155 }
156
157 void list()
```

```
158  {
159      int count;
160      print_header();
161      if((count =list_student()) >0){
162          printf("\n一共有%d个学生。\n", count);
163      }else{
164          printf("\n目前没有学生信息。\n");
165      }
166  }
167
168  int list_student()
169  {
170      Student stu;
171      int count =0;
172      FILE * fp =fopen(STU_FILE, "rb");
173      if(fp ==NULL){
174          return count;
175      }
176      while(1){
177          fread(&stu, sizeof(Student), 1, fp);
178          if(feof(fp)){
179              break;
180          }
181          print_student(stu);
182          count++;
183      }
184      fclose(fp);
185      return count;
186  }
187
188  int search_by_sid(Student * stu, char * sid)
189  {
190      int index =0;
191      FILE * fp =fopen(STU_FILE, "rb");
192      if(fp ==NULL){
193          return NOT_FOUND;
194      }
195      while(1){
196          fread(stu, sizeof(Student), 1, fp);
197          if(feof(fp)){
198              break;
199          }
200          if(strcmp(stu->sid, sid) ==0){
201              fclose(fp);
202              return index;
203          }
204          index++;
205      }
206      fclose(fp);
```

```
207     return NOT_FOUND;
208 }
209 
210 void input_student(Student * stu)
211 {
212     printf("学号[%d字符]: ", SID_LEN -1);
213     scanf("%12s", stu->sid);
214     printf("姓名[%d字符]: ", NAME_LEN -1);
215     scanf("%8s", stu->name);
216     printf("班级[%d字符]: ", CLASS_LEN -1);
217     scanf("%13s", stu->class);
218     printf("出生日期[年-月-日]: ");
219     scanf("%d-%d-%d", &stu->birth.year, &stu->birth.month, &stu->birth.day);
220     printf("性别[%c:男,%c:女]: ", MALE, FEMALE);
221     scanf(" %c", &stu->gender);    //%c的左边有一个空格,抵消上一个回车符
222     printf("身高[米]: ");
223     scanf("%lf", &stu->height);
224 }
225 
226 void edit_student(Student * stu)
227 {
228     printf("\n姓名[%d字符]:%s\n", NAME_LEN -1, stu->name);
229     printf("姓名[%d字符]: ", NAME_LEN -1);
230     scanf("%8s", stu->name);
231     printf("班级[%d字符]:%s\n", CLASS_LEN -1, stu->class);
232     printf("班级[%d字符]: ", CLASS_LEN -1);
233     scanf("%13s", stu->class);
234     printf("出生日期[年-月-日]: ");
235     printf("%d-%d-%d\n", stu->birth.year, stu->birth.month, stu->birth.day);
236     printf("出生日期[年-月-日]: ");
237     scanf("%d-%d-%d", &stu->birth.year, &stu->birth.month, &stu->birth.day);
238     printf("性别:%s\n", stu->gender ==MALE ? "男" : "女");
239     printf("性别[%c:男,%c:女]: ", MALE, FEMALE);
240     scanf(" %c", &stu->gender);    //%c的左边有一个空格,抵消上一个回车符
241     printf("身高[米]: %.2f\n", stu->height);
242     printf("身高[米]: ");
243     scanf("%lf", &stu->height);
244 }
245 
246 void print_header()
247 {
248     int i;
249     printf("\n%10s%13s%12s", "学号", "姓名", "班级");
250     printf("%15s%6s%5s\n", "出生日期", "性别", "身高");
251     for(i =0;i <61;i++){
252         printf("%c",'-');
253     }
254     printf("\n");
255 }
```

```
256
257  void print_student(Student stu)
258  {
259      printf("%14s%10s%15s", stu.sid, stu.name, stu.class);
260      printf("%6d-%02d-%02d", stu.birth.year, stu.birth.month, stu.birth.day);
261      printf("%4s", stu.gender ==MALE ? "男" : "女");
262      printf("%6.2f\n", stu.height);
263  }
264
265  Bool write_student(Student stu)
266  {
267      int count;
268      FILE * fp =fopen(STU_FILE, "ab");
269      if(fp ==NULL){
270          return FALSE;
271      }
272      count =fwrite(&stu, sizeof(Student), 1, fp);
273      fclose(fp);
274      if(count ==1){
275          return TRUE;
276      }else{
277          return FALSE;
278      }
279  }
280
281  Bool modify_student(Student stu, int index)
282  {
283      int count;
284      FILE * fp =fopen(STU_FILE, "rb+");
285      if(fp ==NULL){
286          return FALSE;
287      }
288      fseek(fp, sizeof(Student) * index, SEEK_SET);
289      count =fwrite(&stu, sizeof(Student), 1, fp);
290      fclose(fp);
291      if(count ==1){
292          return TRUE;
293      }else{
294          return FALSE;
295      }
296  }
```

源代码 10-9　sims_06.c

第 226～244 行代码：

定义一个名字为 edit_student 的函数，返回值是 void 类型，即不需要返回值，参数列表是一个"Student *"类型的指针变量 stu。

该函数的功能是首先输出原有的学生信息，然后提示用户从键盘输入新的学生信息并保存到指针变量 stu 所指向的结构变量中，从而实现修改学生信息的功能。

提示：请参考 10.2 节中的函数 input_student()。

第 46 行代码：

函数 edit_student()对应的函数原型声明。

第 281～296 行代码：

定义一个名字为 modify_student 的函数，返回值是 Bool 类型，参数列表是一个 Student 类型的结构变量 stu 和一个 int 类型的变量 index。

该函数的功能是把结构变量 stu 的内容以二进制文件方式保存到数据文件 STU_FILE 的第 index 个学生的位置，覆盖原来位置的学生信息，如果保存成功，则返回逻辑值 TRUE，否则返回逻辑值 FALSE。

提示：请参考 10.3 节中的源代码 10-5 中的函数 write_student()。

第 284 行代码：

调用 C 语言标准库函数 fopen()以"rb＋"(修改，即读和写)方式打开二进制文件 STU_FILE，并返回指向该文件的指针，再保存到"FILE *"类型的指针变量 fp 中。

函数 fopen()打开模式的有效值请参考 10.3 节中的表 10-1 的打开模式。

第 288 行代码：

调用 C 语言标准库函数 fseek()把文件指针 fp 所关联的已经成功打开的二进制文件的读写"光标"移动到从文件头部开始的"sizeof(Student)×index"字节处。下一次读写文件的操作将会从该当前"光标"位置开始读写数据。

函数 fseek()属于头文件 stdio.h 所对应的标准库，其函数原型声明如下：

```
int fseek(FILE * fp, long offset, int origin);
```

第 1 个参数 fp 是关联到已经成功打开文件的文件指针。

第 2 个参数 offset 表示把文件读写"光标"以 origin 为基准位置，向文件头部或文件末尾的方向移动 offset 字节。如果 offset 是正整数，那么表示向文件末尾方向移动；如果是负整数，那么表示向文件头部方向移动。

如果是文本文件，那么 offset 必须为 0，即只有二进制文件才可以任意移动读写"光标"。所以，文本文件也称为"顺序文件"，二进制文件也称为"随机文件"。

第 3 个参数 origin 只能是以下 3 个可选的数值之一：SEEK_SET、SEEK_CUR 和 SEEK_END，分别表示以文件开始(Beginning)位置、文件当前(Current)读写"光标"位置和文件末尾(End of File)位置为基准位置。SEEK_SET、SEEK_CUR 和 SEEK_END 都是整数常量，在头文件 stdio.h 中定义。

函数 fseek()的功能是把文件指针 fp 所关联的已经成功打开的文件的读写"光标"以 origin 为基准位置移动到 offset 位置处。下一次读写文件的操作将会从该当前"光标"位置开始读写数据。

如果操作失败，该函数返回不等于 0 的整数，即逻辑值"真"；否则返回整数 0，即逻辑值"假"。

第 50 行代码：

这是函数 modify_student()对应的函数原型声明。

第 118～138 行代码：

定义一个名字为 modify 的函数，返回值是 void 类型，即不需要返回值，参数列表为空，不需要接收参数。

第 120～124 行代码：

提示用户输入待修改学生的学号，并把该学号保存到字符串 sid 中。

第 125 行代码：

调用函数 search_by_sid()，并把返回值保存到变量 index 中。

第 126～137 行代码：

如果函数 search_by_sid()的返回值 index 等于整数常量 NOT_FOUND，则输出信息"没有此学号"；否则就先调用函数 edit_student()并输出原有的学生信息，再提示用户从键盘输入新的学生信息并保存到结构变量 stu 中。然后再调用函数 modify_student()把结构变量 stu 的内容以二进制文件方式保存到数据文件 STU_FILE 的第 index 个学生的位置，覆盖原来位置的学生信息，从而实现修改学生信息的功能。

第 40 行代码：

这是函数 modify()对应的函数原型声明。

第 65 行代码：

在 main()函数中调用函数 modify()。

学生信息已由 10.3 节中的例子录入并保存到数据文件中，请参考图 10-9。本程序编译并运行后的输出结果如图 10-23 所示。

```
                    功能菜单
        ==================================
                1. 录入学生信息
                2. 删除学生信息
                3. 修改学生信息
                4. 查询学生信息
                5. 列出所有学生
                0. 退出系统
        ==================================
                请选择：3【Enter】
请输入待修改学生的学号[12字符]:201801020405【Enter】

姓名[8字符]:花满楼
姓名[8字符]:叶孤城【Enter】
班级[13字符]:软件技术 181
班级[13字符]:计算机科学 191【Enter】
出生日期[年-月-日]:2001-2-3
出生日期[年-月-日]:2002-3-4【Enter】
性别:女
性别[0:男,1:女]:0【Enter】
身高[米]:1.68
身高[米]:1.75【Enter】
```

图 10-23　sims_06.c 的运行结果

```
已修改学生信息为:

      学号           姓名         班级          出生日期    性别    身高
--------------------------------------------------------------------------
  201801020405     叶孤城   计算机科学 191   2002-03-04     男      1.75
```

图 10-23(续)

【练习 10-11】

现有如下的 C 程序代码:

```
#include <stdio.h>
#include <string.h>

#define TRUE      1                //逻辑值"真"
#define FALSE     0                //逻辑值"假"
#define DATA_FILE   "user.dat" //数据文件

typedef int Bool;                  //逻辑类型
typedef struct account{
    char user[17];                 //用户名
    char passwd[17];               //密码
    char name[9];                  //姓名
    int age;                       //年龄
}Account;

void input_password(char * user, char * old_passwd, char * new_passwd);
Bool modify_account(char * user, char * old_passwd, char * new_passwd);

int main()
{
    char user[17];                 //用户名
    char old_passwd[17];           //旧密码
    char new_passwd[17];           //新密码

    input_password(user, old_passwd, new_passwd);
    if(modify_account(user, old_passwd, new_passwd)){
        printf("修改密码成功!\n");
    }else{
        printf("修改密码失败!\n");
    }

    return 0;
}

void input_password(char * user, char * old_passwd, char * new_passwd)
{
    //请在这里补充代码
```

```
}

Bool modify_account(char * user, char * old_passwd, char * new_passwd)
{
    //请在这里补充代码
}
```

本程序的功能是提示用户从键盘输入用户名、旧密码和新密码3项用户信息，然后查找练习10-6中的二进制文件DATA_FILE中是否存在一组用户名和密码，分别与用户输入的用户名和旧密码相同，如果相同，则把文件DATA_FILE中该用户的旧密码修改为用户输入的新密码，并输出信息"修改密码成功"到屏幕中；否则输出信息"修改密码失败"到屏幕中。

函数input_password()的功能：提示用户从键盘输入用户名、旧密码和新密码3项用户信息，分别保存到参数列表3个指针所指向的字符串中。

函数modify_account()的功能：使用模式"rb＋"打开二进制文件DATA_FILE，每次使用函数fread()读取一个用户的信息，然后与参数列表的字符串user和old_passwd比较存在一组相同的用户名和密码。如果存在一组相同的用户名和密码，则使用函数fseek()把文件读写"光标"从当前位置SEEK_CUR向文件头部方向移动"－sizeof(Account)"字节，然后使用函数fwrite()修改该旧密码old_passwd为新密码new_passwd。如果修改密码成功，则函数modify_account()返回值是逻辑常量TRUE，否则返回值是FALSE。如果打开文件失败，那么也返回逻辑常量FALSE。

本程序的运行过程如图10-24所示。

```
[修改密码]
用户名:maria【Enter】
旧密码:123456【Enter】
新密码:abcd13579【Enter】
修改密码成功!
```

图10-24　练习10-11的运行结果

接下来我们可以运行练习10-8的程序，输出二进制文件DATA_FILE的用户信息以验证本程序的结果，如图10-25所示。

```
 序号        用户名            密码        姓名     年龄
--------------------------------------------------------------
   1         jacky          12345678     张无忌     23
   2         maria         abcd13579      赵敏      22
   3          andy          abc12345      郭靖      25

一共有 3 个用户。
```

图10-25　输出用户信息

请编写代码实现函数input_password()和modify_account()的功能。要求：不能修改这两个函数之外的其他代码。

【练习 10-12】

现有如下的 C 程序代码：

```
#include <stdio.h>

FILE * open_file(char * mode);
void display_file(FILE * fp);

int main()
{
    FILE * fp;

    fp = open_file("r");
    display_file(fp);
    fclose(fp);

    return 0;
}

FILE * open_file(char * mode)
{
    //请在这里补充代码
}

void display_file(FILE * fp)
{
    //请在这里补充代码
}
```

本程序的功能是提示用户从键盘输入文件名，然后以文本文件方式打开该文件，读取该文本文件的内容并显示到屏幕中。即类似于使用“记事本”等文本编辑器软件浏览文本文件的内容。

函数 open_file()的功能：提示用户从键盘输入一个文件名，然后使用函数 fopen()并以 mode 模式打开该文件。如果打开文件失败，则输出信息“打开文件失败”，并要求用户重新输入文件名，直到成功打开该文件，然后结束函数 open_filc()并返回函数 fopcn()的返回值。

函数 display_file()的功能：使用函数 fscanf()从文件指针 fp 所关联的文件每次读取一个字符并显示到屏幕上，直到文件结束，即函数 feof()的返回值为逻辑值“真”。

本程序的运行过程如图 10-26 所示。这里假定练习 10-5 的数据文件 user. txt 与本程序存放在同一个文件夹。否则，一般要输入完整路径，例如“D:\\mydata\\user. txt”。

```
请输入文件名:user.txt【Enter】
jacky
```

图 10-26　练习 10-12 的运行结果

```
12345678
张无忌
23

maria
123456
赵敏
22
```

图　10-26(续)

请编写代码来实现函数 open_file()和 display_file()的功能。要求：不能修改这 2 个函数之外的其他代码。

10.7　删除学生信息

我们继续改进代码，增加函数 delete()来实现删除学生信息的功能，如源代码 10-10 所示。

```
001  #include <stdio.h>
002  #include <string.h>
003
004  #define ADD           1              //菜单选项[录入学生信息]
005  #define DELETE        2              //菜单选项[删除学生信息]
006  #define MODIFY        3              //菜单选项[修改学生信息]
007  #define SEARCH        4              //菜单选项[查询学生信息]
008  #define LIST          5              //菜单选项[列出所有学生]
009  #define QUIT          0              //菜单选项[退出系统]
010  #define SID_LEN       13             //学号长度:SID_LEN -1
011  #define NAME_LEN      9              //姓名长度:NAME_LEN -1
012  #define CLASS_LEN     14             //班级长度:CLASS_LEN -1
013  #define MALE          '0'            //男性
014  #define FEMALE        '1'            //女性
015  #define TRUE          1              //逻辑值"真"
016  #define FALSE         0              //逻辑值"假"
017  #define NOT_FOUND     -1             //搜索结果[找不到]
018  #define DELETED       "deleted"      //"已删除"标记
019  #define STU_FILE      "student.dat"  //数据文件
020
021  typedef struct date{
022      int year;                        //年
023      int month;                       //月
024      int day;                         //日
025  }Date;
```

```
026
027 typedef struct student{
028     char sid[SID_LEN];              //学号
029     char name[NAME_LEN];            //姓名
030     char class[CLASS_LEN];          //班级
031     Date birth;                     //出生日期
032     char gender;                    //性别['0':男(Male); '1':女(Female)]
033     double height;                  //身高[单位:米]
034 }Student;
035
036 typedef int Bool;                   //逻辑类型
037
038 int get_choice();
039 void show_menu();
040 void add();
041 void delete();
042 void modify();
043 void search();
044 void list();
045 int list_student();
046 int search_by_sid(Student * stu, char * sid);
047 void input_student(Student * stu);
048 void edit_student(Student * stu);
049 void print_header();
050 void print_student(Student stu);
051 Bool write_student(Student stu);
052 Bool modify_student(Student stu, int index);
053 int input_string(char * string, int n);
054
055 int main()
056 {
057     int choice;
058
059     while( (choice =get_choice()) !=QUIT ){
060         switch(choice){
061             case ADD:
062                 add();
063                 break;
064             case DELETE:
065                 delete();
066                 break;
067             case MODIFY:
068                 modify();
069                 break;
070             case SEARCH:
071                 search();
072                 break;
073             case LIST:
074                 list();
```

```
075                 break;
076             default:
077                 printf("非法输入,请重新选择\n");
078         }
079     }
080     printf("已退出程序。\n");
081 
082     return 0;
083 }
084 
085 int get_choice()
086 {
087     int select;
088     show_menu();
089     scanf("%d", &select);
090     return select;
091 }
092 
093 void show_menu()
094 {
095     printf("\n\t\t\t            功能菜单\n");
096     printf("\t\t\t================================\n");
097     printf("\t\t\t\t%d. 录入学生信息\n", ADD);
098     printf("\t\t\t\t%d. 删除学生信息\n", DELETE);
099     printf("\t\t\t\t%d. 修改学生信息\n", MODIFY);
100     printf("\t\t\t\t%d. 查询学生信息\n", SEARCH);
101     printf("\t\t\t\t%d. 列出所有学生\n", LIST);
102     printf("\t\t\t\t%d. 退出系统\n", QUIT);
103     printf("\t\t\t================================\n");
104     printf("\t\t\t请选择: ");
105 }
106 
107 void add()
108 {
109     Student stu;
110     printf("\n请录入学生信息: \n");
111     input_student(&stu);
112     if(write_student(stu)){
113         printf("\n已录入学生信息: \n");
114         print_header();
115         print_student(stu);
116     }else{
117         printf("\n保存学生信息失败! \n");
118     }
119 }
120 
121 void delete()
122 {
123     Student stu;
```

```
124     int index;
125     char sid[SID_LEN];
126     printf("请输入待删除学生的学号[%d字符]: ", SID_LEN -1);
127     input_string(sid, SID_LEN);
128     index =search_by_sid(&stu, sid);
129     if(index ==NOT_FOUND){
130         printf("\n没有此学号:%s。\n", sid);
131     }else{
132         strcpy(stu.sid, DELETED);
133         if(modify_student(stu, index)){
134             printf("\n已删除学号为%s的学生信息。\n", sid);
135         }else{
136             printf("\n删除学生信息失败!\n");
137         }
138     }
139 }
140
141 void modify()
142 {
143     Student stu;
144     int index;
145     char sid[SID_LEN];
146     printf("请输入待修改学生的学号[%d字符]: ", SID_LEN -1);
147     input_string(sid, SID_LEN);
148     index =search_by_sid(&stu, sid);
149     if(index ==NOT_FOUND){
150         printf("\n没有此学号:%s。\n", sid);
151     }else{
152         edit_student(&stu);
153         if(modify_student(stu, index)){
154             printf("\n已修改学生信息为: \n");
155             print_header();
156             print_student(stu);
157         }else{
158             printf("\n保存学生信息失败!\n");
159         }
160     }
161 }
162
163 void search()
164 {
165     Student stu;
166     int index;
167     char sid[SID_LEN];
168     printf("请输入待查找学生的学号[%d字符]:  ", SID_LEN -1);
169     input_string(sid, SID_LEN);
170     index =search_by_sid(&stu, sid);
171     if(index ==NOT_FOUND){
172         printf("\n没有此学号:%s。\n", sid);
```

```
173     }else{
174         printf("\n查找结果: \n");
175         print_header();
176         print_student(stu);
177     }
178 }
179
180 void list()
181 {
182     int count;
183     print_header();
184     if((count =list_student()) >0){
185         printf("\n一共有%d个学生。\n", count);
186     }else{
187         printf("\n目前没有学生信息。\n");
188     }
189 }
190
191 int list_student()
192 {
193     Student stu;
194     int count =0;
195     FILE * fp =fopen(STU_FILE, "rb");
196     if(fp ==NULL){
197         return count;
198     }
199     while(1){
200         fread(&stu, sizeof(Student), 1, fp);
201         if(feof(fp)){
202             break;
203         }
204         if(strcmp(stu.sid, DELETED) !=0){
205             print_student(stu);
206             count++;
207         }
208     }
209     fclose(fp);
210     return count;
211 }
212
213 int search_by_sid(Student * stu, char * sid)
214 {
215     int index =0;
216     FILE * fp =fopen(STU_FILE, "rb");
217     if(fp ==NULL){
218         return NOT_FOUND;
219     }
220     while(1){
221         fread(stu, sizeof(Student), 1, fp);
```

```
222         if(feof(fp)){
223             break;
224         }
225         if((strcmp(stu->sid, DELETED) !=0)&&(strcmp(stu->sid, sid) ==0)){
226             fclose(fp);
227             return index;
228         }
229         index++;
230     }
231     fclose(fp);
232     return NOT_FOUND;
233 }
234 
235 void input_student(Student * stu)
236 {
237     printf("学号[%d字符]: ", SID_LEN -1);
238     input_string(stu->sid, SID_LEN);
239     printf("姓名[%d字符]: ", NAME_LEN -1);
240     input_string(stu->name, NAME_LEN);
241     printf("班级[%d字符]: ", CLASS_LEN -1);
242     input_string(stu->class, CLASS_LEN);
243     printf("出生日期[年-月-日]: ");
244     scanf("%d-%d-%d", &stu->birth.year, &stu->birth.month, &stu->birth.day);
245     printf("性别[%c:男,%c:女]: ", MALE, FEMALE);
246     scanf(" %c", &stu->gender);    //%c的左边有一个空格,抵消上一个回车符
247     printf("身高[米]: ");
248     scanf("%lf", &stu->height);
249 }
250 
251 void edit_student(Student * stu)
252 {
253     printf("\n姓名[%d字符]:%s\n", NAME_LEN -1, stu->name);
254     printf("姓名[%d字符]: ", NAME_LEN -1);
255     input_string(stu->name, NAME_LEN);
256     printf("班级[%d字符]:%s\n", CLASS_LEN -1, stu->class);
257     printf("班级[%d字符]: ", CLASS_LEN -1);
258     input_string(stu->class, CLASS_LEN);
259     printf("出生日期[年-月-日]: ");
260     printf("%d-%d-%d\n", stu->birth.year, stu->birth.month, stu->birth.day);
261     printf("出生日期[年-月-日]: ");
262     scanf("%d-%d-%d", &stu->birth.year, &stu->birth.month, &stu->birth.day);
263     printf("性别:%s\n", stu->gender ==MALE ? "男" : "女");
264     printf("性别[%c:男,%c:女]: ", MALE, FEMALE);
265     scanf(" %c", &stu->gender);    //%c的左边有一个空格,抵消上一个回车符
266     printf("身高[米]:%.2f\n", stu->height);
267     printf("身高[米]: ");
268     scanf("%lf", &stu->height);
269 }
```

```
270
271  void print_header()
272  {
273      int i;
274      printf("\n%10s%13s%12s", "学号", "姓名", "班级");
275      printf("%15s%6s%5s\n", "出生日期", "性别", "身高");
276      for(i =0;i <61;i++){
277          printf("%c",'-');
278      }
279      printf("\n");
280  }
281
282  void print_student(Student stu)
283  {
284      printf("%14s%10s%15s", stu.sid, stu.name, stu.class);
285      printf("%6d-%02d-%02d", stu.birth.year, stu.birth.month, stu.birth.day);
286      printf("%4s", stu.gender ==MALE ?"男" : "女");
287      printf("%6.2f\n", stu.height);
288  }
289
290  Bool write_student(Student stu)
291  {
292      int count;
293      FILE * fp =fopen(STU_FILE, "ab");
294      if(fp ==NULL){
295          return FALSE;
296      }
297      count =fwrite(&stu, sizeof(Student), 1, fp);
298      fclose(fp);
299      if(count ==1){
300          return TRUE;
301      }else{
302          return FALSE;
303      }
304  }
305
306  Bool modify_student(Student stu, int index)
307  {
308      int count;
309      FILE * fp =fopen(STU_FILE, "rb+");
310      if(fp ==NULL){
311          return FALSE;
312      }
313      fseek(fp, sizeof(Student) * index, SEEK_SET);
314      count =fwrite(&stu, sizeof(Student), 1, fp);
315      fclose(fp);
316      if(count ==1){
317          return TRUE;
318      }else{
```

```
319            return FALSE;
320        }
321    }
322
323    int input_string(char * string, int n)
324    {
325        char format[80];
326        sprintf(format, "%%%ds", n -1);
327        return scanf(format, string);
328    }
```

源代码 10-10　sims_07.c

第 323～328 行代码：

定义一个名字为 input_string 的函数，返回值是 int 类型，参数列表是一个字符串 string 和一个 int 类型变量 n。该函数的功能是从键盘(或键盘缓冲区)读取不超过 n－1 个非空白的字符并保存到字符串 string 中。

第 326 行代码：

调用 C 语言标准库函数 sprintf()，按照格式说明“%%%ds”把表达式“n－1”的值转换并输出保存到字符串 format 中。

由于字符“%”已经用于换码序列(转义字符)，因此这里用连续两个字符“%%”表示输出一个字符“%”，接下来，“%d”用于转换表达式“n－1”的值。

例如，如果 n 的值是 13，那么按照格式说明“%%%ds”的要求，最终保存到字符串 format 中的内容是“%12s”。

函数 sprintf()属于头文件 stdio. h 所对应的标准库，其函数原型声明如下：

```
int sprintf(char * str, char * format, ...);
```

与之相似的函数 printf()的原型是：

```
int printf(char * format, ...);
```

函数 sprintf()的使用方法与 printf()基本相同，除了第 1 个参数需要传递一个字符串 str。

函数 sprintf()的功能与 printf()基本相同：两个函数都是按照字符串 format 所描述的格式说明转换并输出字符串，不同点是函数 printf()输出结果到屏幕上，而函数 sprintf()的输出结果保存到字符串 str 中。

函数 sprintf()和 printf()的返回值都是 int 类型，如果输出过程中出现错误，则返回一个负数，否则返回成功输出的字符数量。

第 327 行代码：

调用函数 scanf()并以字符串 format 的内容为格式说明，要求用户从键盘输入若干字符并保存到字符串 string 中，再以该函数的返回值作为函数 input_string()的返回值来结束函数并返回。

第 53 行代码：

这是函数 input_string()对应的函数原型声明。

第 147、169、238、240、242、255、258 行代码：

这几行代码原来都调用函数 scanf()并以类似于“%13s”之类的格式说明符来要求用户从键盘输入若干数量的字符。但诸如“13”等字符数量的具体要求是“硬”编码在格式说明符“%”和“s”之间，此处不能使用变量。

函数 input_string()可以使用一个表示读入字符数量的变量作为参数，弥补了这种不足。这几行代码现在使用函数 input_string()代替原来的函数 scanf()，以提高程序代码的可维护性和可读性。

第 18 行代码：

定义一个名字为 DELETED 的宏替换，替换文本是字符串常量 deleted。如果需要删除一个学生的信息，只需要把该学生的学号修改为 DELETED，就表示已经删除该学生。

第 121～139 行代码：

定义一个名字为 delete 的函数，返回值是 void 类型，即不需要返回值，参数列表为空，不需要接收参数。

第 125～127 行代码：

提示用户输入待删除学生的学号，并把该学号保存到字符串 sid 中。

第 128 行代码：

调用函数 search_by_sid()，并把返回值保存到变量 index 中。

第 129～138 行代码：

如果函数 search_by_sid()的返回值 index 等于整数常量 NOT_FOUND，则输出信息“没有此学号”；否则就先调用函数 strcpy()修改所要删除学生的学号 stu.sid 为字符串常量 DELETED，然后再调用函数 modify_student()，并把结构变量 stu 的内容以二进制文件方式保存到数据文件 STU_FILE 的第 index 个学生的位置，同时覆盖原来位置的学生信息，从而实现删除学生信息的功能。

第 132 行代码：

使用函数 strcpy()复制字符串常量 DELETED 的内容并保存到字符串 stu.sid 中。

函数 strcpy()属于头文件 string.h 所对应的标准库，所以需要在第 2 行代码中使用预编译指令“#include”引入头文件 string.h。

函数 strcpy()的原型声明如下：

```
char * strcpy(char * dest, char * source);
```

该函数的功能是复制字符串 source 的内容(包括结束标记字符'\n')并保存到字符串 dest 中。该函数的返回值是一个指向字符串 dest 的指针。一般不必使用该返回值，直接使用 dest 即可。

函数 strcpy()的实现原理可以参考下面的代码：

```
char * strcpy(char * dest, char * source)
{
    int i =0;
```

```
    while((dest[i] =source[i]) !='\0'){
        i++;
    }
    return dest;
}
```

由于 C 语言的字符串是借助于字符数组实现的，而数组是一个指针常量，不能被重新赋值并修改，所以下面程序代码的最后一行是错误的：

```
char source[20] ="hello, world";
char dest[30];
dest =source;     //这个语句是错误的,数组名 dest 是指针常量,不能被重新赋值并修改
```

第 41 行代码：

这是函数 delete()对应的函数原型声明。

第 204～207 行代码：

本程序删除学生信息的策略是：把待删除学生的学号赋值为一个特殊值（字符串常量 DELETED 的内容），表示该学生的信息已经被删除，不需要在数据文件 STU_FILE 中彻底删除该学生的信息。

函数 list_student()需要作出适当的修改，以避免显示那些已经具有删除标记的学生信息。这里使用函数 strcmp()判断从数据文件读取出来的学号 stu. sid 是否等于字符串常量 DELETED 的内容，如果两者不相等，才调用函数 print_student()来输出该学生的信息，从而避免了显示那些已经具有删除标记的学生信息。

第 225～228 行代码：

同样道理，函数 search_by_sid()也需要做出适当的修改，以避免显示那些已经具有删除标记的学生信息。这里使用函数 strcmp()判断从数据文件读取出来的学号 stu. sid 是否等于字符串常量 DELETED 的内容，如果两者不相等，并且该学号 stu. sid 等于待查找的学号 sid，才认为查找成功。

第 65 行代码：

在 main()函数中调用函数 delete()。

学生信息已由 10. 3 节的例子录入并保存到数据文件中，请参考图 10-9。本程序编译并运行后的输出结果如图 10-27 所示。

```
                  功能菜单
        ================================
                 1. 录入学生信息
                 2. 删除学生信息
                 3. 修改学生信息
                 4. 查询学生信息
                 5. 列出所有学生
                 0. 退出系统
```

图 10-27　sims_07. c 的运行结果

```
        ================================
        请选择: 2【Enter】
请输入待删除学生的学号[12字符]:201801020304【Enter】

已删除学号为201801020304的学生信息。
```

图 10-27(续)

【练习 10-13】

现有如下的C程序代码:

```
#include <stdio.h>

FILE * open_file(char * mode);
int set_line();
void display_file(FILE * fp, int n);

int main()
{
    FILE * fp;
    int n;

    fp =open_file("r");
    n =set_line();
    display_file(fp, n);
    fclose(fp);

    return 0;
}

FILE * open_file(char * mode)
{
    //请在这里补充代码
}

int set_line()
{
    //请在这里补充代码
}

void display_file(FILE * fp, int n)
{
    //请在这里补充代码
}
```

本程序的功能是提示用户从键盘输入文件名,然后以文本文件方式打开该文件,读取该文本文件的前n行内容并显示到屏幕上。

函数open_file()的功能:提示用户从键盘输入一个文件名,然后使用函数fopen()以mode模式打开该文件。如果打开文件失败,则输出信息"打开文件失败",并要求用户重新输入文件名，直到成功打开该文件，然后结束函数 open_file()并返回函数 fopen()的返回值。该函数可以直接使用练习 10-12 中已经编写的同名函数。

函数 set_line()的功能：提示用户从键盘输入需要显示的行数并保存到 int 类型变量 line 中，如果变量 line 不是正整数，则要求用户重新输入，直到变量 line 是正整数，然后结束该函数并返回该正整数 line。

函数 display_file()的功能：使用函数 fscanf()从文件指针 fp 所关联的文件读取前 n 行内容并输出到屏幕中。如果文件内容少于 n 行，则忽略该 n 值，正常输出整个文件的内容。

本程序的运行结果如图 10-28 所示。这里假定练习 10-5 的数据文件 user.txt 与本程序存放在同一个文件夹。否则，一般需要输入完整路径，例如“D:\\mydata\\user.txt”。

```
请输入文件名:user.txt【Enter】
请输入显示行数:7【Enter】
jacky
12345678
张无忌
23

maria
123456
```

图 10-28　练习 10-13 的运行结果

请编写代码实现函数 open_file()、set_line()和 display_file()的功能。要求：不能修改这 3 个函数之外的其他代码。

【练习 10-14】

现有如下的 C 程序代码：

```
#include <stdio.h>
#include <stdlib.h>

#define N 16

typedef unsigned char Byte;

FILE * open_file(char * mode);
void print_hex(Byte array[], int n);
void print_ascii(Byte array[], int n);

int main()
{
    FILE * fp;
    Byte array[N];
    int address =0;
    int count;

    fp =open_file("rb");
```

```
    while(1){
        count =fread(array, sizeof(Byte), N, fp);
        if(count <=0){
            break;
        }
        printf("%08X%2c", address, ' ');
        print_hex(array, count);
        print_ascii(array, count);
        printf("\n");
        address +=count;
    }
    fclose(fp);

    return 0;
}

FILE * open_file(char * mode)
{
    //请在这里补充代码
}

void print_hex(Byte array[], int n)
{
    //请在这里补充代码
}

void print_ascii(Byte array[], int n)
{
    //请在这里补充代码
}
```

本程序的功能是提示用户从键盘输入文件名,然后以二进制文件方式打开该文件,读取该文件的内容并以十六进制数的格式显示到屏幕中。

提示:char 类型的变量使用 1 字节的存储空间,其本质是整数类型,可以表示的整数范围是:$-2^7 \sim 2^7-1$,即$-128\sim 127$。

关键字 unsigned 表示"无符号的"的意思。"unsigned char"表示 1 字节的无符号整数类型,由于这种类型不需要表示负整数,因此可以表示的整数范围是:$0\sim 2^8-1$,即 0~255。

类型"unsigned char"适合用来表示容量为 1 字节的不需要负整数的数据,例如二进制文件的各个字节和内存的各个字节等。语句"typedef unsigned char Byte;"定义了类型"unsigned char"的同义词 Byte,以提高代码的可读性。

函数 open_file()的功能:提示用户从键盘输入一个文件名,然后使用函数 fopen()并以 mode 模式打开该文件。如果打开文件失败,则输出信息"打开文件失败",并要求用户重新输入文件名,直到成功打开该文件,然后结束函数 open_file()并返回函数 fopen()的返回值。该函数可以直接使用练习 10-12 中已经编写的同名函数。

函数 print_hex()的功能:调用函数 printf()以格式说明"%02X "输出显示 Byte 类型

数组 array 的前 $n(1\leqslant n\leqslant 16)$个元素到屏幕中。16 个元素的中间位置(即数组下标为 7 的元素和下标为 8 的元素之间)使用 2 个空格分隔,其他元素之间使用 1 个空格分隔。

函数 print_ascii()的功能:调用函数 printf()并输出显示 Byte 类型数组 array 的前 $n(1\leqslant n\leqslant 16)$个元素到屏幕中,再在其两端输出字符"|"作为分割线。如果元素 array[i]是可打印字符(即满足条件"32≤array[i]≤126"),则以格式说明"%c"输出 array[i],否则输出小数点"."。

提示:字符'|'跟反斜杠'\'在键盘上是同一个按键,可以使用 Shift 键录入字符'|'。

本程序的运行结果如图 10-29 和图 10-30 所示。这里假定练习 10-5 的数据文件 user.txt 和练习 10-11 的数据文件 user.dat 都与本程序存放在同一个文件夹中。否则,一般就需要输入完整路径,例如"D:\\mydata\\user.txt"或者"D:\\mydata\\user.dat"。

```
请输入文件名:user.txt【Enter】
00000000  6A 61 63 6B 79 0D 0A 31  32 33 34 35 36 37 38 0D  |jacky..12345678.|
00000010  0A D5 C5 CE DE BC C9 0D  0A 32 33 0D 0A 0D 0A 6D  |.........23....m|
00000020  61 72 69 61 0D 0A 31 32  33 34 35 36 0D 0A D5 D4  |aria..123456....|
00000030  C3 F4 0D 0A 32 32 0D 0A  0D 0A                    |....22....|
```

图 10-29　练习 10-14 的运行结果(1)

```
请输入文件名:user.dat【Enter】
00000000  6A 61 63 6B 79 00 00 00  C9 25 40 00 00 00 00 00  |jacky....%@.....|
00000010  03 31 32 33 34 35 36 37  38 00 00 00 00 00 00 00  |.12345678.......|
00000020  00 00 D5 C5 CE DE BC C9  00 00 00 00 17 00 00 00  |................|
00000030  6D 61 72 69 61 00 00 00  C9 25 40 00 00 00 00 00  |maria....%@.....|
00000040  03 61 62 63 64 31 33 35  37 39 00 00 00 00 00 00  |.abcd13579......|
00000050  00 00 D5 D4 C3 F4 00 00  01 00 00 00 16 00 00 00  |................|
00000060  61 6E 64 79 00 00 00 00  89 26 40 00 00 00 00 00  |andy.....&@.....|
00000070  03 61 62 63 31 32 33 34  35 00 00 00 00 00 00 00  |.abc12345.......|
00000080  00 00 B9 F9 BE B8 00 00  01 00 00 00 19 00 00 00  |................|
```

图 10-30　练习 10-14 的运行结果(2)

请编写代码实现函数 open_file()、print_hex()和 print_ascii()的功能。要求:不能修改这 3 个函数之外的其他代码。

10.8 本章小结

1. 关键字

case、default、switch、unsigned。

2. 字符串

字符串结束标记'\0'。

3. 分支结构

switch...case 语句。

4. 运算符

?： 条件运算符。

5. 函数 printf()的格式说明符

%s 输出字符串。

%Ms 输出字符串，并指定宽度为 M 个字符，若宽度不足，则使用空格补足。

6. 函数 scanf ()的格式说明符

%s 输入字符串。

%Ms 输入字符串，并指定最多输入 M 个字符。

7. 标准库函数

(1) <stdio.h>

fopen() 打开文件。

fclose() 关闭文件。

fprintf() 输出数据到文本文件中。

sprintf() 输出数据到字符数组中。

fscanf() 从文本文件中输入数据。

feof() 检测是否到达文件末尾。

fwrite() 输出数据到二进制文件中。

fread() 从二进制文件中输入数据。

fseek() 移动文件读写"光标"。

(2) <string.h>

strcmp() 比较两个字符串是否相等。

strcpy() 复制字符串。

参 考 文 献

[1] BrianW. Kernighan，Dennis M Ritchie. The C Programming Language[M]. Second Edition. New Jersey：Prentice-Hall，1988.

[2] Samuel P. Harbison III，Guy L. Steele Jr. C语言参考手册[M]. 邱仲潘，等译. 5版. 北京：机械工业出版社，2003.

[3] Eric S. Roberts. C语言的科学和艺术[M]. 翁惠玉，等译. 北京：机械工业出版社，2005.

[4] Harry H. Cheng. C语言程序设计教程[M]. 何钦铭，等译. 北京：高等教育出版社，2011.

[5] Yung-Hsiang Lu. C语言程序设计进阶教程[M]. 徐东，译. 北京：机械工业出版社，2017.

[6] Peter Van Der Linden. C专家编程[M]. 徐波，译. 北京：人民邮电出版社，2002.

[7] 杨克昌，刘志辉. 趣味C程序设计[M]. 北京：中国水利水电出版社，2010.

[8] 吴绍根. C语言程序设计案例教程[M]. 北京：清华大学出版社，2010.

附录　知识点汇总

1. 程序

1）程序基本概念

- C语言程序至少由一个 main()函数组成。
- main()函数是执行 C 语言程序的入口函数，代码从这里开始执行。
- 如无特殊情况，一般是从上到下依次执行 C 语言程序的语句。
- main()函数执行完毕，意味着整个 C 语言程序执行完毕。

2）程序基本结构

- C语言程序由一个或多个函数组成，其中至少有一个 main()函数。
- 函数由简单语句和复合语句组成。
- 复合语句由若干个简单语句组成，例如 if 语句和 while 语句都是复合语句。
- 使用关键字可以组成语句。
- 表达式加上分号“;”可以组成语句。
- 运算符和操作数可以组成表达式。

3）程序代码可读性

- 水平空白　适当使用空格(用空格键或 Tab 键)以提高代码的可读性。
- 垂直空白　适当加入空行(用 Enter 键)以提高代码的可读性。

2. 关键字

- break　结束循环语句或 switch...case 多分支结构。
- case　可以实现 switch...case 多分支结构。
- char　字符类型。
- continue　提前进入下一次循环。
- default　switch...case 多分支结构的 default 部分。
- do　可以实现 do...while 循环结构。
- double　双精度浮点数类型。
- else　可以实现 if...else 分支结构。
- float　单精度浮点数类型。
- for　可以实现 for 循环结构。
- if　可以实现 if...else 分支结构。
- int　整数类型。
- long　长整数类型。
- return　结束一个函数并可以附带一个整数作为函数的返回值。

- short 短整数类型。
- sizeof 求出数据类型或变量的存储空间大小。
- struct 定义结构体类型。
- switch 可以实现 switch...case 多分支结构。
- typedef 定义数据类型的同义词(别名)。
- unsigned 无符号数。
- void void 类型,表示通用类型。
- while 可以实现 while 循环结构。

3. 基本数据类型

- char 字符类型,本质上是整数类型,sizeof(char)等于 1。
- short short int 的简写,sizeof(short)等于 2。
- int 整数类型,sizeof(int)等于 2 或 4。
- long long int 的简写,sizeof(long)等于 4。
- long long long long int 的简写,sizeof(long long)等于 8。
- float 单精度浮点数类型,sizeof(float)等于 4。
- double 双精度浮点数类型,sizeof(double)等于 8。

4. ASCII 字符集

- 使用 7 位二进制编码,一共有 128 个字符(95 个"可显示字符"和 33 个"控制字符")。

5. 字符串

- 以字符'\0'(ASCII 编号为 0 的字符)为结束标记的 char 类型数组。
- 借助字符数组来实现,没有专门的关键字。

6. 变量

(1) 定义变量:

```
数据类型  变量名;
```

(2) 定义变量并初始化:

```
数据类型 变量名 =初始值;
```

(3) 一次定义多个变量的格式:

```
数据类型  变量名 1,变量名 2,……,变量名 n;
```

(4) 变量名字的基本要求:

① 变量名字的第一字符必须是字母或者下划线"_",第二个字符起可以是数字、字母或者下划线;

② 变量名是区分大小写字母的,例如 y 和 Y 是两个不同的名字;

③ 关键字不能用于变量名;

④ 变量名字最好能表达出变量的功能用途,做到"见名知意";

⑤ 变量一般是描述事物的名称,因此变量的名字建议使用"名词"或"定语_名词"的形式命名。

7. 运算符

1) 算术运算符

- ＋　　加法。
- －　　减法。
- *　　乘法。
- /　　除法(两个整数相除,结果是整数)。
- %　　求余数。

2) 关系运算符

- ＞　　大于。
- ＜　　小于。
- ＝＝　　等于。
- ＞＝　　大于或等于。
- ＜＝　　小于或等于。
- !＝　　不等于。

3) 逻辑运算符

- &&　　逻辑与。
- ||　　逻辑或。
- !　　逻辑非,属于一元运算符。

4) 赋值运算符

- ＝　　把等号右边的值保存到等号左边的变量。
- ＋＝　　加赋值运算符。

5) 成员运算符

- .　　结构成员运算符。
- ->　　间接成员运算符。

6) 一元(单目)运算符

- &　　求出变量在内存中的地址,属于一元运算符。
- *　　引用指针所指对象的内容,属于一元运算符。
- ＋＋　　自增1运算符,属于一元运算符。
- －－　　自减1运算符,属于一元运算符。
- －　　相反数运算符,属于一元运算符。

7) 三元(三目)运算符

?　:　　条件运算符,属于三元运算符。

8. 运算符优先级

分为15个级别。

9. 分支结构

- if语句的最简形式:

```
if( 表达式 ){
    语句
}
```

- if 语句的完整形式：

```
if( 表达式 ){
    语句 1
}else{
    语句 2
}
```

- if 语句的扩展形式：

```
if( 表达式 1 ){
    语句 1
}else if( 表达式 2 ){
    语句 2
}else if( 表达式 3 ){
    语句 3
    ⋮
}else if( 表达式 n ){
    语句 n
}else{
    语句 n+1
}
```

- switch...case 语句：

```
switch( 表达式 ){
    case 整数 1 :
        语句 1
        break;
    case 整数 2 :
        语句 2
        break;
        ⋮
    case 整数 n :
        语句 n
        break;
    default :
        语句 n +1
}
```

10. 循环结构

- while 语句

```
while(表达式){
    语句
}
```

- for 语句

```
for(表达式 1; 表达式 2; 表达式 3){
    语句
}
```

- do...while 语句

```
do{
    语句
} while(表达式);
```

11. 函数

- 函数定义：

```
数据类型  函数名字(数据类型 1  形式参数 1, 数据类型 2  形式参数 2, ……)
{
    //函数体
}
```

- 函数调用：

```
某个变量 =函数名字(实际参数 1, 实际参数 2, ……);
```

或

```
函数名字(实际参数 1, 实际参数 2, ……);
```

- 函数原型声明：

```
数据类型  函数名字(数据类型 1  形式参数 1, 数据类型 2  形式参数 2, ……);
```

12. 数组

- 定义一维数组：

```
数据类型  数组名[元素个数 n];
```

- 定义一维数组并初始化：

```
数据类型  数组名[元素个数 n] ={ 第 0 个元素, 第 1 个元素, ……, 第 k 个元素 };
```

- 访问一维数组元素：

```
数组名[下标 i]
```

- 定义二维数组：

```
数据类型  数组名[行数量 R][列数量 C];
```

- 定义二维数组并初始化：

```
数据类型  数组名[行数量 R][列数量 C] ={
    {第 0 行 0 列元素, 第 0 行 1 列元素, ……, 第 0 行 n0 列元素},
    {第 1 行 0 列元素, 第 1 行 1 列元素, ……, 第 1 行 n1 列元素},
    ……
    {第 m 行 0 列元素, 第 m 行 1 列元素, ……, 第 m 行 nm 列元素}
};
```

- 访问二维数组的元素：

```
数组名[行下标][列下标]
```

- 变长数组：

使用整数类型的变量定义数组的大小，并在程序运行时才确定数组的大小。

13. 结构体

- 定义结构体类型：

```
struct  结构体名字 {
    第 1 个成员;
    第 2 个成员;
    ⋮
    第 n 个成员;
};
```

- 定义结构体变量：

```
struct  结构体名字  变量名字;
```

- 定义结构体变量并初始化：

```
struct  结构体名字  变量名字 ={ 数据 1, 数据 2, ……, 数据 k };
```

- 访问结构体变量的成员：

```
结构体变量名字.成员
```

- 访问结构体指针的成员：

```
(*指向结构变量的指针名字).成员
```

或

```
指向结构变量的指针名字->成员
```

14. 指针

- 定义指针：

```
数据类型 * 指针变量;
```

- 定义指针并初始化：

```
数据类型 * 指针变量 =& 其他变量;
```

- 引用指针所指向对象的内容：

```
*指针变量
```

15. 标准库函数

1) <stdio.h>

- fopen()　打开文件。
- fclose()　关闭文件。
- printf()　输出数据到屏幕中。
- fprintf()　输出数据到文本文件中。
- sprintf()　输出数据到字符数组中。
- scanf()　从键盘输入数据。
- fscanf()　从文本文件输入数据。
- fwrite()　输出数据到二进制文件中。
- fread()　从二进制文件输入数据。
- feof()　检测是否到达文件末尾。
- fseek()　移动文件的读写“光标”。

2) <string.h>

- strcmp()　比较两个字符串是否相等。
- strcpy()　复制字符串。

3) <math. h>

- abs() 求绝对值。
- sqrt() 求算术平方根。

4) <stdlib. h>

- rand() 产生随机数。
- srand() 设置随机数种子。
- malloc() 分配内存空间。
- free() 释放内存空间。
- exit() 结束整个程序。

5) <time. h>

time() 获取计算机当前的时间。

16. 函数 printf()的格式说明符

- %c 输出 ASCII 码字符。
- %d 以十进制形式输出 int 类型的整数。
- %lld 以十进制形式输出 long long 类型的整数。
- %*M*d 以十进制形式输出 int 类型的整数，要求输出 *M* 位宽度。
- %0*M*d 以 *M* 位十进制形式输出 int 类型的整数，若位数不足则使用 0 补足。
- %o 以八进制形式输出 int 类型的整数。
- %x 以十六进制形式输出 int 类型的整数，字母 a～e 使用小写形式。
- %X 以十六进制形式输出 int 类型的整数，字母 A～E 使用大写形式。
- %p 按照%X 的格式输出十六进制形式的地址，并使用前导 0 补足不足的位数。
- %f 输出 float 和 double 类型的浮点数。
- %.*N*f 输出 float 和 double 类型的浮点数，要求输出 *N* 位小数。
- %*M*.*N*f 输出 float 和 double 类型的浮点数，要求输出 *M* 位总宽度以及 *N* 位小数。
- %s 输出字符串。
- %*M*s 输出字符串，并指定宽度为 *M* 个字符。若宽度不足，则使用空格补足。
- %% 输出一个百分号“%”。

17. 函数 scanf()的格式说明符

- %c 输入 ASCII 码字符。
- %d 以十进制形式输入 int 类型的整数。
- %lld 以十进制形式输入 long long 类型的整数。
- %o 以八进制形式输入 int 类型的整数。
- %x 以十六进制形式输入 int 类型的整数。
- %f 输入 float 类型的浮点数。
- %lf 输入 double 类型的浮点数。
- %s 输入字符串。

- %*M*s　输入字符串，并指定最多输入 *M* 个字符。

18. 换码序列

- \n　换行符，即 Enter 键。
- \t　制表符，即 Tab 键。可以实现每列数据左对齐。

19. 预编译指令

- #include　引用一个文件。
- #define　定义宏替换。

质检5